虚拟现实原理与开发

基于Unity的VR技术实现

邵伟 / 编著

電子工業出版社
Publishing House of Electronics Industry
北京•BEIJING

内 容 简 介

随着5G、人工智能、云计算等技术的发展，虚拟现实技术将在医疗、教育、工业等场景中发挥重要的作用。同时，它还是通向元宇宙的重要入口和体验场景之一。

因为Unity是当前业界领先的VR/AR内容制作工具，所以本书基于Unity编辑器对其进行讲解。本书主要分为两大部分：第一部分讲解SteamVR 2.x Unity插件的功能，包括新引入的动作机制和Interaction System；第二部分以一个完整的VR项目为例，带领读者从零起步，从项目创建开始，到最终导出为可交付的应用程序。各章还会介绍在项目制作过程中涉及的核心技术，包括但不限于场景搭建、制作VR中的UI、使用第三方工具制作材质资源、烘焙场景的光照贴图、交互开发等。

本书适合对虚拟现实项目制作感兴趣，以及有志于从事虚拟现实软件开发工作的人员阅读，也适合院校及培训机构虚拟现实相关专业的师生参考。

图书在版编目（CIP）数据

虚拟现实原理与开发：基于 Unity 的 VR 技术实现 / 邵伟编著. —北京：电子工业出版社，2023.1

ISBN 978-7-121-44484-5

Ⅰ. ①虚… Ⅱ. ①邵… Ⅲ. ①虚拟现实－研究 Ⅳ.①TP391.98

中国版本图书馆 CIP 数据核字（2022）第 208358 号

责任编辑：孔祥飞　　特约编辑：田学清
印　　刷：北京虎彩文化传播有限公司
装　　订：北京虎彩文化传播有限公司
出版发行：电子工业出版社
　　　　　北京市海淀区万寿路 173 信箱　　邮编：100036
开　　本：787×1092　1/16　印张：17　字数：435 千字
版　　次：2023 年 1 月第 1 版
印　　次：2025 年 1 月第 4 次印刷
定　　价：109.00 元

凡所购买电子工业出版社图书有缺损问题，请向购买书店调换。若书店售缺，请与本社发行部联系，联系及邮购电话：（010）88254888，88258888。

质量投诉请发邮件至 zlts@phei.com.cn，盗版侵权举报请发邮件至 dbqq@phei.com.cn。

本书咨询联系方式：（010）51260888-819，faq@phei.com.cn。

前　言

北京时间 2021 年 10 月 29 日，Facebook 公司的 CEO 扎克伯格在 Connect 2021 大会上宣布，将会注重元宇宙的开发、扩展与应用，并将公司名称由“Facebook”改为“Meta”。与元宇宙关系密切的虚拟现实技术再次获得公众的极高关注。

虚拟现实（Virtual Reality，VR）不是元宇宙的全部，却是通向元宇宙的重要入口和体验场景之一。无论是 VR 还是元宇宙，目前都处于行业发展初期，其基础设施还有非常大的提升空间。VR 技术对于开发者尚存在一定的门槛，零基础的朋友对于项目制作流程尚存在疑虑，所以本书主旨在于为初学者解答以上问题，并带领大家从零开始制作一个完整的 VR 项目。

Unity 是当前业界领先的 VR/AR 内容制作工具，全球 60%以上的 VR/AR 内容是基于 Unity 进行制作的。Unity 为制作优质 VR 内容提供了一系列先进的解决方案，无论是 VR、AR 还是 MR，都可以依靠 Unity 高度优化的渲染流水线和编辑器的快速迭代功能，使项目需求得以完美实现。基于跨平台的优势，Unity 支持所有新型主流平台。本书将以 Unity 为主要创作工具，介绍与其相关的 VR 技术，以典型的 VR 解决方案 SteamVR 为目标平台，讲解 VR 应用程序制作的方方面面。

本书的主要内容

本书内容将围绕 Unity 2020 LTS 及其配套的通用渲染管线（URP）展开，介绍当前主流的 VR 软件开发平台——SteamVR，而硬件开发平台则以 HTC VIVE 为主。本书通过讲解完整项目的制作流程，使读者能够从设计、开发、策划等方面对一个 VR 项目的制作流程产生更加深刻的认知。

第 1 章：本章介绍 SteamVR 2.x Unity 插件、SteamVR 动作的概念及使用方法，以及 Interaction System 的主要交互模块。

第 2 章：本章介绍制作 VR 项目前的准备工作，为后续工作的开展做好准备。

第 3 章：本章介绍如何使用 Unity 光照技术为 VR 项目场景构建光照表现。

第 4 章：本章介绍如何使用材质制作工具为项目场景中的模型制作 PBR 材质。

第 5 章：本章介绍如何使用 SteamVR Unity 插件开发项目的 VR 交互功能。

第 6 章：本章介绍如何制作 VR 环境中使用的 UI 元素，并借助第三方插件设计和制作 VR 项目中使用的系统菜单。

第 7 章：本章介绍如何结合 Unity 基础知识为项目开发综合交互功能，包括切换场景风格、调节渲染画质、呈现视频元素等。

第 8 章：本章介绍如何将制作的 VR 项目导出为可交付的应用程序，同时介绍导出前需要注意的技术细节。

附录 A：Unity 编辑器推出的新版本通常会带来功能的添加、API 的变更、性能的提升等变化，而了解每次版本的更新情况有利于为项目选择合适的 Unity 编辑器，因此附录 A 介绍了 Unity 2020 版本在历次更新过程中带来的与 XR 相关的发行说明。

本书不仅为读者提供了与实例配套的资源，还可以根据作者在书中提到的文件存储路径，从随书资源中找到对应的素材。

关于 SteamVR 2.x 与 SteamVR 1.x 所共有的部分功能，作者在《Unity VR 虚拟现实完全自学教程》一书中已经做了相关介绍，受限于篇幅，本书将不再赘述。

致谢

我与责任编辑孔祥飞先生已经认识并合作了 5 年，在这 5 年中，孔祥飞先生一直以良师益友的身份伴随着我的职业发展。在写书的时间里，他会从选题、写作、编辑、推广等方面给予我很多的帮助；在不写书的时间里，他会在内容创作方面为我提出很多宝贵的建议。在我有限的写作经历中，深感能够遇到负责任且尊重作者劳动的出版人和出版社是一件非常不易且幸运的事情，所以在此对孔祥飞先生和电子工业出版社表示最衷心的感谢！

谨以此书献给我的孩子邵年和邵元也，如果没有他们，这本书可能会更早一些出版。

作　者

读者服务

微信扫码回复：**44484**

- 获取本书配套案例源代码、素材文件、补充视频
- 加入“游戏行业”读者交流群，与更多同道中人互动
- 获取【百场业界大咖直播合集】（持续更新），仅需 1 元

目 录

第 1 章　SteamVR 基础交互开发

在 PC 端 VR 应用程序的开发中，绕不过去的是 SteamVR。Valve 公司在 SteamVR 2.0 及其以后的版本中进行了完全的架构重构，并逐渐向跨硬件平台方向发展，因此原使用 SteamVR 1.x 开发的项目将不能直接升级适配。新版本 SteamVR 的难点在于动作（Action）的使用，重点是在 Interaction System 中包含的各个交互模块。本章将介绍如何使用 SteamVR 2.x 进行 Unity VR 的交互开发。

1.1 SteamVR 与相关 VR 硬件

SteamVR 是 Valve 公司推出的一套 VR 体验解决方案，如图 1-1 所示。目前，SteamVR 兼容的硬件包括 HTC VIVE、Valve Index、Windows Mixed Reality、Oculus Rift 等。面向 Unity 开发者的工具被称为 SteamVR Unity 插件，是一套开源、免费的工具，因此开发者只需像使用一般的 Unity 插件一样将其导入 Unity 项目即可。

图 1-1

1.1.1 HTC VIVE 硬件介绍

HTC VIVE 是基于 PC 端驱动的 VR 硬件平台，主要硬件配置包括一个头戴式显示器（以下简称头显）、两个手柄控制器、两个定位器（Lighthouse），如图 1-2 所示。随着近年来品牌的发展，发布于 2016 年的 VIVE 基础版产品逐渐淡出市场。在 PC 端 VR 市场中，HTC 推出了 VIVE Pro 和 VIVE Cosmos 两个品牌，如图 1-3 所示。其中，VIVE Pro 定位高端商用市场，提供更高规格的硬件配置，为用户带来极致的沉浸式体验，包括更高的屏幕分辨率（单眼分辨率 2448 像素×2448 像素）、更宽的视场角（最大 120 度）、更平滑的刷新率（120Hz）、更准确的跟踪精度（SteamVR 定位追踪器 2.0）；VIVE Cosmos 定位大众市场，VIVE Cosmos 系列包含 3 种产品，分别为 Cosmos 精英套装、Cosmos 精英版头显和 Cosmos。

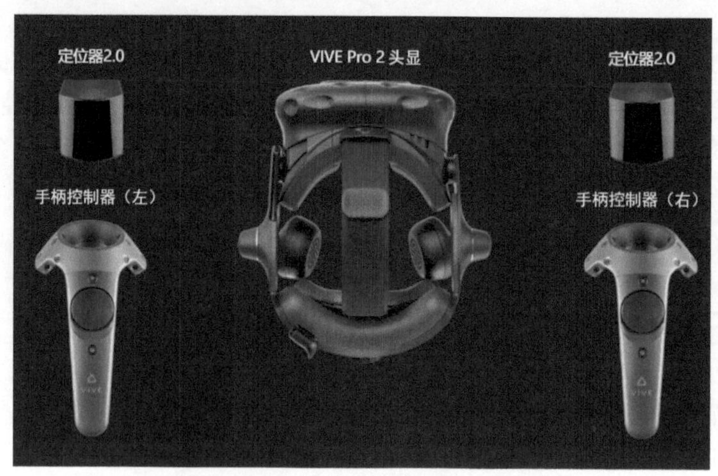

图 1-2

图 1-3

鉴于以上 3 种产品的名称相似，开发者在选购时容易产生混淆，所以在此分别对其产品形态进行介绍。

Cosmos 精英套装基于由外而内（Outside-In）的定位技术，其核心部件为 VIVE 定位器 1.0、Cosmos 精英版头显和 VIVE 手柄控制器（带挂绳），如图 1-4 所示。

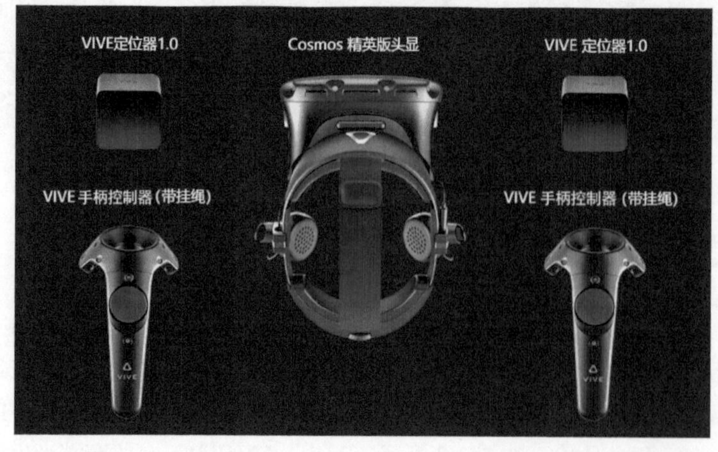

图 1-4

Cosmos 精英版头显同样基于由外而内的定位技术，如图 1-5 所示。它提供了与 VIVE 定位器 1.0 和 SteamVR 定位器 2.0，以及所有 VIVE 手柄控制器和 Valve Index 手柄控制器的兼容性。需要注意的是，该产品需要搭配单独另购的定位器和手柄控制器使用。

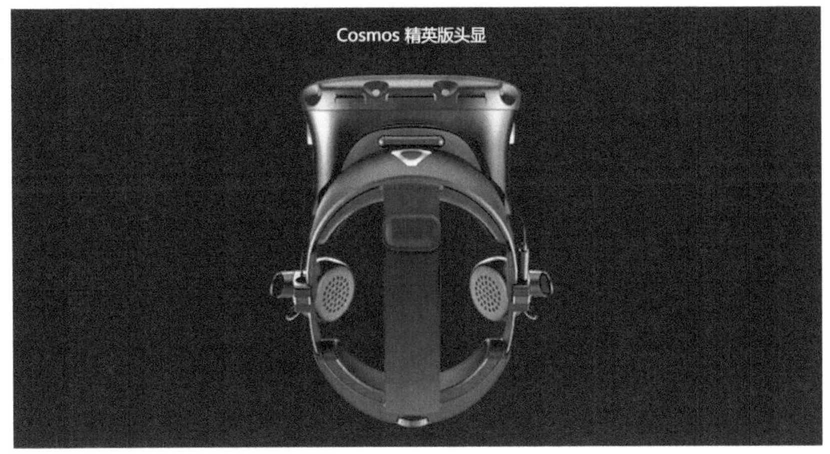

图 1-5

Cosmos 则是一款基于 Inside-out 追踪技术的 VR 硬件设备，如图 1-6 所示。它类似微软集合多家厂商提出的 MR 解决方案，如三星玄龙 MR+。此类产品由集成在头显上的摄像头提供定位，能够实现即插即用的可移动性，配合各种支持 VR 的台式机和笔记本电脑使用，不需要搭配额外的定位器。

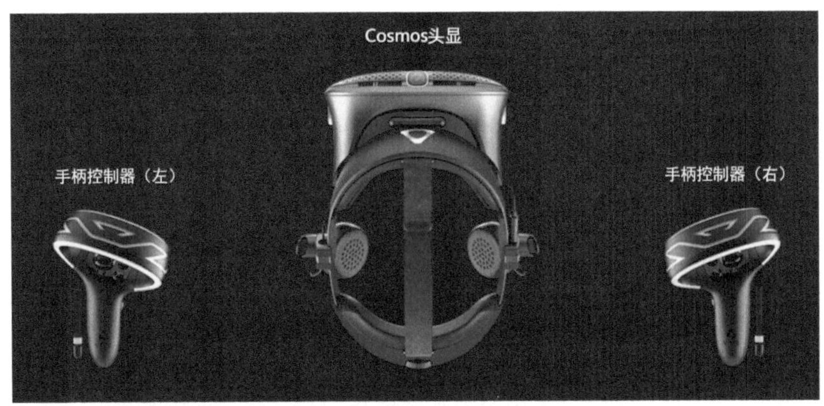

图 1-6

1.1.2　VR 手柄控制器按键介绍

VR 硬件平台与 PC 平台、移动平台最大的不同在于输入设备带来的交互方式不同。在 PC 平台上，键盘和鼠标是主要的输入设备，与之对应的交互方式多是按键输入和鼠标单击等；在移动平台上，触摸屏是主要的输入设备，与之对应的交互方式则是手指点击、拖曳、捏合等；而在 VR 硬件平台中，主要的输入设备是手柄控制器，因此在开发 VR 应用程序时需要重点考虑与手柄控制器相关的交互功能的开发。

为 HTC VIVE 开发 VR 应用程序，无论是 VIVE Pro，还是 VIVE Cosmos，其手柄控制器的按键数量和功能均相同，如图 1-7 所示。

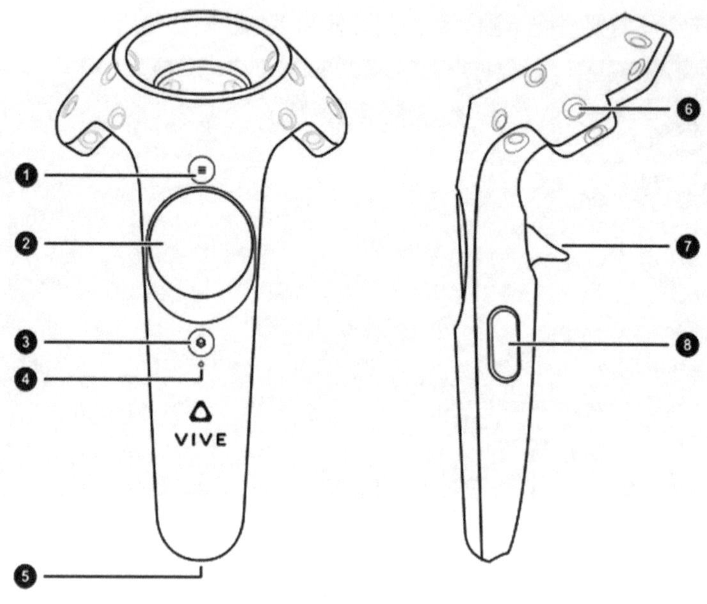

图 1-7

下面对手柄控制器各按键及功能进行介绍。

❶ Menu Button：菜单按钮，一般用于在 VR 应用中弹出 UI 控制菜单。

❷ Trackpad/Touchpad：触控板，可以接收两种交互操作：一种是直接单击，另一种是手指滑动。无论是单击还是滑动，都能获取手指与接触部位的坐标，水平方向为（-1,1），垂直方向为（-1,1）。

❸ System Button：系统按钮，长按可关闭手柄控制器的电源，短按可开启手柄控制器，在程序运行时单击可跳转到 SteamVR 控制界面，一般不能对其编程。

❹ Status Light：指示灯，用于指示手柄控制器状态。绿色常亮表示运转正常；红色闪烁表示电量低，此时需要使用 USB 数据线连接电源为其充电；蓝色闪烁表示手柄控制器等待配对。

❺ Micro-USB Port：Micro-USB 接口，用来充电和更新驱动程序。

❻ Tracking Sensor：跟踪传感器，内置于设备中，与 Lighthouse 基站配合实现设备的追踪。

❼ Trigger Button：扳机键，一般用于对象的选择、确认等，类似于鼠标的单击动作，在射击类游戏中常用作枪支道具的扳机。

❽ Grip Button：抓取键，在每个手柄左右两侧各一个，可以实现类似抓取的交互动作，一般用于对物体的抓取和释放。

1.1.3 HTC VIVE 开发推荐 PC 端规格

基于 PC 端的 VR 硬件平台具有较高的渲染品质和极短的响应时间，这就意味着要达到理想的 VR 体验，计算机需要具备较高的数据吞吐量和较快的数据处理速度，这主要体现在对显卡和 CPU 的要求上。表 1-1 列出了 HTC 官方推荐的运行及开发 VIVE 和 VIVE Pro 所需要的计算机硬件规格。

表 1-1

	VIVE	VIVE Pro
CPU	Intel® Core™ i5-4590、AMD FX™ 8350 同等或更高配置	Intel® Core™ i5-4590、AMD FX™ 8350 同等或更高配置
GPU	NVIDIA® GeForce® GTX 1060、AMD Radeon™ RX 480 同等或更高配置	NVIDIA® GeForce® GTX 1060、AMD Radeon™ RX 480 同等或更高配置
RAM	4 GB 或以上	4 GB 或以上
视频输出	HDMI 1.4 / DisplayPort 1.2 或更高版本	DisplayPort 1.2 或更高版本
USB 端口	1x USB 2.0 或更高版本的端口	1x USB 3.0 或更高版本的端口
操作系统	Windows 7 SP1、Windows 8.x、Windows 10	Windows® 8.x、Windows® 10

如果用户并不确定自己计算机的硬件规格是否支持，则可以在 VIVE 官方网站下载测试软件 Vive Check 对计算机软硬件规格进行检测，如图 1-8 所示。

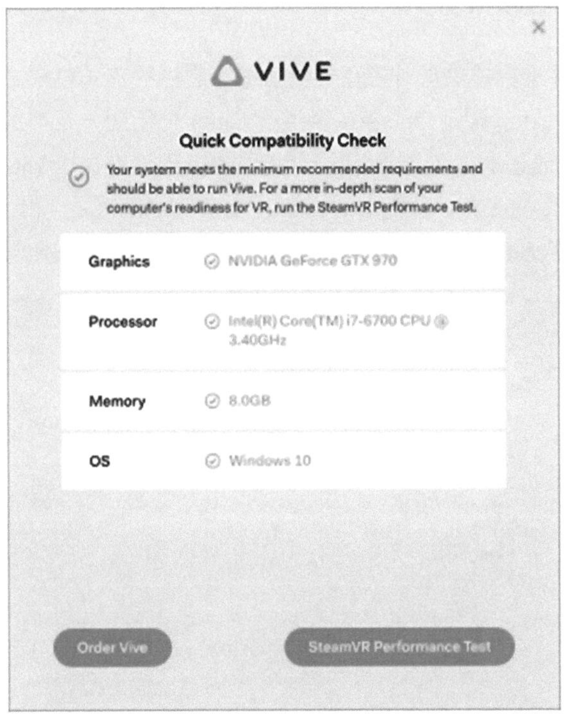

图 1-8

1.2 OpenVR、SteamVR、OpenXR 相关概念

在 SteamVR 平台应用程序的开发过程中，有几个容易混淆的概念，包括 OpenVR、OpenVR Desktop、OpenVR XR Plugin、SteamVR、SteamVR Plugin、OpenXR 及 OpenXR Plugin。具体介绍如下。

1.2.1 OpenVR

OpenVR 是 Valve 公司开发的一套包含一系列 SDK 和 API 的工具集，旨在从驱动层级为硬件厂商提供软硬件开发支持。硬件设备制造商可以为设备开发 OpenVR 驱动程序，以便设备能够在 SteamVR 平台上运行。

虽然 OpenVR 是 HTC VIVE 默认使用的驱动程序，但是它的开发是为了得到更多厂商的支持。例如，开发者也可以为 Oculus Rift 或 Windows MR 设备开发基于 OpenVR 的软件应用。

需要注意的是，OpenVR 虽然提供了一套开发标准，但是相较于 OpenXR，其覆盖范围相对较小。另外，Valve 公司从 SteamVR 客户端 1.16 开始，已经对 OpenXR 标准进行了全面的支持。

作为 Unity 开发者来说，无须太多关注 OpenVR 及其 SDK，这是因为它们更多的是面向 VR 硬件平台和游戏引擎开发商来使用的。

1.2.2 OpenVR Desktop

Unity 需要 VR 硬件平台提供与对应底层驱动程序通信的工具包来完成 VR 应用程序的渲染等工作，而 OpenVR Desktop 则是 OpenVR 提供给 Unity 使用的一系列组件，用于访问 OpenVR 的 SDK。该工具包可以通过 Package Manager 进行安装，但仅存在于 Unity 2019.4 LTS 及其以前版本，在 Unity 2020.1 中被废弃，转而用 OpenVR XR Plugin 代替，如图 1-9 所示。

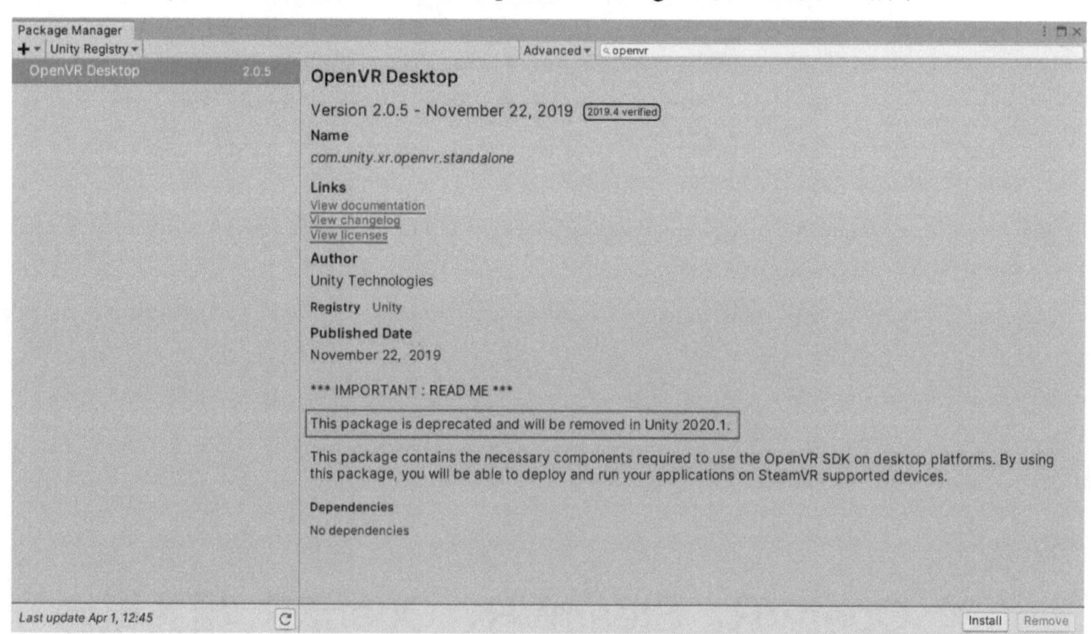

图 1-9

要使用 OpenVR Desktop，则在工具包安装完成以后，需要在 Build Settings 窗口中开启 VR 支持并选择 OpenVR 选项。在 Build Settings 窗口中开启 VR 支持的方法，仅适用于使用 Unity 2019

及其以前的版本进行 VR 应用程序的开发。而在 Unity 2020 及其以后的版本中，此方法被废弃，转而用 XR Plug-in Management 代替。

1.2.3 OpenVR XR Plugin

OpenVR XR Plugin 与 OpenVR Desktop 的作用和地位相同，推出的目的是配合 Unity 2020 在 XR Plug-in Management 中管理 VR 平台提供的工具包，如图 1-10 所示。

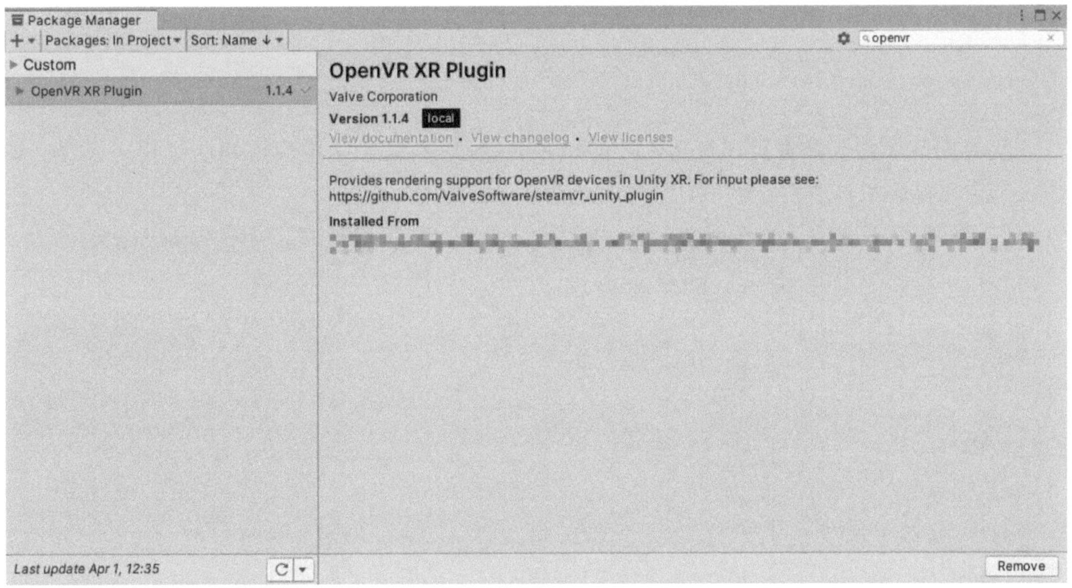

图 1-10

OpenVR XR Plugin 目前需要从本地磁盘进行手动安装，读者可以先在随书资源的 Plugins 目录下，找到名称为 OpenVR_XR_Plugin.tgz 的文件，然后在 Package Manager 窗口中选择 Add package from tarball 选项对其进行安装，如图 1-11 所示。

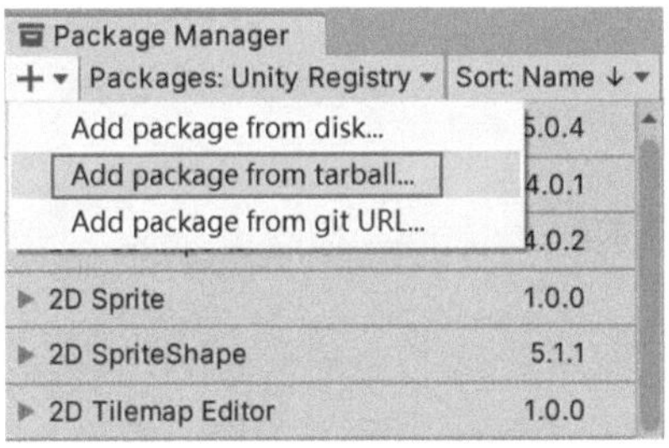

图 1-11

另外，如果开发者使用 SteamVR Plugin 2.7.x 及其以上的版本进行 VR 应用程序开发，则在插件中已经包含了 OpenVR XR Plugin 工具包，无须从网络中重复下载，只需使用以上方式进行安装即可，如图 1-12 所示。

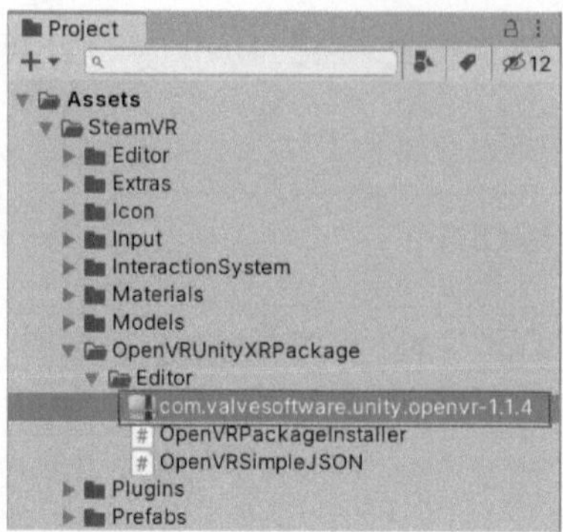

图 1-12

安装完成后，开发者可以在 XR Plug-in Management 选项卡中启用并进行相关设置，如图 1-13 所示。

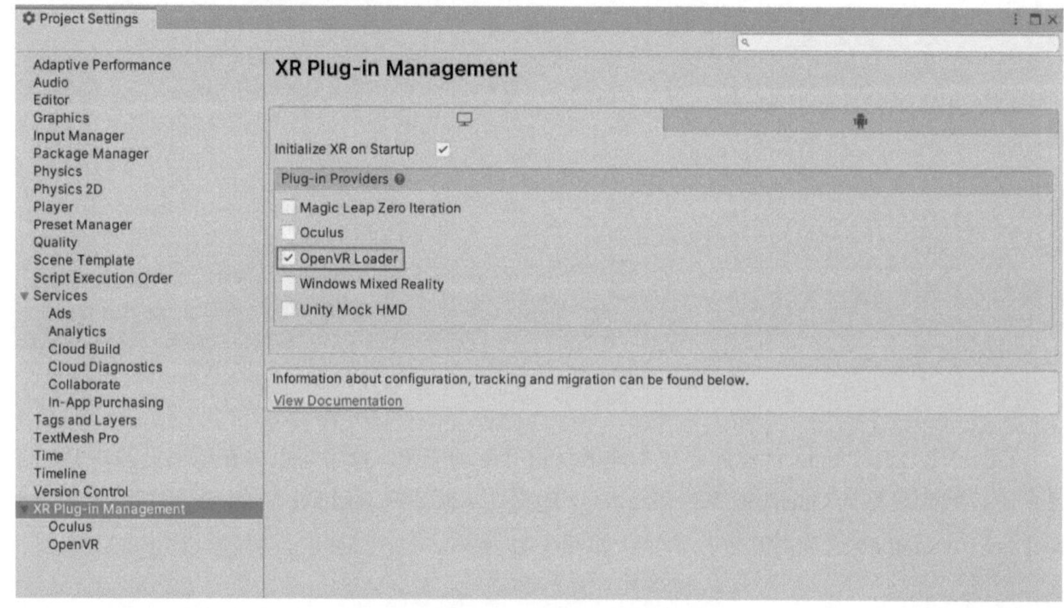

图 1-13

1.2.4 SteamVR 客户端

SteamVR 是 Valve 公司基于 OpenVR 推出的一套 VR 体验解决方案，以软件客户端形式存在，面向终端用户，因此也常被称为 SteamVR 客户端，如图 1-14 所示。

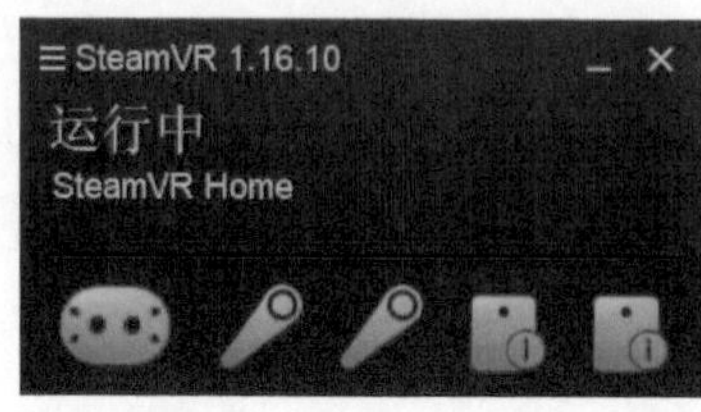

图 1-14

当运行或测试 SteamVR 平台支持的应用程序时，SteamVR 客户端会自动开启，为应用程序提供运行环境。

除此之外，SteamVR 客户端还提供 VR 控制器的配对、驱动更新、性能分析等功能。初次连接 VR 设备以后，需要通过 SteamVR 客户端进行设备校准，即所谓的房型设置。在客户端界面底部，列出了当前已经连接到系统中的设备，包括头显、手柄控制器、定位器和其他可跟踪设备（如 Vive Tracker 等）。

SteamVR 可以通过 Steam 客户端进行安装，也可以通过设备供应商提供的安装程序进行安装。以 HTC VIVE 为例，购买后可以到 VIVE 的官方网站上，下载 VIVE 安装程序，通过该程序引导用户进行设备连接，完成相应驱动程序和 SteamVR 客户端的安装，对初学者相对友好。两种渠道安装的 SteamVR 客户端均能保证 VR 应用程序的运行，选择其中一种即可，两者亦可同时存在。

对于终端用户，当前支持 SteamVR 客户端的硬件包括但不限于以下设备：

- Valve Index。
- HTC VIVE/Cosmos。
- Windows Mixed Reality。
- HP Reverb G2。

SteamVR 客户端作为桥梁，介于 OpenVR 底层驱动与用户之间工作。SteamVR 客户端获取到用户的输入，如按下控制器的按键、头显在空间中移动等，将这些数据信息传递给 OpenVR 进行处理，OpenVR 将处理后的数据通过 SteamVR 客户端呈现给用户。

1.2.5　SteamVR Plugin

SteamVR Plugin 是 Valve 公司提供给 Unity 开发者的开发工具，如图 1-15 所示。SteamVR Plugin 以.unitypackage 文件的形式存在，在使用方面符合一般的 Unity 插件导入流程，因此开发者可以使用该插件面向 SteamVR 平台的 VR 应用程序。SteamVR Plugin 可以在 Unity Asset Store 和 GitHub 中下载，是本书重点介绍的开发工具，因此本书将在 1.3 节中对其进行介绍。

图 1-15

SteamVR Plugin 能够与 SteamVR 客户端进行交互，主要帮助开发者实现 3 项主要功能：为 VR 控制器加载呈现相对应的 3D 模型、处理控制器的输入，以及根据用户实际手部动作估算骨骼数据，并通过这些数据在虚拟世界中呈现相对应的手部姿态。除此之外，SteamVR Plugin 还提供了一套便捷的交互系统（Interaction System），帮助开发者快速地开发出常见的 VR 交互功能。

1.2.6 OpenXR

随着行业的发展，越来越多的 VR/AR 设备被推向市场。这对开发者来说，面临的重要议题之一便是针对不同的 VR/AR 硬件平台进行应用程序的适配，这将带来一部分额外的、不必要的工作量；对硬件平台厂商来说，新上市的产品面临着内容严重不足、生态急需健全的问题。

OpenXR 是一套由 Khronos Group 发起，联合多家行业头部公司一起制定的开放标准，旨在解决 XR 平台碎片化的问题，同时简化 AR/VR 软件的开发。对开发者来说，基于此标准进行 XR 应用程序的开发，能够使应用程序覆盖更广泛的硬件平台，同时无须移植或重新编写代码；而对支持 OpenXR 的硬件平台厂商来说，能够在产品发布时即可拥有能够运行在其上的大量内容。

图 1-16 所示为引入 OpenXR 标准之前和之后的行业现状。其中，左图为引入 OpenXR 标准之前的行业现状，VR/AR 应用程序和引擎必须使用每个平台独有的 SDK 和 API，新的设备同样需要特定的驱动程序；而右图为引入 OpenXR 标准以后的行业现状，统一由 OpenXR 提供的跨平台、高性能的应用程序接口与众多 XR 硬件平台进行交互。

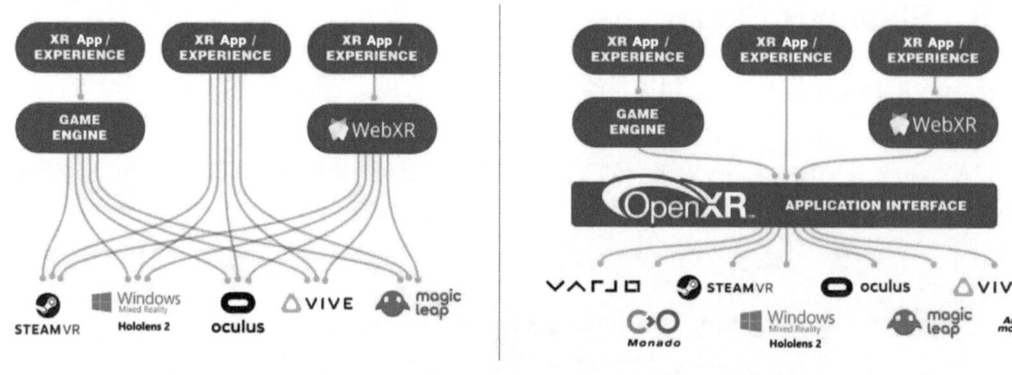

图 1-16

OpenXR 1.0 标准于 2019 年公布，各大 XR 平台开始逐步加入支持 OpenXR 标准的行列，包括 Oculus Quest/Rift、Windows Mixed Reality、Unity、Unreal Engine、SteamVR 等目前主流的 VR 平台和游戏引擎。这就意味着，开发者将专注于应用程序的开发，而不是各平台的交互适配问题。

由图 1-17 可见，OpenXR 集合了行业众多头部公司和组织参与制定标准，覆盖了从 VR 到 AR、从软件到硬件的领域。

图 1-17

1.2.7 OpenXR Plugin

OpenXR Plugin 是 Unity 开发的符合 OpenXR 标准的工具包，旨在让 Unity 开发者尽可能方便地将内容部署到 XR 目标平台上。开发者在 Unity 2020 的 Package Manager 窗口中搜索“openxr”，即可找到该工具包并进行安装，如图 1-18 所示。

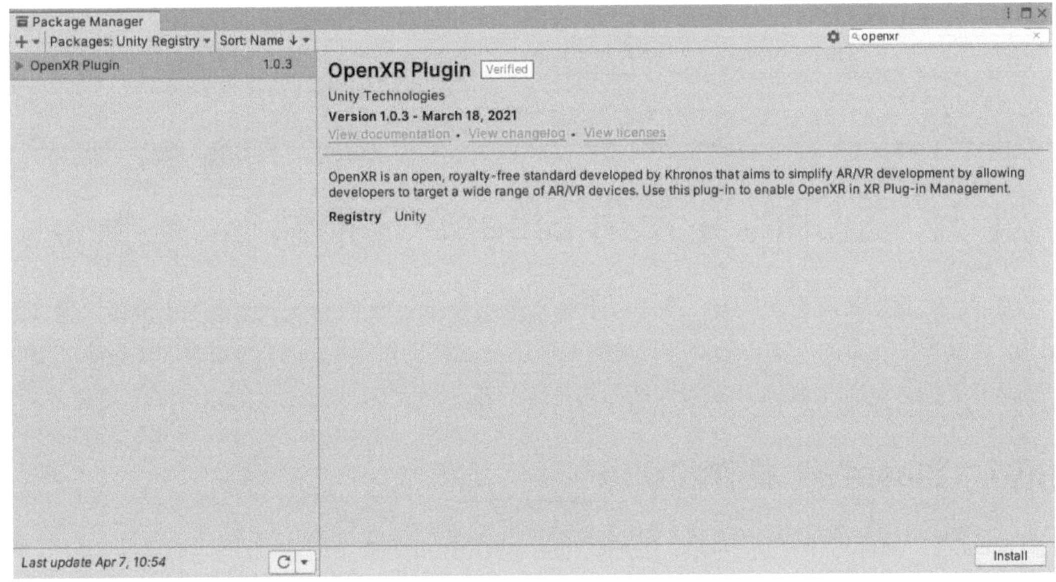

图 1-18

因为处于版本发布的早期，所以目前通过广泛测试的硬件平台有限，Unity 声称目前无法测试或保证所有支持 OpenXR 的配置都能以最佳状态运行，该工具包也在不断完善中，后续会逐步增加支持的平台。表 1-2 所示为截至本书出版时经过全方位测试并被官方支持的平台。

表 1-2

硬件平台	构建目标	图形接口	渲染模式
Windows Mixed Reality	Windows	DX11	Single Pass Instanced
HoloLens 2	UWP	DX11	Single Pass Instanced

因为 OpenXR 只支持基于动作的输入（action-based input），所以 OpenXR Plugin 可以直接使用 Unity 的 Input System 处理输入和交互。如果开发者的项目正在使用特定平台的工具包（如 MRTK、Oculus 等），则 Unity 不建议启用 OpenXR，因为许多厂商仍在为 OpenXR 添加支持。

本节介绍了在 VR 开发中常见的几个容易混淆的概念，为了便于区别比较，下面将这些概念从维护方、面向对象和存在形式这 3 个维度进行对比，如表 1-3 所示。

表 1-3

名称	维护方	面向对象	存在形式
OpenVR	Valve	VR 硬件厂制造商	以 C++形式编写的 SDK 及 API
OpenVR Desktop	Valve	Unity 编辑器/Unity 开发者	Unity 包（.tgz 文件）。该包通过 Package Manager 安装，在 Unity 2020 及其以后版本中将被废弃
OpenVR XR Plugin	Valve	Unity 编辑器/Unity 开发者	Unity 包（.tgz 文件）。该包通过 Package Manager 安装，在 XR Plug-in Management 中管理
SteamVR	Valve	终端用户	软件客户端
SteamVR Plugin	Valve	Unity 开发者	Unity 插件(.unitypackage 文件)。该插件通过 Unity Asset Store 下载安装
OpenXR	Khronos Group	XR 软硬件开发商	行业标准
OpenXR Plugin	Unity	Unity 编辑器/Unity 开发者	Unity 包（.tgz 文件）。该包通过 Package Manager 安装

1.3 在 Unity 中使用 SteamVR 插件

针对 PC 端 VR 平台的开发，绕不过去的便是以 SteamVR 平台为代表的 VR 设备，尤其是国内 PC 端 VR 设备的现状。无论是从采购渠道还是品牌认知度上，目前 PC 端 VR 设备还是以 HTC VIVE 为主，而 HTC VIVE 系列产品均是运行在 SteamVR 平台之上的。

1.3.1 SteamVR 插件的获取

SteamVR 插件可以分别从 Unity Asset Store 和 GitHub 中获取。在 Unity Asset Store 中，通常只会显示插件经过大量测试后相对稳定的最新版本；而在 GitHub 中，开发者可以获取该插件自发布以来的所有版本，以及即将发布的 beta 版本。

1. 从 Unity Asset Store 中获取

在 Unity 资源商店的搜索栏中输入“steamvr”找到该插件，确保使用 Unity ID 登录，单击“添加至我的资源”按钮，并单击“在 Unity 中打开”按钮。由于在 Unity 2020 中，从 Asset Store 窗口中进行插件下载和安装的功能被移除，此时将自动在 Unity 编辑器中打开 Package Manager

窗口，同时定位到 My Assets 类目下的 SteamVR Plugin 上，单击 Download 按钮，等待下载完成，单击 Import 按钮，将插件导入项目中，如图 1-19 所示。

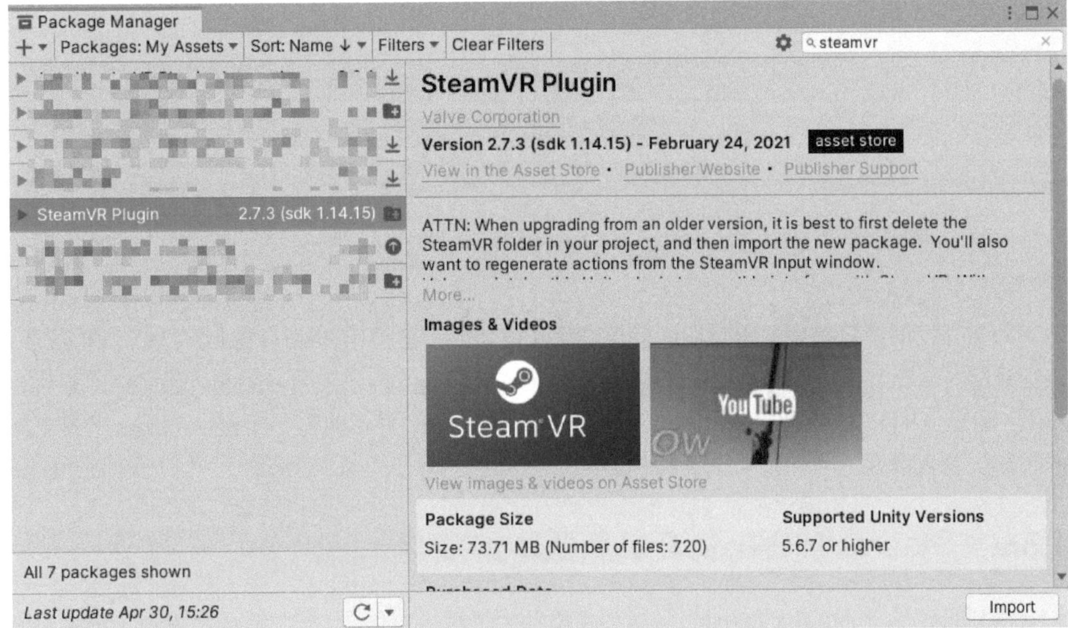

图 1-19

2. 从 GitHub 中获取

在 GitHub 中搜索“steamvr”，找到 SteamVR 插件的代码仓库。在界面右侧，单击 Releases 链接，打开该插件的版本选择列表，如图 1-20 所示。

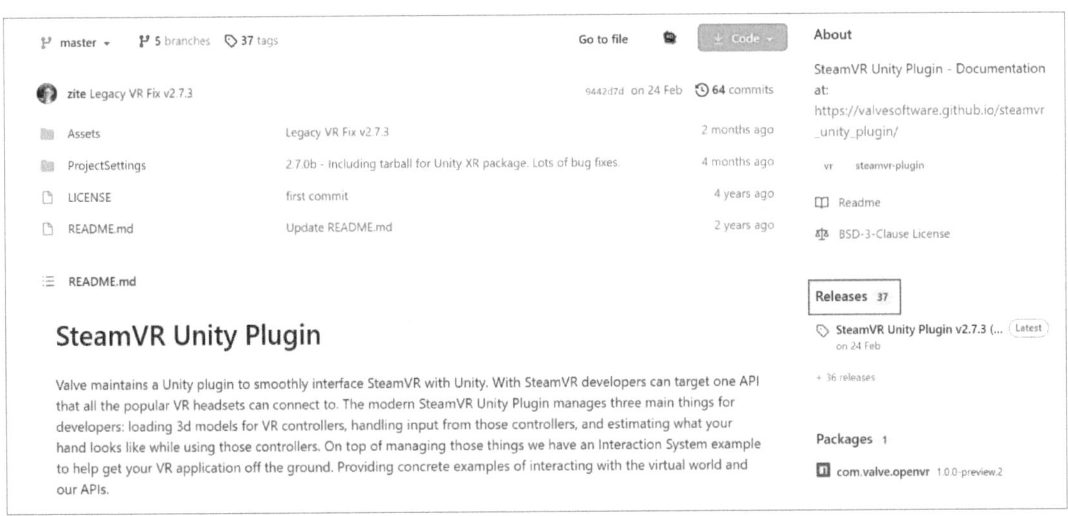

图 1-20

在列表中列出了 SteamVR Plugin 自发布以来的所有历史版本，开发者可以选择所需的版本进行下载。在每个版本介绍的底部，选择.unitypackage 文件下载即可，如图 1-21 所示。

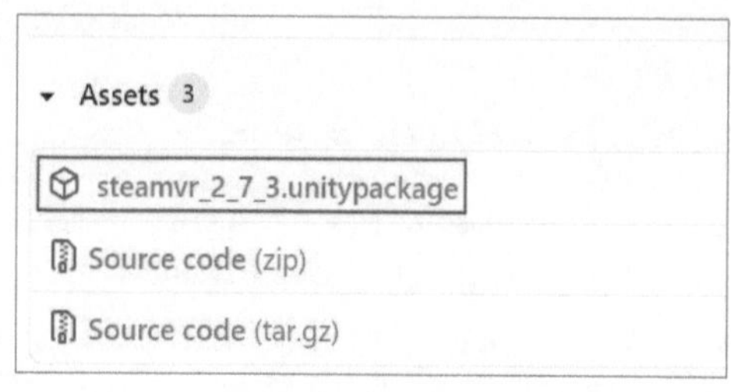

图 1-21

如果开发的项目需要使用早期的插件版本（比如，需要使用 SteamVR 1.2.3 结合 VRTK 3.x 进行开发的情况），就只能从 GitHub 中下载 SteamVR Plugin 的旧版本。同理，对 VRTK 来说也适用。但是 VRTK 在 Unity Asset Store 中的最新版本（3.x）并不能与 SteamVR Plugin 的最新版本（2.x）搭配使用。

1.3.2 SteamVR Plugin 2.x 新版本的变化

在 SteamVR Plugin 1.x 推出以后，VR 生态发生了很多变化，比较显著的是出现了很多不同类型的 VR 设备及控制器。随着越来越多的 VR 设备推出，控制器类型逐渐趋向于碎片化。每当有新的控制器发布时，都会给开发者带来一些额外的工作量——游戏项目需要修改交互代码以适配新的设备。从开发层面上来看，不同的控制器具有不同的键值映射，所以当现有 VR 应用程序移植到另外一个 VR 平台时，需要针对目标平台进行交互适配。鉴于此，Valve 为 Unity 开发者推出了 SteamVR Unity Plugin 2.x（以下简称 SteamVR 2.x），能够使开发者在编程中专注于用户的动作，而不是具体的控制器按键。

SteamVR 2.x 的重要更新是加入了 Input System，所有的用户输入均围绕动作（Action）展开。推出 Input System 是为了更加符合 OpenXR 标准。Input System 与之前处理用户输入有着显著的不同，使用 SteamVR Input System，开发者可以在应用程序之外定义默认的动作并与按键进行绑定，而无须将输入视为某一特定设备的特定按键。这样新的设备可以快速适配应用程序，而无须更改代码。比如，当开发者检测玩家是否抓取某个物体时，不是检测 Vive 控制器的 Trigger 键或 Oculus Touch 控制器的 Grip 键是否被按下，而是检测预定义的“Grab”动作是否为 True。类似在篮球游戏中玩家预先设置“投篮”动作为键盘或手柄上的哪一个按键一样，如图 1-22 所示。基于这种机制，不仅可以解决控制器碎片化的问题，还可以快速适配未来发布的设备。

值得注意的是，Unity 同样引入了一套新的输入系统，同样基于动作的输入，用于解决跨平台（PC 端、移动端 VR）的问题。由此可见，使用动作而不是特定按键的输入来处理用户的交互行为正在成为一种趋势。读者可以结合 Unity 的 Input System 来学习这种机制的设计思路，以便更好地理解 SteamVR 的 Input System。

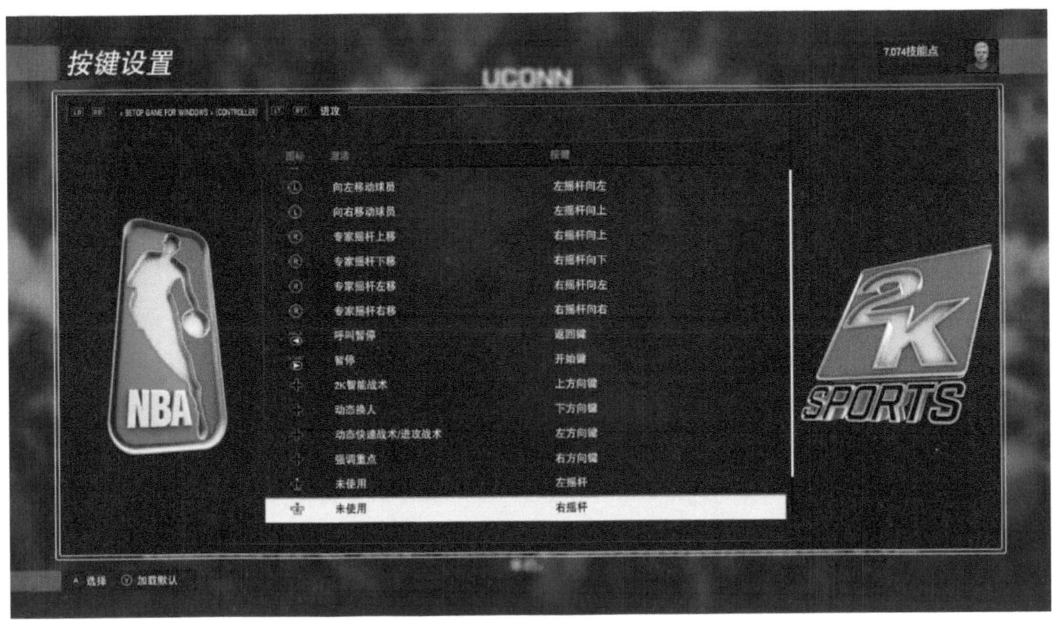

图 1-22

1.3.3　导入 SteamVR 插件

在 Unity Hub 中，使用 Unity 2020 创建一个 3D 项目，如图 1-23 所示。

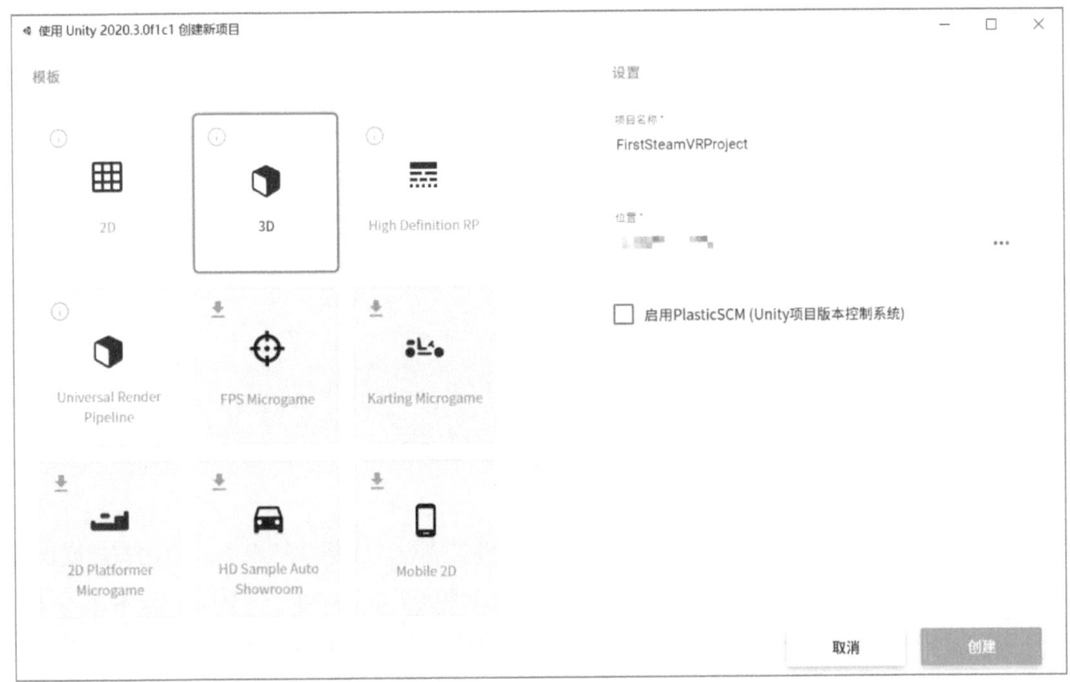

图 1-23

在 Package Manager 窗口的 My Assets 分类下找到 SteamVR Plugin，单击窗口右下角的

Import 按钮，即可开启导入流程。对于从 GitHub 中下载的插件，需要在 Unity 编辑器的 Project 窗口中选择 Import Package→Custom Package 命令进行导入，弹出如图 1-24 所示窗口。在 Unity 2020 中，插件导入后将默认安装 OpenVR XR Plugin 工具包。

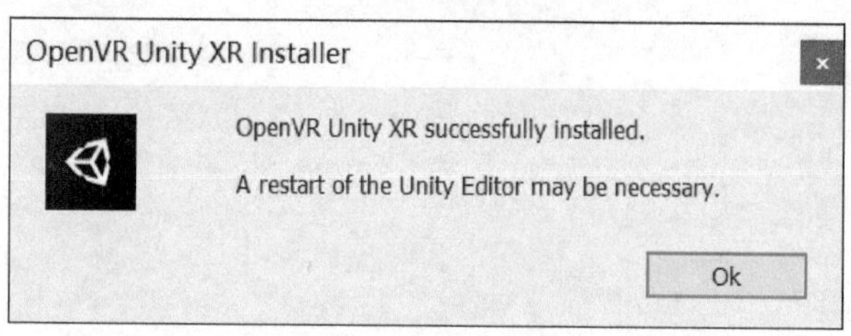

图 1-24

单击 OK 按钮，弹出 SteamVR 设置窗口，该窗口将检测当前项目设置并列出推荐更改的选项，如图 1-25 所示。

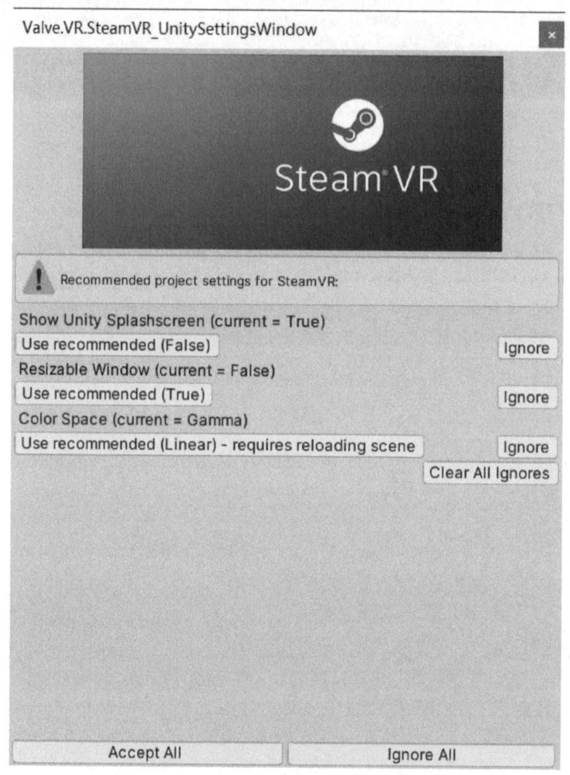

图 1-25

开发者可以根据项目需求选择接受或忽略对应设置选项，在通常情况下，单击窗口底部的 Accept All 按钮，接受所有建议即可。需要注意的是，即使单击 Accept All 按钮，在未来的开发过程中，当项目脚本发生改变时，该设置对话框会再次弹出，只是在建议设置列表中，仅显示如图 1-25 所示的第一项——Show Unity Splashscreen，建议将其忽略。接受该选项的目的是关闭显示 Unity 的启动画面（Splash Screen），而对个人版（Personal）用户来说，该功能并不能通过取消勾选 Player Settings 中的 Show Splash Screen 复选框来将其禁用，如图 1-26 所示。

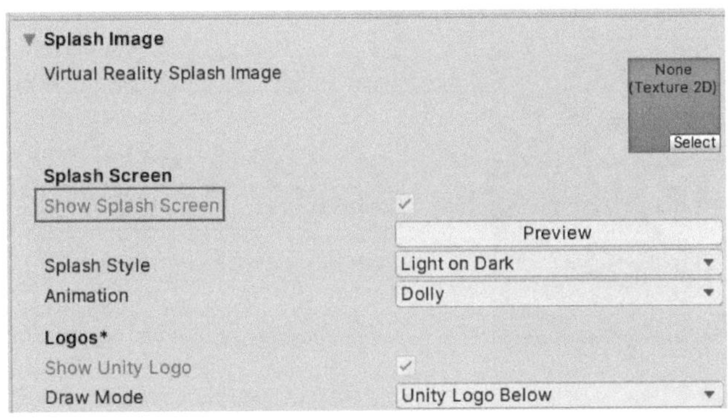

图 1-26

随着开发的进行，频繁弹出此对话框会在一定程度上影响项目开发的连续性，要解决这个问题，可以在 Project 窗口中搜索“SteamVR_UnitySettingsWindow”，找到控制设置窗口显示的脚本并双击，使用默认代码编辑器将其打开，在第 118 行处添加代码，强制将变量 show 设置为 false，如下代码段中第 1 行所示。这样在之后的代码中将因为判断条件不成立而不再显示设置窗口。

```
show = false;
if (show)
{
    window = GetWindow<SteamVR_UnitySettingsWindow>(true);
    window.minSize = new Vector2(320, 440);
    //window.title = "SteamVR";
}
```

1.3.4　初次运行 SteamVR 应用程序

导入 SteamVR 插件以后，在 Unity 编辑器的 Project 窗口中将新增 3 个文件夹，最主要的是 SteamVR 文件夹，因为该文件夹除了包含这款插件所有的脚本和素材，还包含了一个集成度相对较高的交互系统——Interaction System，以及在 Unity XR Plug-in Management 中使用的 OpenVR XR Plugin 工具包，如图 1-27 所示。

在 Unity 编辑器的 Project 窗口中，在 SteamVR_Resources 文件夹下包含一个 ScriptableObject 类型的配置文件 SteamVR_Settings（见图 1-27 中 3 处），这里保存了一系列关于 SteamVR 插件的全局配置选项。

在安装完插件后，建议首先选择 SteamVR 文件夹下的 readme 文件，在 Inspector 窗口中查看当前版本支持的 SDK 版本，如图 1-28 所示。在开发之前尽量确保 SteamVR 客户端的版本不低于当前 SteamVR 插件所支持的 SDK 版本。如果 SteamVR 插件版本为 2.7.3 且支持的 SDK 版本为 1.14.15，则 SteamVR 客户端的版本尽量保持在 1.14.15 及以上。关于 SteamVR 客户端的升级，可以在 Steam 客户端中进行。

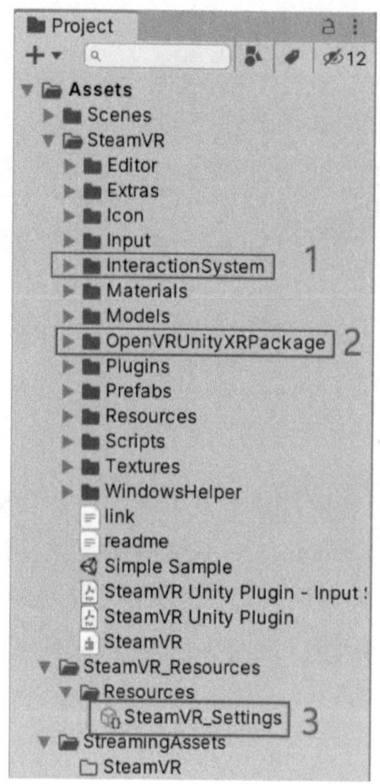

图 1-27

SteamVR Unity Plugin - v2.7.3 (sdk 1.14.15)

Copyright (c) Valve Corporation, All rights reserved.

图 1-28

虽然 SteamVR 插件能够向下兼容，但是会存在因 SteamVR 客户端版本过低而导致 Unity 编辑器报错的问题，所以建议在开发之前将 SteamVR 客户端更新到最新版本。

在 Project 窗口中，打开 SteamVR\InteractionSystem\Samples 路径，找到 Interactions_Example 场景文件，这是 Interaction System 提供的用于演示其部分功能的示例场景。双击将其打开，初次导入插件后可以运行该示例场景进行体验，如图 1-29 所示。同时在后续的开发过程中，可以通过测试示例场景能否运行来初步排除由硬件连接问题引起的项目运行异常。

图 1-29

1.4 SteamVR 2.x 中的动作

如果说 Input System 是 SteamVR 的核心，那么动作便是 Input System 的核心。新版 SteamVR 引入了动作的概念，目的是解决 VR 应用程序跨平台的问题。

1.4.1 SteamVR Input 窗口

对于动作的创建和管理，均在 SteamVR Input 窗口中进行。在 Unity 编辑器的菜单栏中，选择 Window→SteamVR Input 命令，打开 SteamVR Input 窗口。在打开窗口的过程中，SteamVR 插件会检测项目中是否已经存在动作，如果没有（常见于新建项目中），将弹出如图 1-30 所示对话框，询问是否使用示例的 actions.json 配置文件。

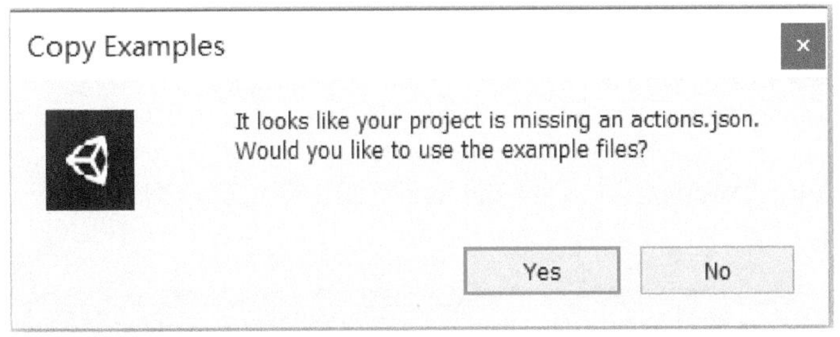

图 1-30

actions.json 配置文件保存了一系列 SteamVR 预制的动作和按键来绑定配置，该文件存放在 Project 窗口中的 StreamingAssets\SteamVR 路径下，如图 1-31 所示。

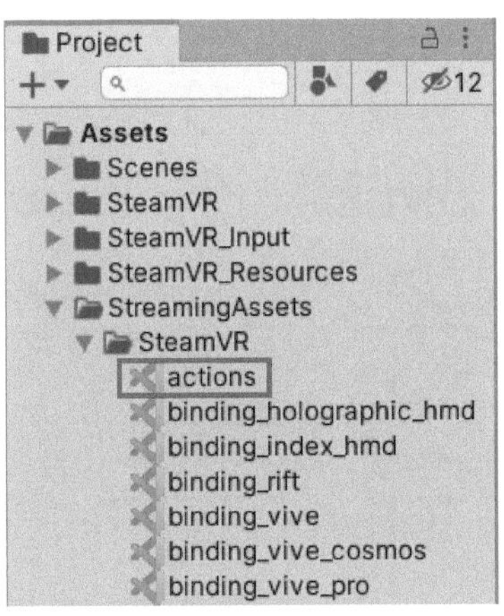

图 1-31

每次打开 SteamVR Input 窗口，SteamVR 插件相关脚本都会读取该配置文件并解析，将相关信息呈现在窗口中。在项目中可以存在多个动作配置文件，你可以在 SteamVR_Settings 配置文件的 Actions File Path 文本框中指定具体读取的配置文件路径，如图 1-32 所示。

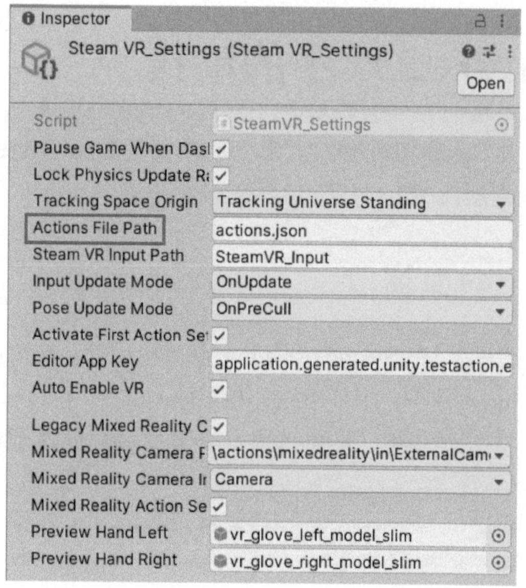

图 1-32

单击弹出的 Copy Examples 对话框中的 Yes 按钮，经过脚本编译后打开 SteamVR Input 窗口，如图 1-33 所示。

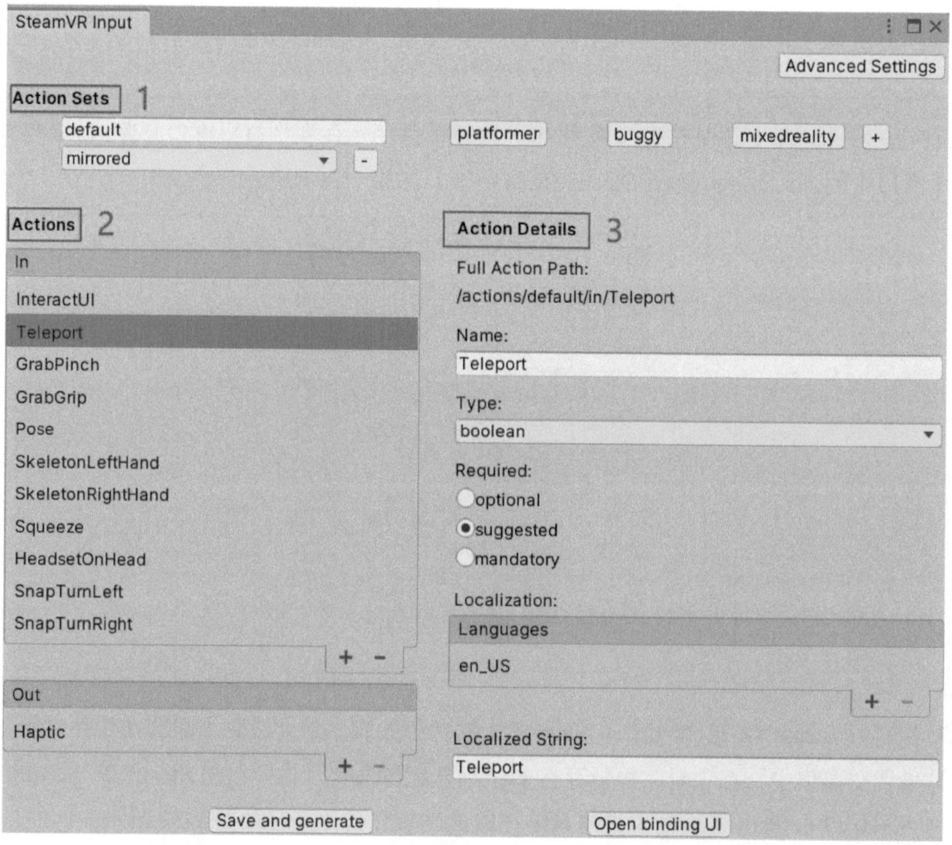

图 1-33

在 SteamVR 中，所有的动作按照不同的动作集（Action Sets）进行组织，在 SteamVR Input 窗口的顶部，根据读取的 actions.json 配置文件内容，列出当前项目中所有的动作集（见图 1-33 中 1 处），使开发者可以对动作集进行创建与删除。

在不同的场景或应用程序之间可以使用不同的动作集。比如，在应用程序中有一个场景是在地球上拾取并投掷物体，而另一个场景是在太空中飞行，那么这两个场景可以使用不同的动作集。

选择任一动作集，会在下方的 Actions 列表栏中列出当前动作集中包含的动作（见图 1-33 中 2 处），开发者可以在此对动作进行添加或删除。选择任一动作，在窗口右侧将显示该动作对应的详细信息（见图 1-33 中 3 处），开发者可在此对动作的类型、名称等参数进行设置。

在 Actions 列表栏中，包含了当前动作集中的动作，选择某一个动作，会在右侧显示关于该动作的详情，我们可以对动作名称（Name）、动作类型（Type）进行调整。SteamVR 将动作分为 6 种输入类型和 1 种输出类型，具体如下。

- Boolean：布尔动作，只有“是”或“否”两种状态，通常绑定在只有按下和松开两种状态的按键上，如 HTC VIVE 手柄控制器的 Menu 键，Oculus Rift 手柄控制器的 A、B 键等。
- Single：通过 Single 动作可以获取到一个 0～1 的浮点数，通常绑定在带有键程的按键上，如 HTC VIVE 或 Oculus Rift 手柄控制器的 Trigger 键等。通过 Single 类型动作获取到的数值，可以实现多种交互功能（如控制动画或视频的播放进度，控制飞行器或车辆的油门等）。
- Vector2：Vector2 动作包含两个数值，与 C#中的 Vector2 数据类型相似，通常被绑定到 HTC VIVE 手柄控制器的 Touchpad 键或者 Oculus Rift 手柄控制器的摇杆键上。通过 Vector2 动作可以实现控制飞行器或车辆的运动——使用 X 轴控制转向，使用 Y 轴控制前进和后退，也可以实现与 UI 界面的滚动交互——使用 X 轴控制水平滚动，使用 Y 轴控制垂直滚动。
- Vector3：Vector3 动作包含 3 个数值，与 C#中的 Vector3 数据类型相似。
- Pose：Pose 动作通常由被追踪设备（包括头显、手柄控制器、VIVE Tracker 等）发出，表示它们在 3D 空间中的位置和旋转，即姿态。
- Skeleton：Skeleton 动作能够获取用户手部关节信息，在虚拟场景中呈现与体验者实际手型相符的手部姿态。Valve Index 的手柄控制器为 SteamVR 体验带来了手指骨骼跟踪功能，能够直接获取用户的手指骨骼信息，将数据应用到虚拟场景手部模型的 31 块骨骼上，从而给用户带来更好的沉浸式体验。该功能并不是 Valve Index 所独有的，SteamVR 还能够为 HTC VIVE 和 Oculus Rift 等没有手指骨骼跟踪功能的设备提供手指状态估算，如判断手掌是否打开、手指是否放置在 Touchpad 键上等。同时，Valve 公司还将与 Microsoft 展开合作，以增加对 Windows MR 控制器的支持。
- Vibration：Vibration 动作是 SteamVR 唯一的输出类型动作，用于触发 VR 设备（如手柄控制器）上的触觉反馈。

1.4.2 创建动作

创建一个能够被使用的动作，首先需要在 SteamVR Input 窗口中添加一个动作，然后需要将动作绑定到 VR 手柄控制器的按键上。

在 SteamVR Input 窗口中选择一个动作集，在其对应的 Actions 列表栏中，单击右下角的加号按钮，添加一个动作，在右侧显示的详细参数中，需要为其指定名称和类型。

在添加一个动作以后，单击 SteamVR Input 窗口底部的 Save and generate 按钮。在设置完成后，此时对动作进行保存并生成相关的类，以便在后续开发过程中通过脚本引用创建的动作。动作集类的脚本被存放在 Project 窗口的 SteamVR_Input 文件夹下，如图 1-34 所示。所有的动作可以在脚本中通过 SteamVR_Actions 类进行引用。

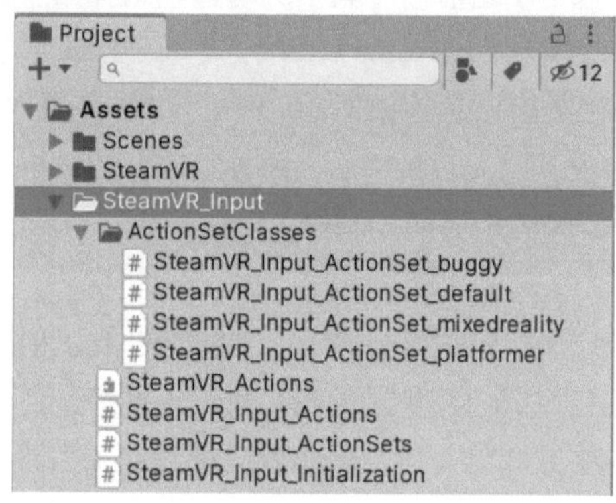

图 1-34

1.4.3 动作与按键的绑定

在 SteamVR Input 窗口中添加一个动作后，需要将其绑定到具体的手柄控制器的按键上，只有在绑定以后，系统才能接收到对应名称的动作输入。

要将动作绑定到具体的控制器按键上，可以单击 SteamVR Input 窗口底部的 Open binding UI 按钮，在打开的“控制器按键设置”窗口中更改按键设置，如图 1-35 所示。

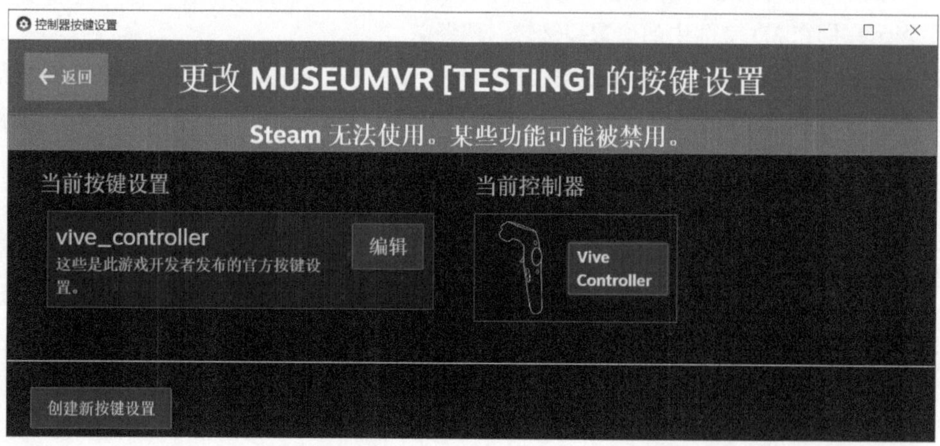

图 1-35

需要注意的是，该窗口并不是在 Unity 编辑器中打开的，而是属于 SteamVR 客户端。新版 SteamVR 插件不再使用系统默认浏览器进行按键绑定的配置，而是在 SteamVR 客户端的“控制器按键设置”窗口中进行。如果 SteamVR 客户端版本较低，此时将因无法找到客户端的配置窗口而导致在 Unity 编辑器中报错。为了能够顺利完成按键绑定设置，需要确保 SteamVR 客户端已经更新到最新版本。

若出现如图 1-35 所示的“Steam 无法使用。某些功能可能被禁用。”的警告信息，则可以通过启动 Steam 客户端来解决。

在“控制器按键设置”窗口中，会自动检测并显示当前连接的 VR 手柄控制器，如果需要对其他平台设备进行按键绑定设置，则单击“当前控制器”选区中控制器名称对应的按钮，在弹出的列表中，显示目前支持 SteamVR 平台的设备，如图 1-36 所示。

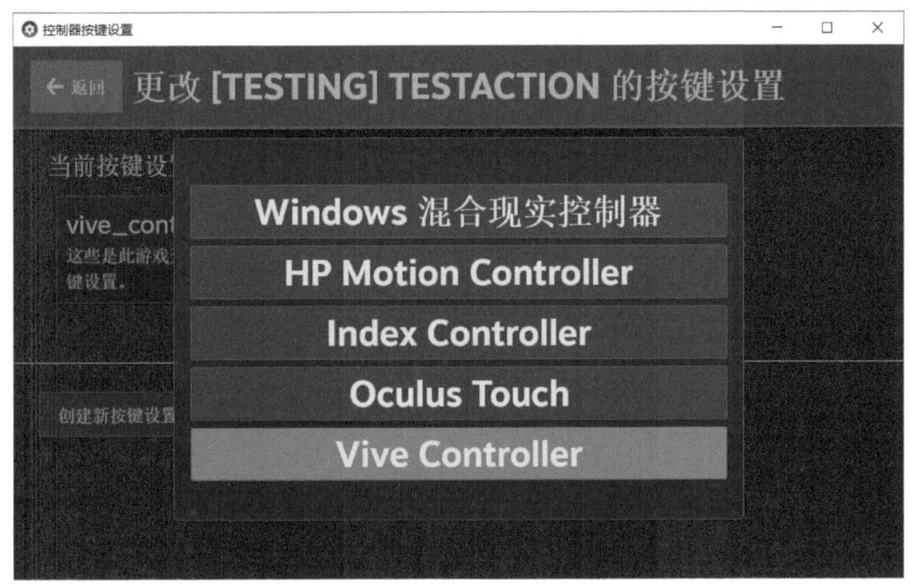

图 1-36

在确定需要进行按键设置的 VR 控制器后，可以单击“当前按键设置”选区中的“编辑”按钮，此时打开控制器按键编辑窗口，如图 1-37 所示。在窗口的中心位置，以线框图的形式展示选定的手柄控制器，左右两侧分别列出手柄控制器上的按键绑定信息。在默认情况下，右手手柄控制器的按键被设置为不可编辑状态，这是因为将其默认为镜像模式，即左、右手柄控制器上对应相同的按键将绑定相同的动作。如果需要在手柄控制器上相同的按键绑定不同的动作（比如，仅希望左手手柄控制器的 Touchpad 键实现位置传送，而右手手柄控制器实现发送 UI 选择的指针），则可以取消勾选窗口底部的“镜像模式”复选框，分别对两个按键绑定不同的动作。

在项目发布后，无论是开发者还是终端用户，都可以在 SteamVR 客户端中对动作与按键的绑定进行设置。对终端用户来说，他们可以自行决定动作被绑定在手柄控制器的哪一个按键上，以便符合自己的使用习惯。在 SteamVR 客户端中，单击界面左上角的“菜单”按钮，选择“设置”命令，在“控制器”选项卡中，单击“管理以下应用的控制器按键设置”下拉按钮，在弹出的下拉列表中，选择要为其设置按键绑定的应用程序，如图 1-38 中 1 处所示。将“有效的控制器按键设置”参数切换到“自定义”，如图 1-38 中 2 处所示。单击“编辑此按键设置”按钮，如图 1-38 中 3 处所示，同样会打开如图 1-35 所示的“控制器按键设置”对话框。

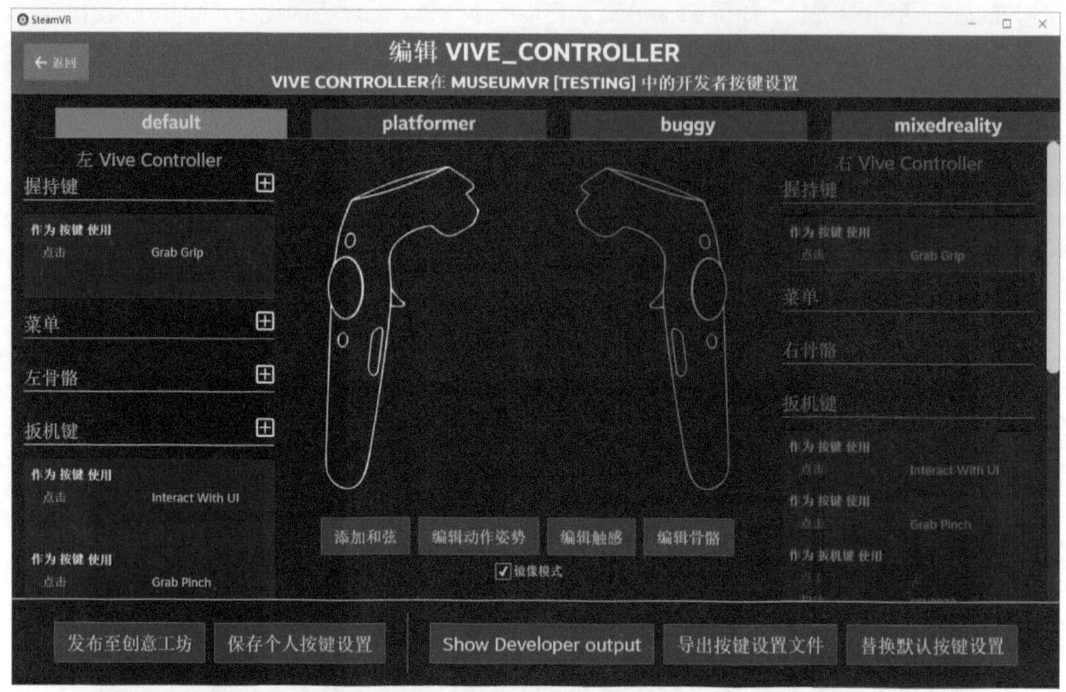

图 1-37

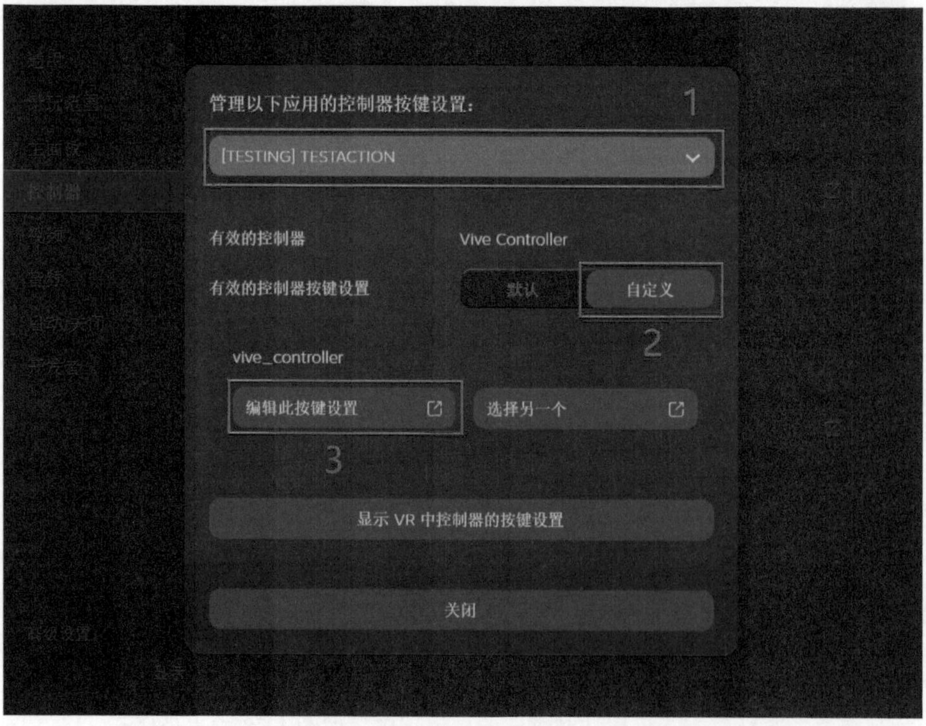

图 1-38

绑定的配置信息将保存在名称为 actions.json 的示例配置文件中，不同的 VR 硬件平台可以使用不同的按键设置配置文件。

在按键设置完成后，可以测试各按键的绑定情况。在 Unity 编辑器中，运行应用程序，选择菜单栏中的 Window→SteamVR Input Live View 命令，打开 SteamVR Input Live View 窗口，此时可以在窗口中实时查看各动作是否已经绑定到指定的控制器按键上，同时能够查看各动作对应的数据，如动作是否发出、Single 动作对应按键的键程、手指与 Touchpad 键的触摸点坐标等。不同颜色的色块对应不同的动作状态，其中，红色表示动作未绑定，粉色表示动作未激活，黄色表示动作未使用，绿色表示动作发生状态改变，如图 1-39 所示。

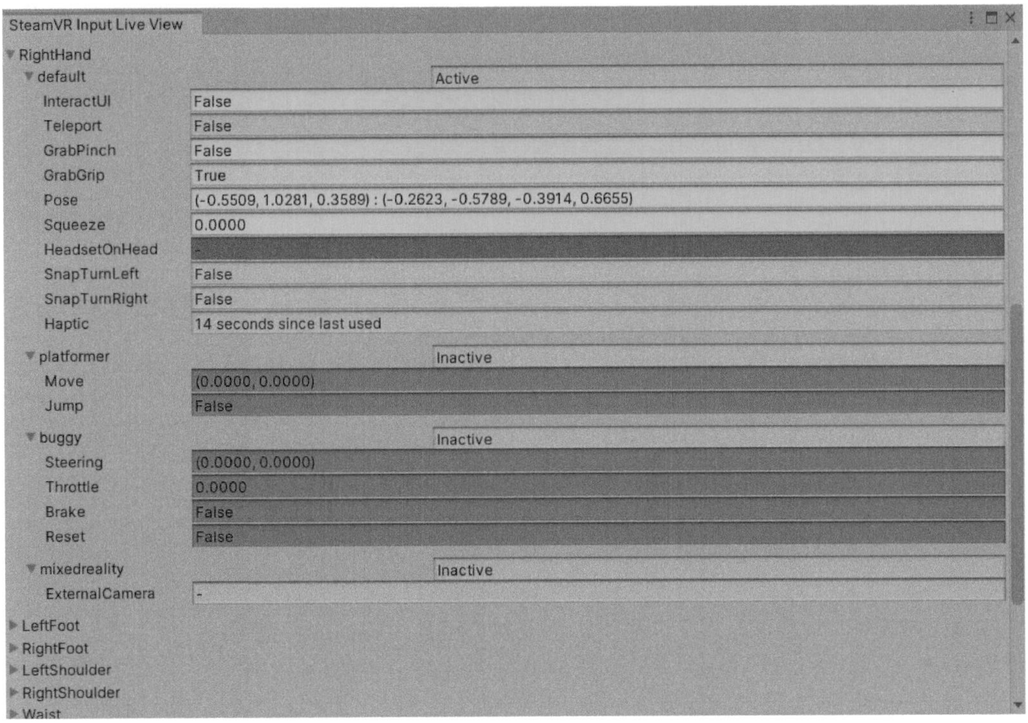

图 1-39

面向动作进行交互开发，相较于传统的面向按键输入的思想，在跨平台交互适配和项目管理方面，有其高效的一面。在跨平台交互适配方面，对于面向动作进行交互开发的项目，当交互功能需要适配新平台时，只需针对新平台重新进行动作与按键的绑定即可；在项目管理方面，当交互需求发生某些变更时，使用动作进行开发也存在一定的优越性，举一个比较极端的例子，即在不使用动作的项目中，若存在 1000 处对某一按键是否按下的判断，此时如果要求将原来按下 Trigger 键进行 UI 选择的功能改为按下 Touchpad 键，则需要改动涉及按键判断的 1000 处代码，而如果将项目改为对动作是否发出进行判断，当需求变更时，则只需在外部将动作绑定到新的按键上即可。

另外，基于动作的 SteamVR Input System 具有非常典型的架构特点，与 Unity 最新推出的 Input System（见图 1-40）在设计思路上具有非常相似的地方，读者可将两者结合进行学习，从而达到融会贯通的目的。Unity Input System 相关介绍可参考其官方文档。

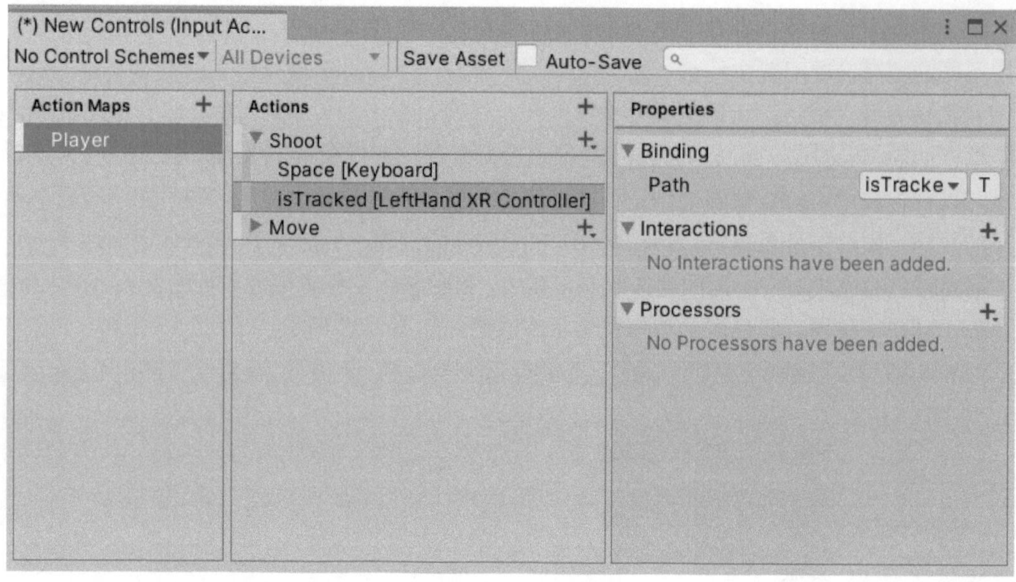

图 1-40

1.5 通过脚本获取动作的输入

在添加动作并完成与按键的绑定后，即可在脚本中对动作进行使用。一方面可以对动作进行引用，另一方面可以通过动作的输入获取与其相关的数据。

1.5.1 声明和引用动作

在 C#脚本中对动作进行声明和引用，需要首先引入对应的命名空间，代码如下。

```
using Valve.VR;
```

要声明一个动作变量，与 C#脚本中声明变量的方式相同，需要在变量名称前指定变量类型，同时需要使用必要的关键词对其访问权限进行设定，代码如下。

```
public SteamVR_Action_Boolean FireAction;
```

在脚本中，动作变量的类型与 SteamVR Input 窗口中列出的动作类型相对应，只是名称不同，其对应关系如表 1-4 所示。

表 1-4

脚 本 类 型	动 作 类 型
SteamVR_Action_Boolean	Boolean 动作
SteamVR_Action_Single	Single 动作
SteamVR_Action_Vector2	Vector2 动作
SteamVR_Action_Vector3	Vector3 动作
SteamVR_Behaviour_Pose	Pose 动作
SteamVR_Action_Skeleton	Skeleton 动作
SteamVR_Action_Vibration	Vibration 动作

将一个动作声明为公共（Public）类型后，即可在 Unity 编辑器的 Inspector 窗口中对具体动作进行指定，在该动作参数对应的下拉列表中将呈现项目中与此类型相匹配的动作选项，如图 1-41 所示。

图 1-41

如果该下拉列表中不存在需要的动作，则可以选择下拉列表底部的 Add 选项，重新打开 SteamVR Input 窗口进行动作的创建。

如果已经确定在项目中要使用的具体动作，则可以在脚本的任意位置对该动作进行引用而无须预先声明。如果在 SteamVR_Actions 类中包含了项目中所有动作的引用，则可以按照动作所在的动作集路径进行引用。以在 default 动作集下的 InteractUI 动作为例，要使用这个动作并获取其当前状态，示例代码如下。

```
SteamVR_Actions._default.InteractUI.GetState(SteamVR_Input_Sources.Any)
```

其中，动作的 GetState()函数用于获取当前的输入状态，返回数据类型为布尔型的数值（当数值为 true 时，表示动作发出；当数值为 false 时，表示动作未发出），同时需要为此函数提供参数，通常使用 SteamVR_Input_Sources 类指定相应的输入设备，Any 表示任意设备。

1.5.2　获取动作输入

引用动作的目的是获取数据和做出反应。比如，判断某个动作是否发出（对应某个按键是否按下）、用户的手指在 TouchPad 键上处于什么位置、Trigger 键按下了多少等。根据 SteamVR 插件提供的 API，可以使用 3 种方式获取动作输入。

1．添加动作状态监听器

SteamVR 插件提供了动作的多种状态，可以对动作的不同状态添加监听器。下面以 InteractUI 动作为例，获取该动作的输入并输出相应的调试信息，示例代码如下。

```
void Start()
{
    SteamVR_Actions._default.InteractUI.AddOnStateUpListener(OnStateUpHandler,
SteamVR_Input_Sources.LeftHand);
}

private void OnStateUpHandler(SteamVR_Action_Boolean fromAction,
SteamVR_Input_Sources fromSource)
{
    Debug.Log("InteractUI 发出");
}
```

在以上脚本中，AddOnStateUpListener()函数为 InteractUI 动作对应按键的松开状态添加监听器，因此需要为此函数提供两个参数：第一个参数是在获取到动作状态后的处理函数名称，用于编写相应的处理逻辑；第二个参数是发出此动作的设备，在本示例中 SteamVR_Input_Sources.LeftHand 表示左手手柄控制器。对于监听事件处理函数的创建，主流的代码编辑器通常会提供创建此类函数的快捷方式，以 VS 2019 为例，当指定状态监听处理函数名称后，如果当前脚本中并不存在此函数，则代码编辑器会在此位置报错，此时可以将鼠标指针放置在报错位置，按 Alt + Enter 组合键，在弹出的快捷菜单中选择“生成方法”命令，即可自动创建关于监听器的处理函数。

当无须对动作状态进行监听时，可以使用相应移除状态监听的函数停止对其监听。对应以上监听设置，移除监听的代码如下。

```
SteamVR_Actions._default.InteractUI.RemoveOnStateUpListener(OnStateUpHandler,
SteamVR_Input_Sources.LeftHand);
```

2．注册事件处理函数

SteamVR 插件也提供了动作的状态事件，可以使用注册事件处理函数的方式获取动作输入。以 Squeeze 动作为例，示例代码如下。

```
void Start()
{
    SteamVR_Actions.default_Squeeze.onAxis += Default_Squeeze_onAxis;
}

private void Default_Squeeze_onAxis(SteamVR_Action_Single fromAction,
SteamVR_Input_Sources fromSource, float newAxis, float newDelta)
{
    Debug.Log("Trigger 键当前键程为 : " + newAxis);
}
```

因为不同类型的动作被绑定在不同行为类型的按键上，所以不同类型的动作能够触发不同种类和数量的事件。在以上示例代码中，onAxis 事件在动作绑定的按键键程值为非零时触发。同时，不同类型的动作事件处理函数提供不同种类和数量的数据，因为 Squeeze 动作为 Single 动作类型，所以在其动作事件处理函数中提供了输入来源（fromSource）、当前键程（newAxis）、键程改变（newDelta）等信息。以上代码的运行效果如图 1-42 所示。

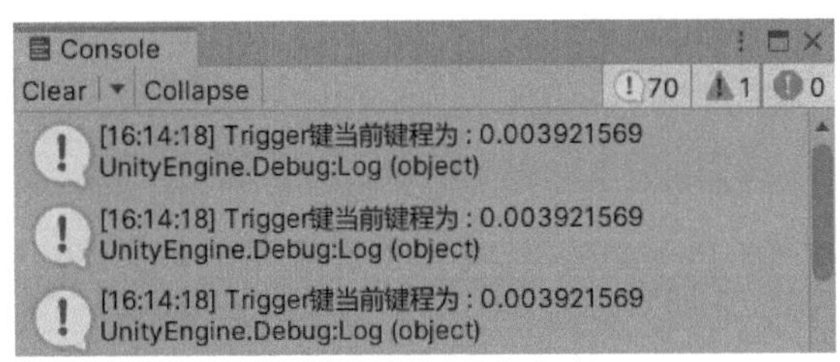

图 1-42

当无须对动作事件进行处理时，可以移除对应的事件处理函数。对应以上事件处理函数设置，移除事件处理函数的代码如下。

```
SteamVR_Actions.default_Squeeze.onAxis -= Default_Squeeze_onAxis;
```

3. 在 Update()函数中获取

类似于在 PC 端获取键盘或鼠标的输入，在 Update()函数中也可以获取 SteamVR 动作的输入。作为对比，以下是在 Update()函数中获取键盘按键输入的动作，代码如下。

```
void Update()
{
    if (Input.GetKeyDown(KeyCode.Space))
    {
        Debug.Log("空格键按下");
    }
}
```

在 Update()函数中获取 SteamVR 动作的输入，使用的函数是 SteamVR_Input.GetAction()，示例代码如下。

```
void Update()
{
    if (SteamVR_Input.GetAction<SteamVR_Action_Boolean>("GrabPinch").
GetStateDown(SteamVR_Input_Sources.RightHand))
    {
        Debug.Log("右手发出抓取动作");
    }
}
```

以上代码实现了获取右手手柄控制器发出的 GrabPinch 动作对应按键的松开状态，在 SteamVR_Input.GetAction()函数中需要提供动作的类型和名称。使用这种方式编写的代码可读性欠佳，建议使用前两种方式获取动作输入。

通过脚本获取动作输入是实现交互开发的基础和关键，SteamVR 插件在脚本中对动作的状态和事件均有相应的注释，在代码编辑器（如 Visual Studio、Rider 等）中，都可以通过代码提示对状态的类型和事件的触发时机进行了解。另外，对于使用添加动作状态监听器和注册事件处理函数两种获取动作输入的方式，通常需要在程序初始化时完成，一般在 Start()或 Awake()函数中进行代码的编写。

1.6 Interaction System

在 SteamVR Unity 插件中包含了一套便于快速开发 VR 基本交互的模块，名称为 Interaction System。该交互系统来自 Valve 公司开发的 VR 体验应用“The Lab”，抽取了这个应用中关于交互的关键部分，包括一系列的脚本、预制体和一些游戏资源等。在将 SteamVR Unity 插件导入项目后，即可在 SteamVR 文件夹下找到 InteractionSystem 文件夹，如图 1-43 所示。

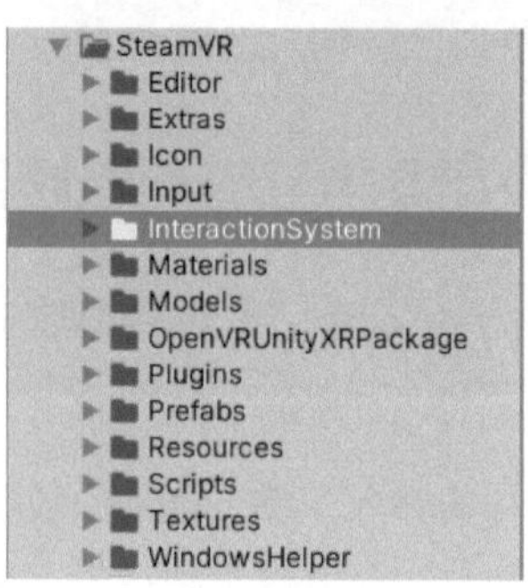

图 1-43

在 SteamVR\InteractionSystem\Samples 路径下，提供了一个查看 Interaction System 各功能的 Interactions_Example 场景文件，双击打开即可体验包含所有交互的示例场景，如图 1-44 所示。

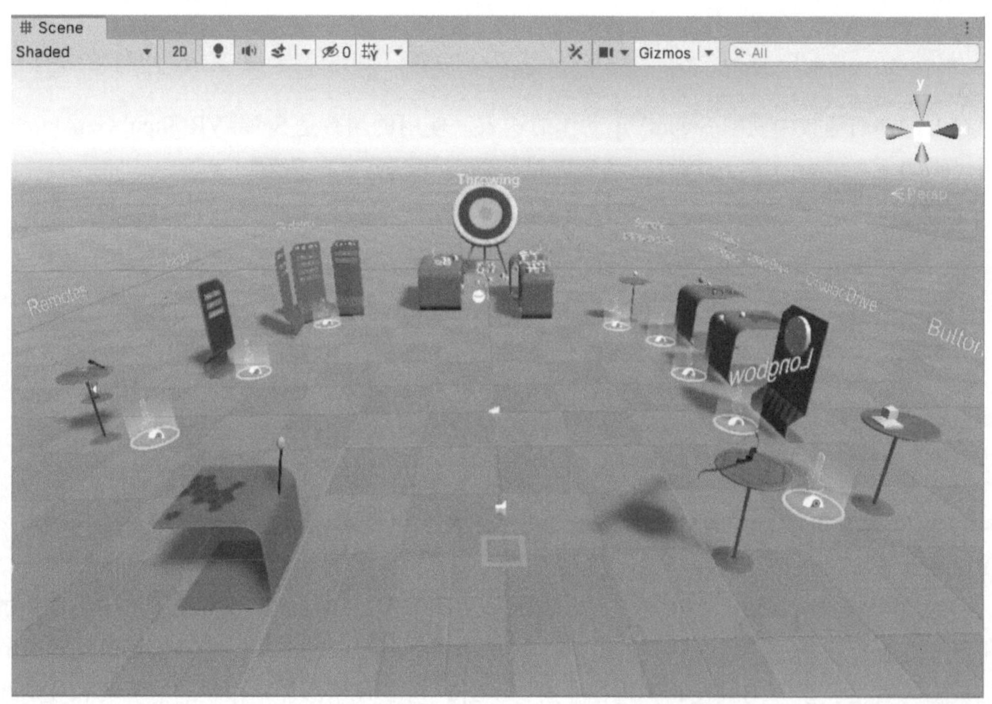

图 1-44

使用 Interaction System 进行交互开发，需要先引入其所在的命名空间 Valve.VR.InteractionSystem。

1.6.1　Interaction System 的核心模块

Interaction System 包含多个交互模块，使用这些模块可以帮助开发者快速实现 VR 应用中常见的交互方式。如图 1-45 所示，在 Interaction_Example 场景中，存在一个 Player 预制体的实例。

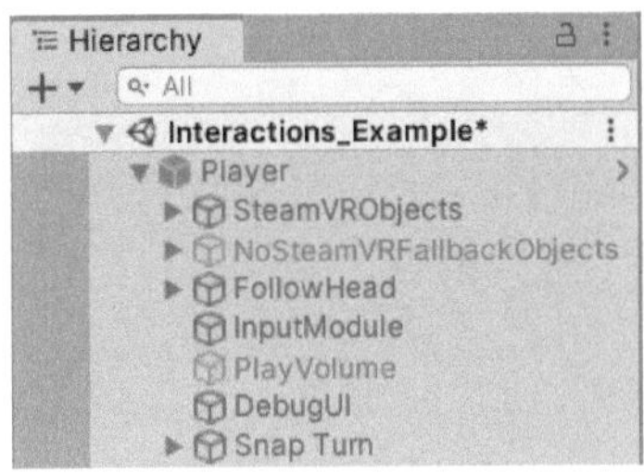

图 1-45

Player 预制体封装了基本的 SteamVR 对象，包括摄像机、手柄控制器等，能够实现查看场景、发送交互动作以实现转身等功能。在使用 Interaction System 进行交互开发时，将不再使用 SteamVR 插件的[CameraRig]预制体。

Player 预制体上挂载了 Player 组件，如图 1-46 所示。

Player (Script)	
Script	Player
Tracking Origin Transform	Player (Transform)
Hmd Transforms	2
Hands	3
Head Collider	HeadCollider (Sphere Collider)
Rig Steam VR	SteamVRObjects
Rig 2D Fallback	NoSteamVRFallbackObjects
Audio Listener	FollowHead (Transform)
Headset On Head	\actions\default\in\HeadsetOnHead
Allow Toggle To 2D	✓

图 1-46

Hand 是实现交互的主要模块，完成 VR 交互的大部分工作。在交互过程中检测是否与交互对象发生接触，并根据当前的接触状态向它们发送消息。在 Player 预制体下，存在 LeftHand 和 RightHand 两个游戏对象，分别对应左、右两个控制器，并将其挂载到 Hand 组件中，如图 1-47 所示。

Interactable 组件用于将物体标记为可交互对象，只有挂载了此组件的物体才可以接收 Hand 发送的消息，继而根据这些消息进行相关交互逻辑的开发，如高亮显示、缩放等。

Throwable 组件用于实现 VR 交互中常见的操作，如物体被抓取、释放、投掷等。该组件被挂载到交互对象以后，当控制器与交互对象发生接触时，发出抓取动作（如按下 Trigger 键等），当前物体可以被抓取；当抓取动作不再发出（如松开 Trigger 键）时，该物体可以被释放。如果控制器以一定速度将其释放时，则受重力影响实现抛出的效果。

Hand (Script)	
Script	Hand
Other Hand	RightHand (Hand)
Hand Type	Left Hand
Tracked Object	None (Steam VR_Behaviour_Pose)
Grab Pinch Action	\actions\default\in\GrabPinch
Grab Grip Action	\actions\default\in\GrabGrip
Haptic Action	\actions\default\out\Haptic
Ui Interact Action	\actions\default\in\InteractUI
Use Hover Sphere	✓
Hover Sphere Transform	HoverPoint (Transform)
Hover Sphere Radius	0.075
Hover Layer Mask	Everything
Hover Update Interval	0.1
Use Controller Hover Compon	✓
Controller Hover Component	tip
Controller Hover Radius	0.15
Use Finger Joint Hover	✓
Finger Joint Hover	Index Tip
Finger Joint Hover Radius	0.05
Object Attachment Point	ObjectAttachmentPoint (Transform)
No Steam VR Fallback Camera	None (Camera)
No Steam VR Fallback Max Di	10
No Steam VR Fallback Max Di	0.5
Render Model Prefab	LeftRenderModel Slim
Show Debug Text	
Spew Debug Text	
Show Debug Interactables	

图 1-47

Teleport 模块实现了传送的逻辑，在 Interaction System 中提供了基于区域的传送和基于位置点的传送，分别由 TeleportArea 和 TeleportPoint 类实现。

1.6.2 使用 Interaction System 实现位置传送

使用 Interaction System 可以实现与“The Lab”中相同的传送方式。Interaction System 分为两种交互类型：一种是在限定区域内的传送，另一种是在特定的位置点之间的传送。实现位置传送的模块位于 InteractionSystem 工具包的 Teleport 文件夹中，包括 Teleporting、TeleportPoint 和 TeleportArea 三个核心类。其中，Teleporting 类为用户处理所有传送逻辑，包括传送点的选择、传送选择曲线的外观、传送播放的声音等；TeleportPoint 类为单独的传送点，体验者只能被传送到该位置点；TeleportArea 类定义了一个传送区域，体验者可以被传送至挂载了此组件的游戏对象上的任意位置。需要注意的是，传送机制基于碰撞体碰撞，所以需要确保设定为传送区域的游戏对象上具有相应形式的 Collider 组件。

下面通过实例介绍如何使用 Interaction System 实现传送功能。在本实例中，将实现以下功能。

- 实现在限定范围内移动。
- 移动到一个确定的目标点。
- 创建锁定位置的目标点。

- 传送到目标点后跳转场景。

执行以下步骤。

（1）新建项目，将其命名为 InteractionSystemExample，导入 SteamVR Plugin，删除默认场景中的 MainCamera，将场景保存为 Main。

（2）在 Hierarchy 窗口中右击空白处，在弹出的快捷菜单中选择 3D Object→Plane 命令，新建一个 Plane 游戏对象，将其命名为 Floor 作为地面，为其指定材质为 Grey。

（3）将 Player 预制体拖入场景中，重置其 Transform 组件。

（4）将 InteractionSystem\Teleport\Prefabs 路径下的 Teleporting 预制体拖入场景中。

（5）实现限定范围内任意位置的传送。选择 Floor 游戏对象，按 Ctrl+D 组合键，创建其副本，将其命名为 TeleportArea，为其挂载 Teleport Area 组件，如图 1-48 所示。

图 1-48

在该组件中，Locked 属性用于确定该区域是否为锁定状态，若勾选此复选框，则该区域显示不可传送状态，当体验者选定该区域时不能实现传送；Marker Active 属性用于确定传送标识是否保持显示，若不勾选此复选框，则只有在体验者发出传送动作（如按下 Touchpad 键）时，传送区域标识才显示。

（6）创建传送点 A。将 InteractionSystem\Teleport\Prefabs 路径下的 TeleportPoint 预制体拖入场景中，将其命名为 TeleportPoint_Unlocked，在其 Teleport Point 组件中，将 Title 属性设置为“传送点 A”。

（7）创建一个被锁定的传送点。选择 TeleportPoint_Unlocked 游戏对象，按 Ctrl+D 组合键，创建其副本，将其重命名为 TeleportPoint_Locked。在其 Teleport Point 组件中，勾选 Locked 复选框，将 Title 属性设置为“被锁定”。

（8）创建一个可跳转场景的传送点。在 Hierarchy 窗口中选择 TeleportPoint_Unlocked 游戏对象，按 Ctrl+D 组合键，创建其副本，将其重命名为 TeleportPoint_SwitchToScene。在其 Teleport Point 组件中，将 Title 属性设置为“跳转场景”，Teleport Type 属性设置为 Switch To New Scene，Switch To Scene 属性设置为 Interactions_Example，即可跳转到 InteractionSystem 的示例场景中。

（9）在菜单栏中选择 File→Build Settings 命令，打开 Build Settings 窗口，将当前场景和 Interactions_Example 场景添加到场景列表中，如图 1-49 所示。

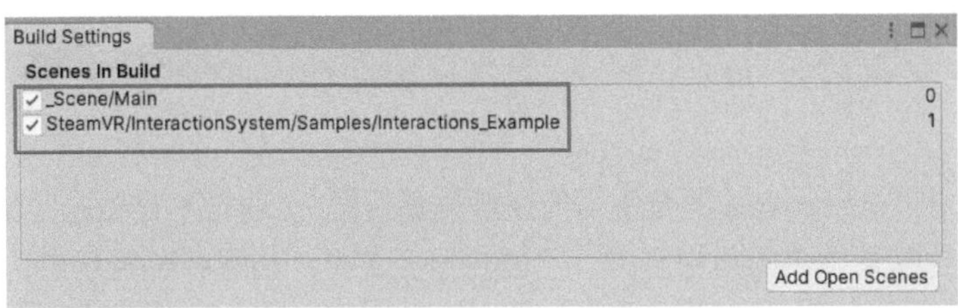

图 1-49

（10）在 Project 窗口顶部的搜索栏中输入关键词“TeleportPoint”，快速找到 TeleportPoint.cs 脚本并双击，使用默认代码编辑器将其打开，添加代码实现场景跳转。首先引入场景管理命名空间，代码如下。

```
using UnityEngine.SceneManagement;
```

（11）要实现场景跳转的功能，需要手动修改 TeleportPoint 脚本中的场景跳转函数。在 TeleportPoint 脚本中找到公共函数 TeleportToScene()，修改其代码，具体如下。

```
public void TeleportToScene()
{
    if (!string.IsNullOrEmpty(switchToScene))
    {
        SceneManager.LoadScene(switchToScene);
    }
    else
    {
        Debug.LogError(
            "<b>[SteamVR Interaction]</b> TeleportPoint: Invalid scene name to
switch to: " + switchToScene,
            this);
    }
}
```

（12）保存脚本，返回 Unity 编辑器，保存项目，运行程序。运行效果如图 1-50 所示。

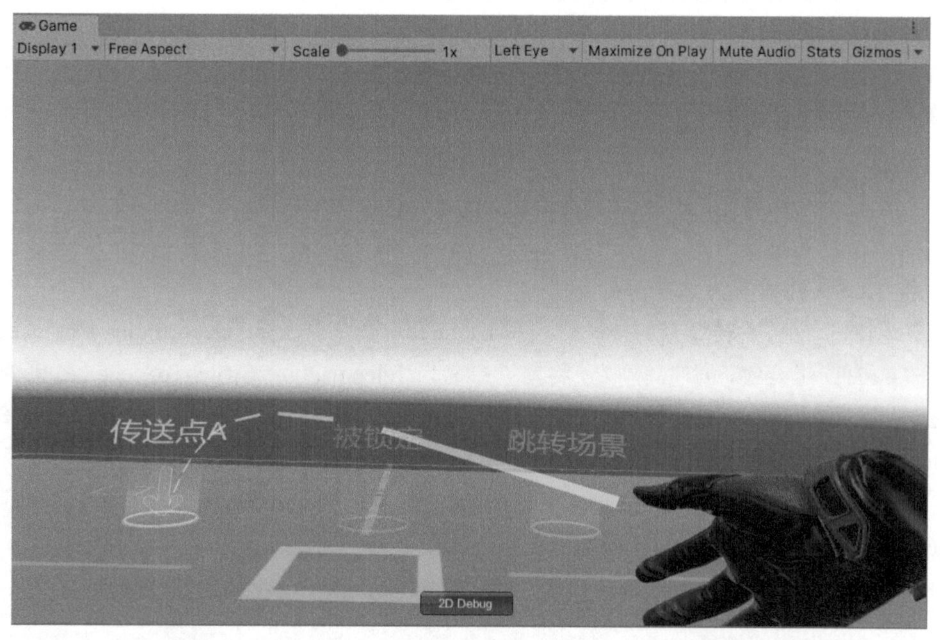

图 1-50

体验者可以在 TeleportArea 类范围内的任意位置传送，当选择不在传送区域的传送点 A 时，传送至该点；当选择被锁定的传送点时，不能传送至该点；当选择跳转场景传送点时，当前场景跳转到 Interaction System 的示例场景。

需要注意的是，在设置 TeleportArea 类时，需要将 TeleportArea 游戏对象的高度相较 Floor

游戏对象提升微小距离，以便使其能够被正常感应。除此之外，Teleport Point 组件提供了 Player Spawn Point 属性，若对其进行勾选，则在程序运行加载场景时，自动将体验者定位到当前 Teleport Point 游戏对象所在的位置，类似于枪战游戏中的出生点。

1.6.3　使用 Interaction System 实现与物体的交互

在 Interaction System 中的基本交互方式是 Hover 和 Attach，即接触和抓取。要将一个 3D 游戏对象转换为可交互的游戏对象，则需要为其挂载 Interactable 组件。此后，该游戏对象可接收控制器传送的相关事件消息。如图 1-51 所示。

Interactable (Script)	
Script	Interactable
Activate Action Set On Attach	None
Hide Hand On Attach	✓
Hide Skeleton On Attach	
Hide Controller On Attach	
Hand Animation On Pickup	0
Set Range Of Motion On Picku	None
Use Hand Object Attachment I	✓
Attach Ease In	
Snap Attach Ease In Time	0.15
Snap Attach Ease In Complete	
Hand Follow Transform	✓
Highlight On Hover	✓
Hide Highlight	0
Hover Priority	0

图 1-51

同时，Interaction System 还提供了 Interactable Hover Events 组件，针对悬停、抓取、释放等事件均提供了相应的处理函数的指定。目前包含 4 种事件，分别为 On Hand Hover Begin()、On Hand Hover End()、On Attached To Hand()和 On Detached From Hand()，对应的交互阶段分别为控制器开始接触物体、控制器离开物体、物体被抓取和物体被释放，如图 1-52 所示。

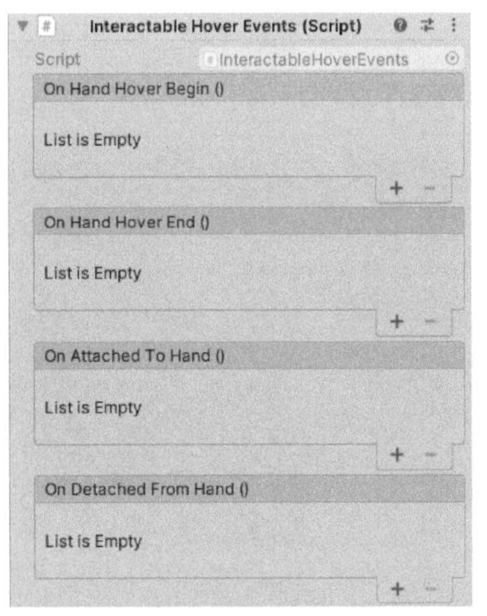

图 1-52

类似于为 Unity UI 的按钮单击事件指定处理函数，开发者可以在不同的交互阶段为相应的事件指定处理函数。

需要注意的是，仅为 3D 游戏对象挂载 Interactable 组件，并不能实现抓取和释放交互功能，因为该组件仅能检测到手柄控制器的接触并呈现相应的高亮效果。要实现具体的抓取和释放交互，需要结合使用 Throwable 组件。该组件实现的交互效果是，当一只手悬停在可交互游戏对象上并发出抓取动作（比如，按下 Trigger 键或 Grip 键）时，体验者可以在虚拟环境中拿起该物体；当松开对应动作按键时，可以将该物体释放。下面通过实例介绍如何使用该组件实现 VR 应用中最基础的交互——抓取和释放，具体步骤如下。

（1）继续使用 1.6.2 节创建的项目和场景，新建一个 Cube 游戏对象，将其 Transform 组件的 Scale 属性值设置为（0.5,0.5,0.5）。

（2）为 Cube 游戏对象添加 Throwable 组件。

当为游戏对象添加 Throwable 组件时，会自动在游戏对象上添加 Interactable 组件，将其转换为可交互游戏对象。另外，为了实现释放后的物理效果，还自动为游戏对象添加了 Rigidbody 组件，如图 1-53 所示。

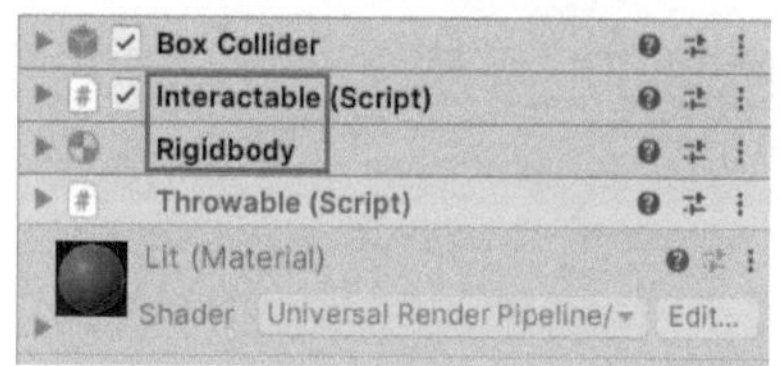

图 1-53

这两个组件会使物体在被释放后计算控制器的瞬时速度，在重力影响下，物体以此速度实现抛出的效果。同时，该组件提供了两个交互事件——On Pick Up()和 On Detach From Hand()，分别对应物体被控制器抓取和释放时的事件。开发者可以为这两个事件编写相应的事件处理方式，并在 Inspector 窗口中将其分别指定到对应的事件参数中。

保存场景，运行应用程序，如图 1-54 所示。当手部接触物体时，游戏对象呈现边缘轮廓高亮效果，由于抓取动作默认绑定控制器的 Trigger 键，当按下 Trigger 键时，物体被控制器抓取；当以一定的速度松开控制器的 Trigger 键时，物体被释放并抛出。

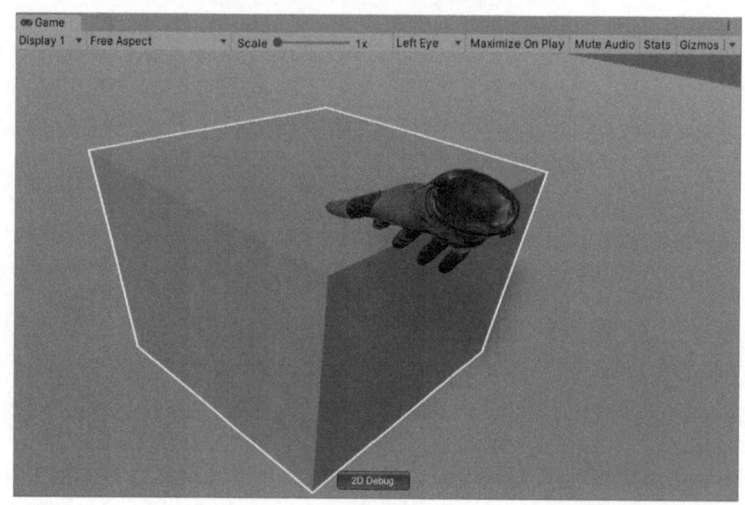

图 1-54

1.7 在 SteamVR 2.x 中使用自定义手部模型

在 VR 应用程序中，要呈现自制的手部模型，传统的方式是直接将模型导入，放置在手柄控制器所代表的游戏对象下面。

这种方式虽然可以实现快速替换，但是当体验者通过控制器按键进行交互时（比如，按下 Trigger 或 Grip 键），手部的模型并不能够像 Interaction System 中的 Hand 一样做出相应的姿态及过程。开发者在此情况下需要根据用户的输入编写代码，调用不同的手部动画来实现。同时，类似于拇指在 Touchpad 键表面滑动的交互，实现起来相对困难。

SteamVR 2.x 中提供了基于骨骼输入的 Skeleton Input（骨骼输入）功能，借由 SteamVR_Behaviour_Skeleton 组件能够驱动绑定的骨骼信息，在程序运行时自动实现相应的手部动画。

SteamVR 将会像 Valve Index 这样的手柄控制器一样跟踪到用户手部骨骼信息，通过 Skeleton Input 功能模块将这些运动数据反映到虚拟场景的手部模型上，从而提升沉浸感体验。如图 1-55 所示，Valve Index 控制器能够获取中指、无名指、小拇指等骨骼运动数据。

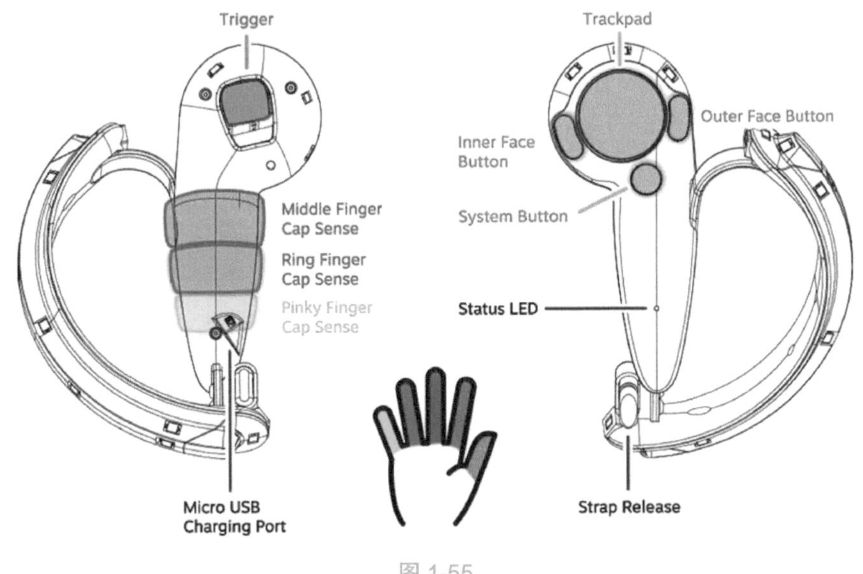

图 1-55

而对于 HTC VIVE 手柄控制器，虽然没有额外的传感器来识别用户手部的骨骼信息，但是 SteamVR 能够根据用户的输入，估算出大概的手部姿态，同样能够反映到虚拟场景的手部模型上。

1.7.1 骨骼输入原理概述

Skeleton Input（骨骼输入）功能使用 SteamVR_Behaviour_Skeleton 核心组件实现，在程序运行时，动态更新手部的姿态。在该组件的源代码中，UpdateSkeletonTransforms()函数会遍历所获取到的所有骨骼节点，调整它们的位置和旋转信息，从而实现响应用户输入的机制。更多细节可参考该组件的源代码，以下为 UpdateSkeletonTransforms()函数的部分代码。

```
public virtual void UpdateSkeletonTransforms()
{
    Vector3[] bonePositions = GetBonePositions();
    Quaternion[] boneRotations = GetBoneRotations();
    if (skeletonBlend <= 0)
    {
        if (blendPoser != null)
        {
            SteamVR_Skeleton_Pose_Hand mainPose =
blendPoser.skeletonMainPose.GetHand(inputSource);
            for (int boneIndex = 0; boneIndex < bones.Length; boneIndex++)
            {
                if (bones[boneIndex] == null)
                    continue;
                if ((boneIndex == SteamVR_Skeleton_JointIndexes.wrist &&
mainPose.ignoreWristPoseData) ||
                    (boneIndex == SteamVR_Skeleton_JointIndexes.root &&
mainPose.ignoreRootPoseData))
                {
                    SetBonePosition(boneIndex, bonePositions[boneIndex]);
                    SetBoneRotation(boneIndex, boneRotations[boneIndex]);
                }
                else
                {
                    Quaternion poseRotation = GetBlendPoseForBone(boneIndex,
boneRotations[boneIndex]);
                    SetBonePosition(boneIndex,
blendSnapshot.bonePositions[boneIndex]);
                    SetBoneRotation(boneIndex, poseRotation);
                }
            }
        }
......
}
```

在此函数代码中，通过 SetBonePosition()函数与 SetBoneRotation()函数动态改变手部各个关节点的位置和旋转。

这里需要将 SteamVR_Behaviour_Skeleton 组件与 SteamVR_Skeleton_Poser 组件区别开来，因为前者是在不与游戏对象接触时的手部动作，而后者是游戏对象被抓取后呈现的手部姿态。

要实现基于 Skeleton Input 功能进行手部模型替换的目的，需要进行以下两大部分的工作：

（1）将自制的手部模型进行骨骼绑定，以符合 SteamVR 的标准。

（2）为模型挂载 SteamVR_Behaviour_Skeleton 组件并设置其属性，制作 Render Model 所需要的预制体。

对于第一步，之所以要制作符合 SteamVR 的标准，是因为 SteamVR_Behaviour_Skeleton 组件需要获取到所有的骨骼信息，以便在程序运行时动态调节这些关节点的位置和旋转角度。

而这些骨骼对象的引用路径，都被预定义在 SteamVR_Skeleton_JointIndexes 静态类中，代码如下。

```
public static class SteamVR_Skeleton_JointIndexes
{
    public const int root = 0;
    public const int wrist = 1;
    public const int thumbMetacarpal = 2;
    public const int thumbProximal = 2;
    public const int thumbMiddle = 3;
    public const int thumbDistal = 4;
    public const int thumbTip = 5;
    public const int indexMetacarpal = 6;
    public const int indexProximal = 7;
    public const int indexMiddle = 8;
    public const int indexDistal = 9;
    public const int indexTip = 10;
    public const int middleMetacarpal = 11;
    public const int middleProximal = 12;
    public const int middleMiddle = 13;
    public const int middleDistal = 14;
    public const int middleTip = 15;
    public const int ringMetacarpal = 16;
    public const int ringProximal = 17;
    public const int ringMiddle = 18;
    public const int ringDistal = 19;
    public const int ringTip = 20;
    public const int pinkyMetacarpal = 21;
    public const int pinkyProximal = 22;
    public const int pinkyMiddle = 23;
    public const int pinkyDistal = 24;
    public const int pinkyTip = 25;
    public const int thumbAux = 26;
    public const int indexAux = 27;
    public const int middleAux = 28;
    public const int ringAux = 29;
    public const int pinkyAux = 30;
    ......
}
```

所以，对于绑定到模型的骨骼，数量和组织顺序必须与类中的定义保持一致。不同的模型具有不同的骨骼绑定信息，甚至没有。

1.7.2 自制模型设置

SteamVR 提供了符合自身标准的骨骼绑定文件，在绑定前可以将左右手的骨骼信息分别导入 3D 内容制作软件（如 Blender）中进行快速绑定而不用手动创建所需要的骨骼，具体的文件存放位置为 Steam 安装目录\steamapps\common\SteamVR\resources\skeletons，左右手对应的模型文件分别为 vr_glove_left_skeleton.fbx 和 vr_glove_right_skeleton.fbx。

在 3D 内容制作软件中，需要做的工作主要是以下 3 个部分：

（1）将骨骼重定位并绑定到自制模型对应的关节点上。

（2）对骨骼权重进行重新分配，俗称“刷权重”，从而符合更加自然的手指运动，如图 1-56 所示。

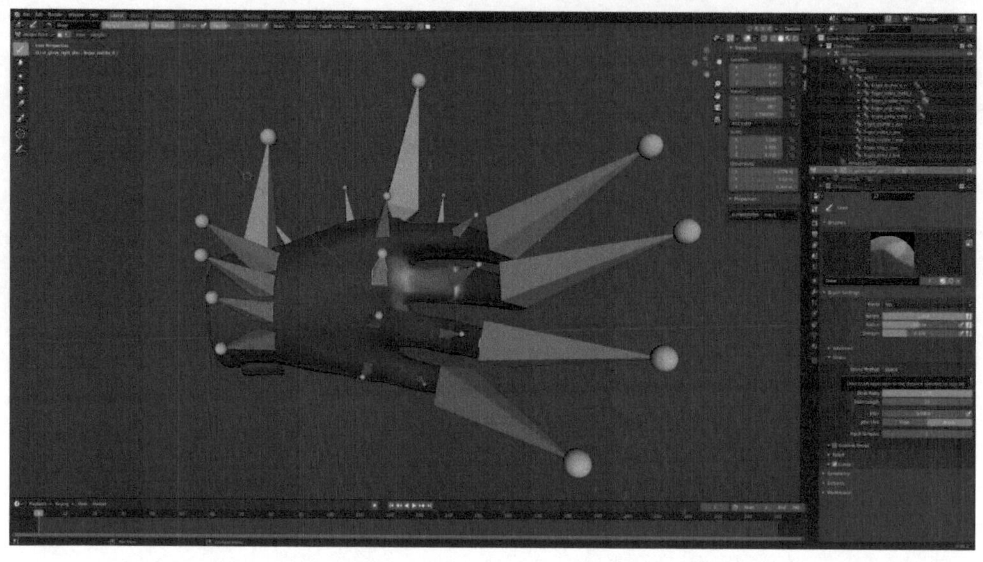

图 1-56

（3）使辅助骨骼不影响手部模型。

1.7.3 SteamVR_Behaviour_Skeleton 组件设置

将模型导出并导入 Unity 编辑器，将其转换为预制体并挂载 SteamVR_Behaviour_Skeleton 组件，设置以下 3 个属性。

（1）Input Source：输入来源。确定驱动骨骼的手柄控制器来自右手或左手。

（2）Skeleton Root：骨骼根节点。该属性指定组件从何处开始取得其下所有子节点的 Transform 组件，并将其赋予到声明的 bones 数组中。

（3）Only Set Rotations：确保勾选，这样在呈现自制模型时不用考虑模型因缩放因素而影响模型的呈现效果。

图 1-57 所示为将自制模型作为右手时的组件属性设置。

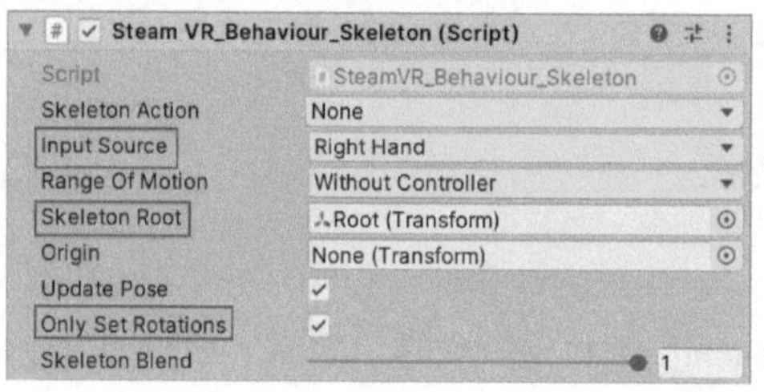

图 1-57

在组件设置完成后，将制作的预制体指定到 Hand 组件所使用的 Render Model 预制体的 Hand Prefab 属性中，如图 1-58 所示。

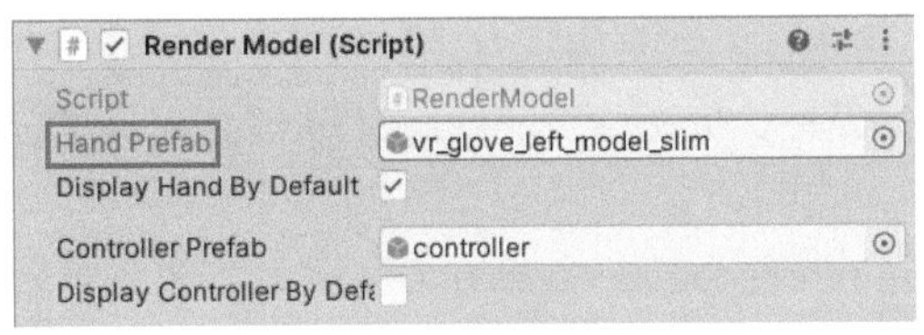

图 1-58

至此，便实现了手柄模型替换的工作，以上为一般实现思路，至于在 3D 内容制作软件中的操作，受限于本书主题，读者可自行查阅各软件对应骨骼绑定及刷权重相关技术的介绍。

1.8 使用 Oculus Quest 学习 SteamVR 开发

随着近年来技术的进步，越来越多的 VR 一体机设备涌入市场，而这些设备通常提供了使用有线或无线串流的方式体验 SteamVR 应用程序的方案。比如，Meta/Oculus 的 Oculus Link（有线串流）和 Oculus Air Link（无线串流）技术，以及 Pico 的游戏串流助手等。对终端用户来说，这些方案使得他们能够体验更多 VR 应用程序；而对开发者来说，在硬件条件有限的情况下，这些方案能够作为临时替代方案，用于学习开发 SteamVR 应用程序。本节将介绍如何使用 Oculus/Meta Quest 来学习 SteamVR 开发的方法。

1.8.1 Oculus Link 简介

Oculus Link 技术是 Oculus 所主推的一种体验 SteamVR 应用的解决方案，由于目前 Oculus 应用商店的内容相对较少，而更多的虚拟现实应用集中在 Steam 应用商店中，使用 Oculus Link 去体验 SteamVR 应用无疑扩充了 Oculus/Meta Quest 能够体验的内容库。同时，在最近 Steam 平台更新的 VR 头戴式显示器活跃数据中，Oculus/Meta Quest 头显尤其是 OCULUS QUEST 2 的活跃度已经明显高于其他传统的 PC 端 VR 设备（如 HTC VIVE、OCULUS RIFT S 等），如图 1-59 所示。

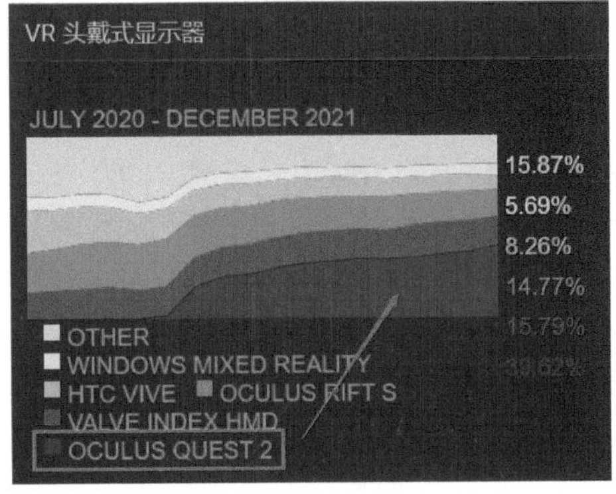

图 1-59

Oculus Link 技术是使用一条 USB 的数据线（建议使用 USB 3.0 及以上版本的数据线）连接 Oculus/Meta Quest 与 PC，在 Oculus/Meta Quest 头显中体验 SteamVR 应用的技术方案。运行在 PC 上的 SteamVR 应用程序，所需要的算力（如物理碰撞、渲染等）都集中在 PC 上，渲染后的内容实时呈现在 Oculus/Meta Quest 头显中，此时 Oculus/Meta Quest 仅用于呈现类似视频的画面。

使用 Oculus/Meta Quest 开发 SteamVR 应用程序，并不是一种常规的开发方式，但是在某些情况下，如手头设备有限、时间有限等，使用 Oculus/Meta Quest 进行 SteamVR 开发技术的学习或者一些小型 VR 应用程序原型的开发，也不失为一种性价比较高的方案。需要注意的是，虽然我们能够使用 Oculus/Meta Quest 或 Pico Neo 系列设备通过串流技术开发和测试 SteamVR 应用程序，但是最终开发完成的 SteamVR 应用程序并不能部署到这些设备上。

1.8.2 具体步骤及常见问题

目前 Oculus（Meta）官方仅针对玩家介绍了如何使用 Oculus Link 体验 SteamVR 应用，如图 1-60 所示。下面将在此基础上针对开发流程介绍具体的实现步骤，以及在此过程中容易出现的问题。

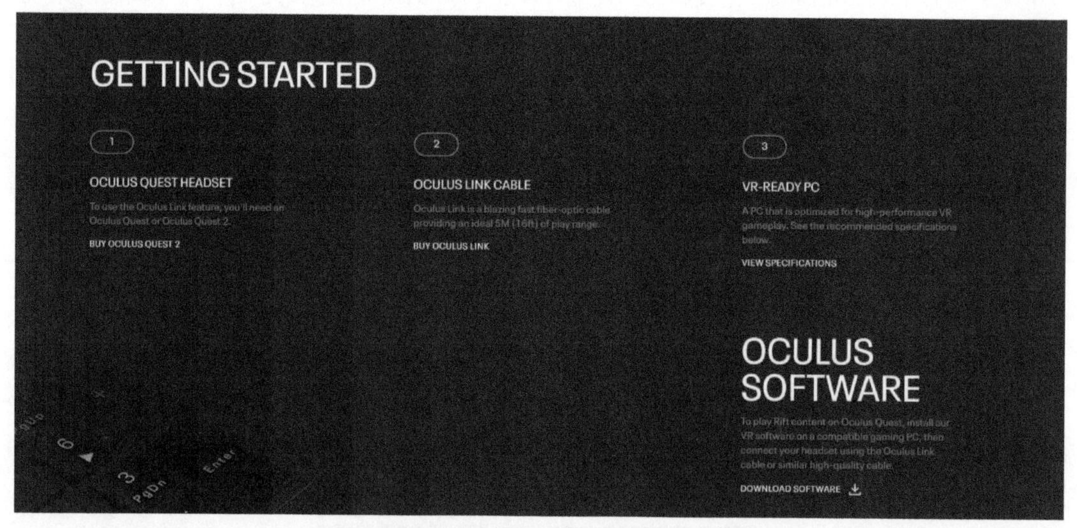

图 1-60

（1）安装 Oculus 软件（Oculus Software）并保持开启。Oculus 软件在有线串流过程中负责将 PC 渲染输出的画面通过数据线传输到 Quest 头显中，同时将 Quest 的运动传感信息传递给 PC 端的主机进行计算。读者可前往 Oculus 官方网站进行下载并安装。

（2）准备一条支持 Oculus Link 的数据线，连接 Quest 与 PC。为了达到更流畅的体验，建议使用支持 USB 3.2 协议的数据线，虽然官方商城也提供了原厂配件供用户购买，但是无论从成本还是购买渠道上，对国内的开发者来说，目前实现起来都相对困难。开发者可自行购买品质相对较高的 USB 3.0 及其以上的数据线来实现 Oculus Link。实际上，在后续推出的 Oculus 软件和 Quest 操作系统版本中，Oculus 已经逐渐降低了对 USB 数据线的要求，甚至使用随机附送的充电线也可以实现有线串流。需要注意的是，随机附送的 Type-C 数据线主要用于为设备充电，数据传输协议是 USB 2.0。当使用原装充电线连接 Quest 与 PC 时，在 Oculus 软件的“设备”选项卡中会检测到连接，如果数据线协议低于 USB 3.0，将显示黄色的警告，因此建议用户使用 USB 3.0 及其以上的数据线进行连接，如图 1-61 所示。

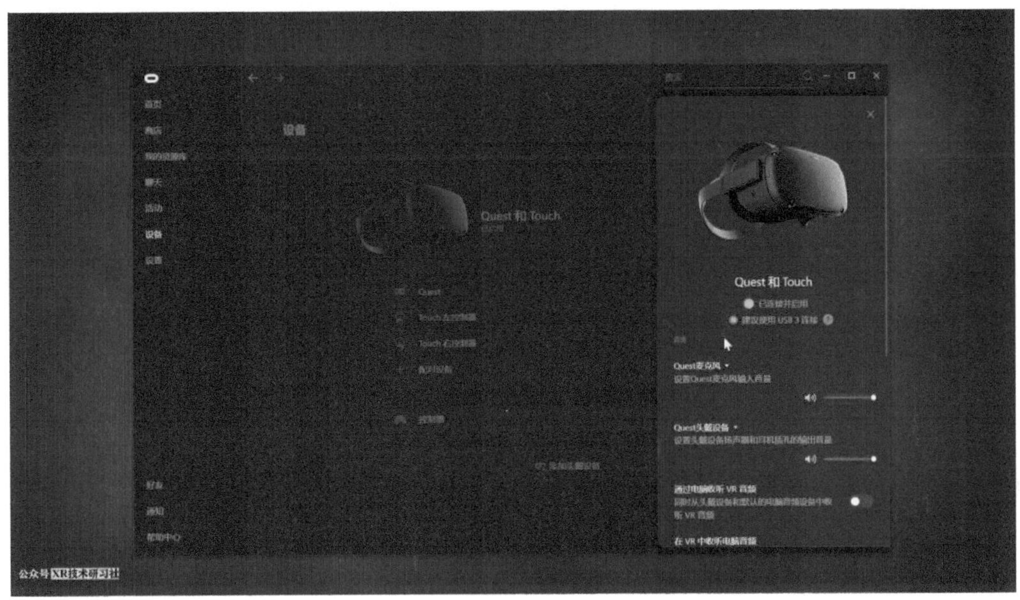

图 1-61

虽然显示黄色标识，但是在实际测试过程中会发现，使用线材质量相对较高的 USB 2.0 数据线依然能够提供相对流畅的体验。当使用 USB 3.0 及以上的数据线连接时，警告消失并呈现绿色标识，表示使用的数据线符合推荐规格，如图 1-62 所示。

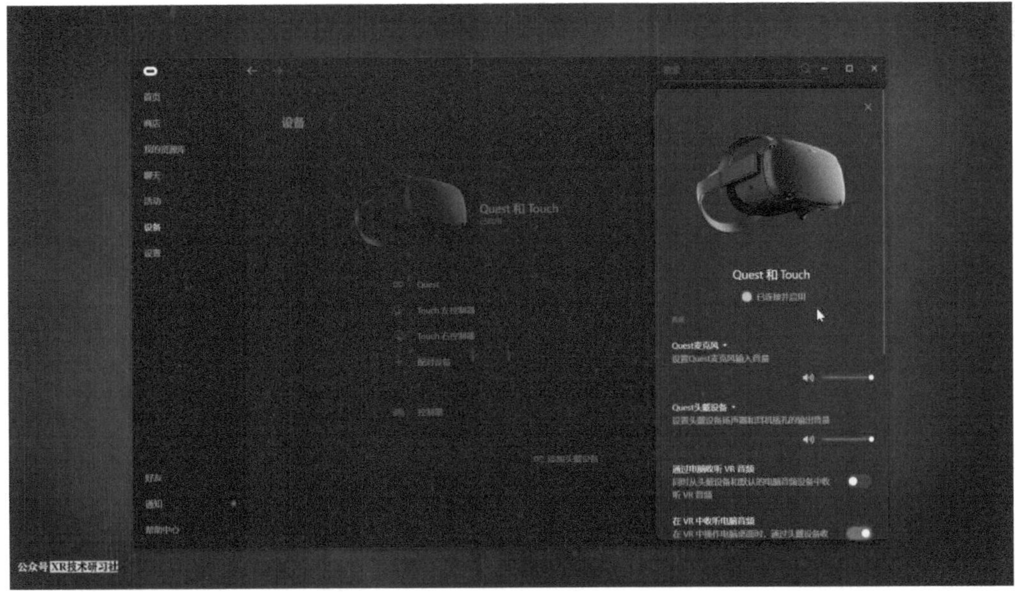

图 1-62

（3）升级 Quest 操作系统和 Oculus 软件为相对较新版本，建议版本号为 V28 及以上。更高的版本对于数据线的要求就相对较低，因为随着版本的更新，Oculus 会从软件层面对 Oculus Link 的性能逐步进行优化。需要注意的是，这里所谓的对数据线的要求比较低，指的是对数据传输协议（3.2 或 2.0）的要求比较低，而不是对线材的品质要求比较低。要实现更加稳定的信号传输，就要保证数据线有相对较高的品质。

（4）确保没有其他的 PC 端 VR 设备与 PC 连接。如果有，则需要先断开这些设备与 PC 的连接。在测试过程中发现，如果已经连接并正常运行过，如 HTC VIVE 的 PC 端 VR 设备，则当 SteamVR 客户端启动时，将优先连接这类设备，从而导致不能正常地通过 Oculus Link 连接 Quest。

（5）在 Oculus 软件中设置允许运行未经审核的应用程序。鉴于 Oculus 的安全机制，在默认情况下未经审核的应用不能在 Quest 中运行，所以要将 SteamVR 客户端或 SteamVR 应用程序的内容传输到 Quest 中，并设置 Oculus 软件能够允许运行未经审核的应用。在 Oculus 软件中，选择“设置”→“通用”命令，在未知来源中，开启“允许运行未经 Oculus 审核的应用”选项。若不开启此选项，则在运行 SteamVR 应用程序时，Quest 头显中将始终呈现等待画面。

（6）打开通过 Steam 客户端安装的 SteamVR。因为在 Steam 客户端中安装 SteamVR 的过程相对简单，此处不再赘述。SteamVR 安装完成后，单击“启动”按钮或 Steam 客户端右上角的 VR 图标，即可正常启动 SteamVR。SteamVR 客户端启动后，能够检测到 Quest 头显及两个手柄控制器，如图 1-63 所示。

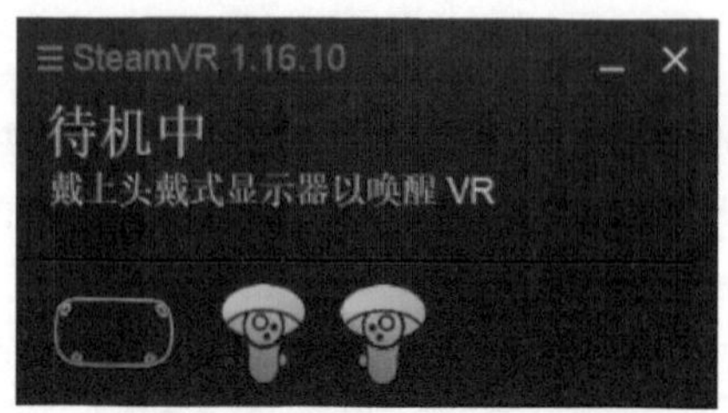

图 1-63

此时佩戴上 Quest 头显后，会在头显内部弹出两次对话框：第一次是询问用户是否允许访问 Quest 中的文件，此时使用手柄控制器单击“允许”按钮即可；第二次是询问是否开启 Oculus Link，同样单击“允许”按钮即可。此时在 Quest 头显中进入 SteamVR Home 应用或 SteamVR 待机画面，与使用 HTC VIVE 开启 SteamVR 客户端体验效果一致，如图 1-64 所示。

此时，对一般终端用户来说，已经能够通过 Oculus Link 体验 SteamVR 应用，后续介绍的步骤则与开发相关。

之所以强调需要打开通过 Steam 客户端安装的 SteamVR，是因为在测试过程中发现，如果打开的是通过 Vive 安装程序所安装的 SteamVR 客户端，则在使用 Unity 开发 SteamVR 应用过程中运行项目时，不会出现 Quest 手柄控制器。另外，如果系统同时存在从两种渠道安装的 SteamVR 客户端，则在 Unity 中运行应用程序时，系统会优先开启通过 Vive 安装程序安装的 SteamVR 客户端，从而导致出现手柄控制器不显示的问题的概率更高。

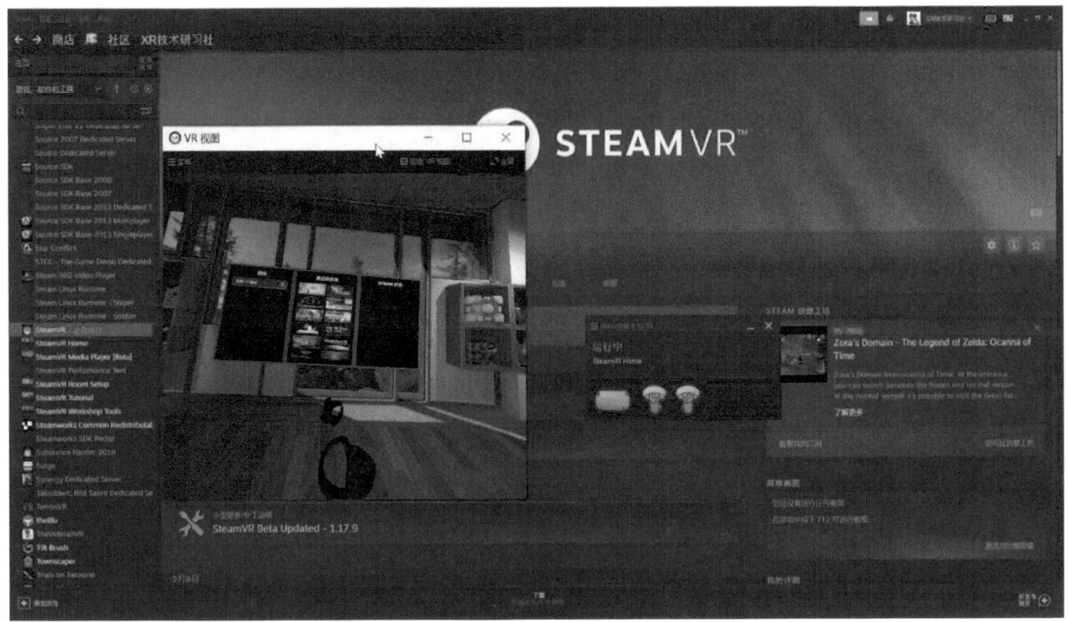

图 1-64

（7）使用 Unity 创建项目，导入 SteamVR Unity 插件进行开发。在 Oculus Link 环境搭建成功后，即可正常以 Quest 为测试设备，使用 Unity 进行 SteamVR 应用程序的开发。另外，如果使用第二代 Quest 设备（Quest 2），将系统升级到 V28 版本后，则可以使用 Oculus Air Link 技术实现无线串流。需要注意的是，Air Link 功能仅对 Quest 2 开放，对于 Quest 1，截至本书出版时尚不提供支持。

1.8.3　建议使用的开发软件版本

考虑到 Unity 编辑器的 LTS 版本功能相对稳定，所以本节建议使用的版本搭配为以下两种，即两个 Unity LTS 版本分别与最新的 SteamVR Unity 插件搭配使用：

- Unity 2019.4+SteamVR 2.7.3。
- Unity 2020.3+SteamVR 2.7.3。

需要注意的是，对于 Unity 2019.4，在导入 SteamVR 2.7.3 后，会弹出提示对话框，提示开发者为 SteamVR Unity 插件选择新、旧两种不同的与 Unity 对接的模式，如图 1-65 所示。

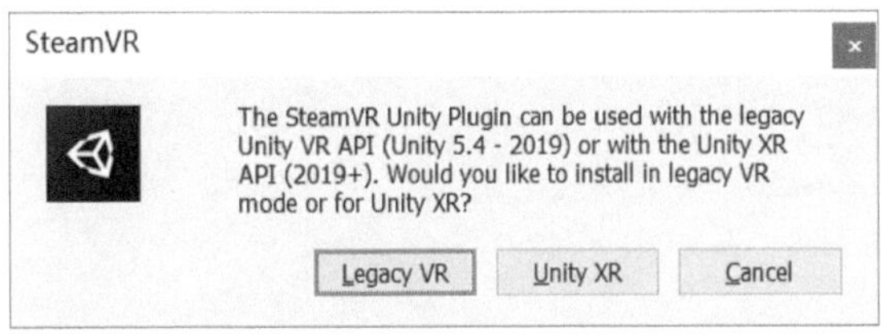

图 1-65

这是因为在 Unity 2019 中，尚未完全移除用于管理 VR SDK 的 XR Settings 模块，而在 Unity

2020 中，已经将其完全移除，改为在 XR Plug-in Management 模块中统一管理所有 VR 和 AR 厂商提供给 Unity 调用的第三方工具包，插件导入后将不再弹出此对话框。若在弹出的对话框中单击“Unity XR”按钮，则除安装 OpenVR Unity XR Plugin 外，还将安装 XR Plug-in Management 模块。

在实际开发过程中，选择任一选项，均不影响通过 Oculus Link 测试应用程序，只是在单击“Legacy VR”按钮后，会出现即使是使用 HTC VIVE 进行测试时也会偶尔出现的问题——在 Console 窗口中弹出警告信息，如图 1-66 所示。

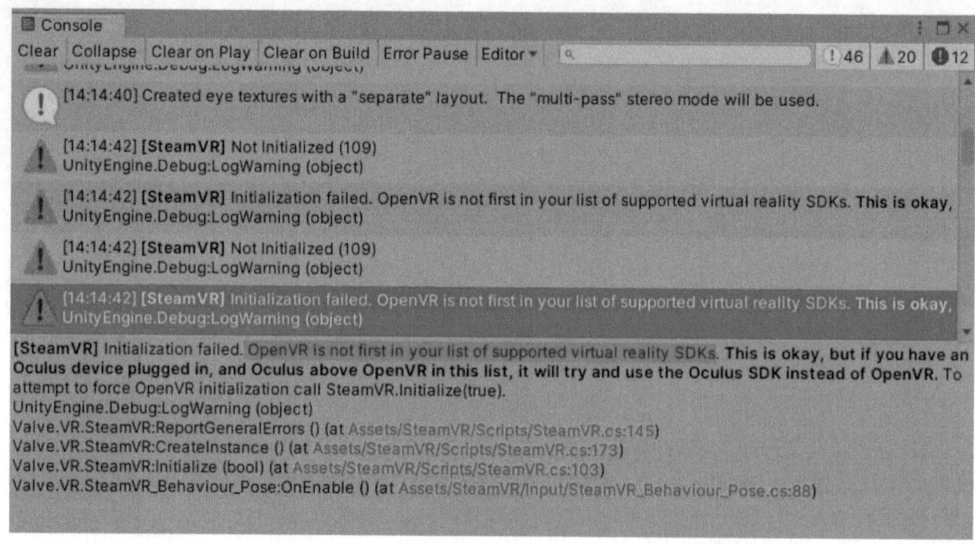

图 1-66

该警告说明 OpenVR SDK 在 XR Settings 中没有处于第一选项的位置，从而导致应用程序不能运行。要处理此类问题，只需在 XR Settings 选区中单击 Virtual Reality SDKs 选区右下角的减号按钮，将其移除即可，如图 1-67 所示。

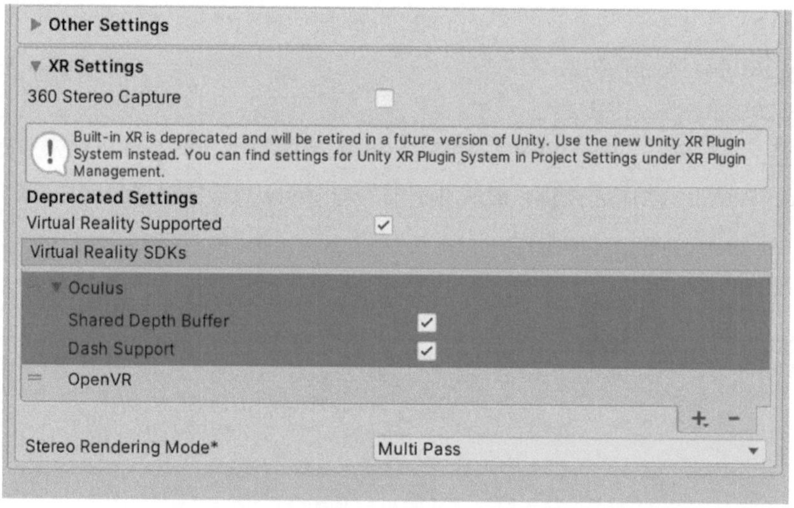

图 1-67

1.8.4　测试

在插件导入并设置完成后，使用默认的动作配置文件创建动作及按键绑定，此时可以运行 SteamVR Interaction System 的示例场景进行初步测试。在 Project 窗口中，打开 SteamVR\InteractionSystem\Samples 路径，双击打开 Interactions_Example 场景文件，单击 Play 按钮运行应用程序，效果如图 1-68 所示。此时场景中显示的手柄控制器为 Oculus Touch，程序能够正常运行，同时能够实现场景中所有的交互功能。

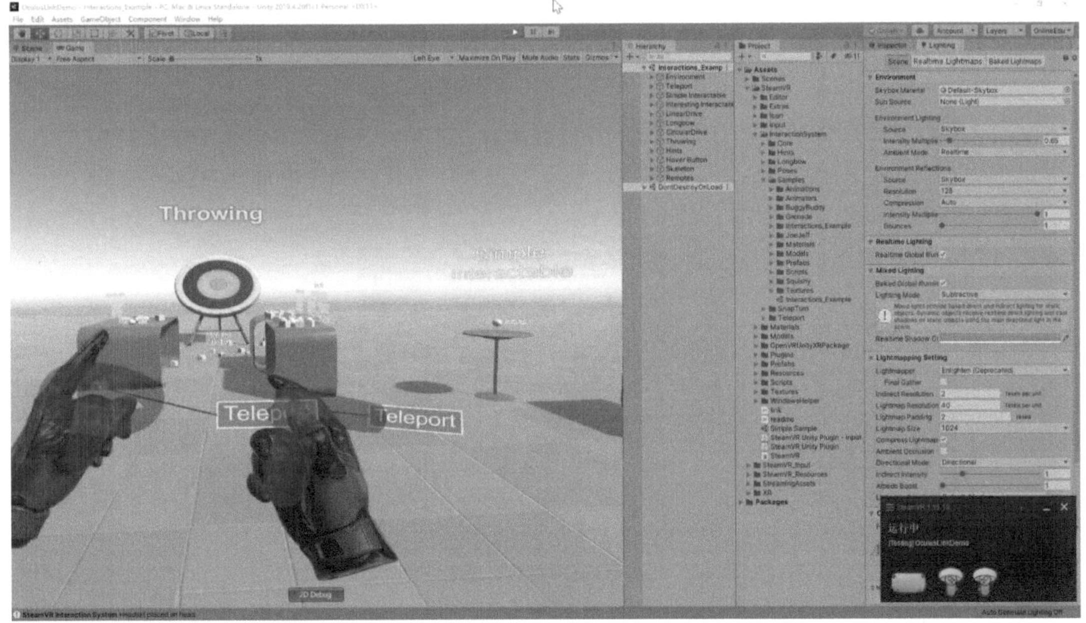

图 1-68

需要注意的是，HTC VIVE 的手柄控制器按键与 Quest 手柄控制器（Oculus Touch）按键有所区别，HTC VIVE 中的 Touchpad 键对应 Oculus Touch 中的摇杆，同时 HTC VIVE 没有 A、B 按键，所以在查找 SteamVR 相关开发资料或教程时，读者需要考虑到这些区别。

1.9　SteamVR 开发常用脚本汇总

SteamVR Unity 插件除了包含一系列高效的交互模块供开发者使用，还提供了便利的 API 供开发者在编写脚本时使用。本节将介绍一些常用的 SteamVR API 的使用方法。

1.9.1　获取 Touchpad 键上触摸点的位置

TouchPad 键除了可以接收单击交互，还可以使用手指在其上进行触摸交互。在接触过程中，通过脚本可以获取到手指与其表面接触点的坐标，返回类型为 Vector2。TouchPad 键返回数值范围如图 1-69 所示。

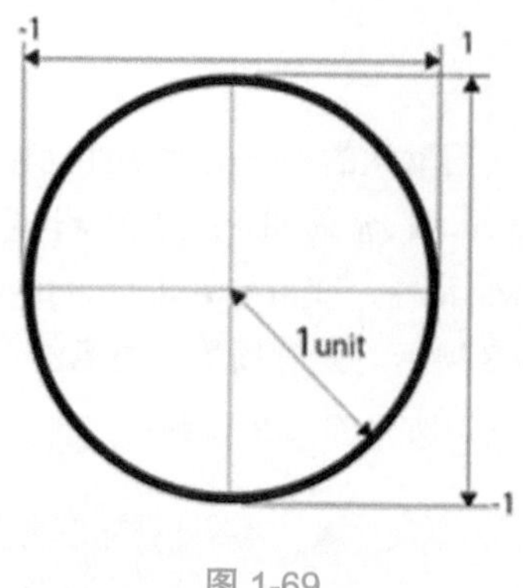

图 1-69

要获取到接触点的坐标，首先需要确保项目中存在一个 Vector2 类型的动作（如创建一个名称为 touch 的 Vector2 类型动作），然后在按键绑定窗口中将此动作指定到 Touchpad 键上作为位置行为使用，如图 1-70 所示。

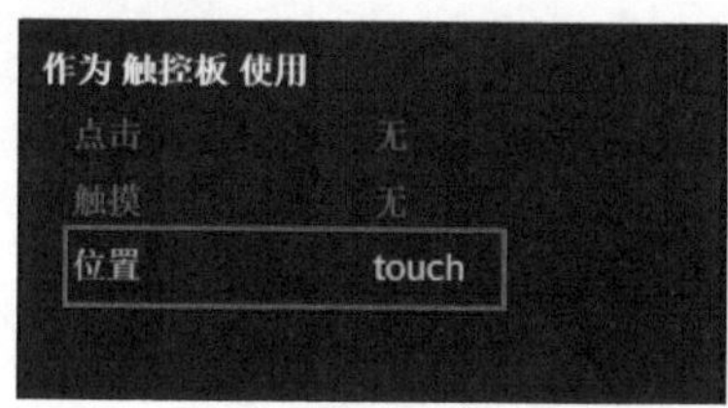

图 1-70

以下示例代码用于输出手指与 Touchpad 键接触点的位置。

```
void Start(){
    // 在 Start()函数或其他位置注册触摸事件
    SteamVR_Actions._default.Touch.onAxis += TouchOnonAxis;
}

private void TouchOnonAxis(SteamVR_Action_Vector2 fromaction,
SteamVR_Input_Sources fromsource, Vector2 axis, Vector2 delta)
{
    // 输出触摸点坐标
     Debug.Log("手指当前接触位置：" + axis);
}
```

以上代码在 Unity 编辑器的 Console 窗口中的输出结果，如图 1-71 所示。

图 1-71

1.9.2 获取体验者位置

在通常情况下，我们可以将头显在场景中的位置作为体验者所处位置。在 Interaction System 中，提供了这样的 API 接口，可以得到头显的 Transform 对象引用，示例代码如下。

```
Player.instance.hmdTransform
```

如果需要实现更加精确的控制和交互，读者可以参考使用 Unity 资源商店中的付费插件 HexaBody VR Player Controller，如图 1-72 所示。该插件是一款基于物理学的刚体控制器，具有反应灵敏的运动、跳跃、站立和蹲下功能。对于虚拟身体的设计允许玩家进行真实的运动。

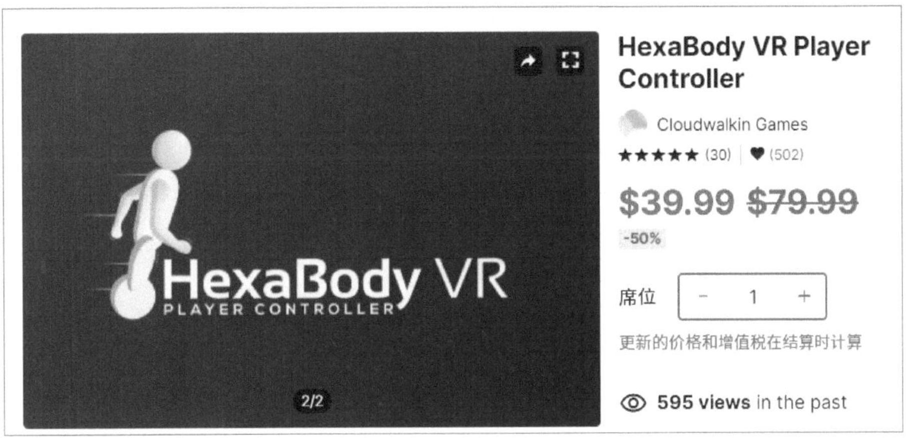

图 1-72

1.9.3　获取体验者某一个 Hand 的引用

在 SteamVR Interaction System 中，Player 类提供了左右手柄控制器的引用，返回值为 Hand 类型。需要注意的是，HTC VIVE 两个手柄控制器并没有明确的左右之分，如果仅打开一个手柄控制器，则 SteamVR 将其默认为右手手柄控制器，并在虚拟场景中显示右手模型；在同时打开两个手柄控制器时，SteamVR 会根据跟踪到的控制器位置信息确定出左右手。示例代码如下。

```
// 获取左手引用
Hand leftHand = Player.instance.leftHand;
// 获取右手引用
Hand rightHand = Player.instance.rightHand;
```

同时，Player 类还提供了 hands 属性，用于获取所有可能的手（Hand），因为手柄控制器可能不会同时打开。该属性返回数据类型为 Hand 类数组，代码如下。

```
Hand[] hands = Player.instance.hands;
```

1.9.4　获取与当前游戏对象交互的手柄控制器

在 Interaction System 中，通过 Interactable 类的 attachedToHand 和 hoveringHand 属性可以分别获取抓取和悬停在当前可交互对象的手部引用，示例代码如下。

```
Interactable interactable = GetComponent<Interactable>();
// 抓取当前游戏对象的 Hand
Hand attachedToHand = interactable.attachedToHand;
// 悬停在当前游戏对象上的 Hand
Hand hoveringHand = interactable.hoveringHand;
```

1.9.5 获取被交互游戏对象的信息

手柄控制器在与游戏对象的交互过程中，通常需要得到与之交互的游戏对象的相关信息，如名称、位置等。SteamVR Interaction System 的 Hand 类提供了相关的属性，其中，Hand.currentAttachedObject 为当前被抓取的游戏对象的引用；Hand.hoveringInteractable 为当前被手柄控制器抓取的游戏对象的引用，示例代码如下。

```
// 获取当前被右手手柄控制器抓取的游戏对象的名称
string attachedObjectName = Player.instance.rightHand.currentAttachedObject.name;
// 获取当前被右手手柄控制器接触的游戏对象的名称
string hoveringObjectName = Player.instance.rightHand.hoveringInteractable.name;
```

1.9.6 手部在进入某区域时切换姿态

在开发过程中，手形的变化并不总是发生在对物体的抓取时，还要求在不抓取任何游戏对象的情况下，手部模型经由某种逻辑触发。比如，手部进入某一感应区域、计时、初始化等情况，此时可以使用 SteamVR_Behaviour_Skeleton 类的 BlendToPoser()方法进行解决，以下示例代码实现了手部在接触可交互游戏对象时呈现某种手形，在离开可交互游戏对象后，恢复初始手形。

```
using UnityEngine;
using Valve.VR;
using Valve.VR.InteractionSystem;

public class TestPoser : MonoBehaviour
{
    public SteamVR_Skeleton_Poser PoserToBlend;
    private Interactable _interactable;
    //
    private Hand hand;

    void Start()
    {
        _interactable = GetComponent<Interactable>();
        InteractableHoverEvents _event = GetComponent<InteractableHoverEvents>();
        // 添加控制器悬停在可交互游戏对象上的事件监听
        _event.onHandHoverBegin.AddListener(HoverBeginHandler);
        // 添加控制器移出可交互游戏对象的事件监听
        _event.onHandHoverEnd.AddListener(HoverEndHandler);
    }
    // 悬停结束事件的监听
    private void HoverEndHandler()
    {
        this.hand.skeleton.BlendToSkeleton();
    }
    // 悬停开始事件的监听
    private void HoverBeginHandler()
```

```
    {
        if (_interactable == null)
            return;

        this.hand = _interactable.hoveringHand;
        this.hand.skeleton.BlendToPoser(PoserToBlend);
    }
}
```

第 2 章　VR 博物馆项目实战准备

从本章开始，我们将介绍如何使用 SteamVR 2.x Unity 插件开发一个完整的 VR 项目，重点演示如何从零开始制作一个 VR 项目的过程，从模型准备到最终导出，涉及的工作流程包括但不限于烘焙光照贴图、添加 Post Processing、SteamVR 交互开发、VR 中的 UI 设计和开发、视频播放功能开发、项目导出等。读者可以在随书资源的 Videos 文件夹中找到项目演示视频文件 ProjectDemo.mp4，对 VR 博物馆项目将实现的效果和功能进行了解。

2.1 项目软硬件准备

VR 博物馆项目是一个基于 SteamVR 运行环境的项目，所有支持 SteamVR 平台的硬件设备都可以作为测试和调试设备。如无特别说明，VR 博物馆项目使用的 Unity 编辑器版本为 Unity 2020.3（LTS），硬件基于 HTC VIVE，具体型号为 HTC VIVE Cosmos 精英套装，使用的 SteamVR 插件版本为 2.7.3。

2.1.1 项目硬件准备

综上所述，VR 博物馆项目为 SteamVR 应用程序，所以在硬件方面，对于能够支持 SteamVR 的硬件设备，当前最为典型的代表是 HTC 旗下的 PC 端 VR 产品，具体产品系列为 VIVE Pro 和 VIVE Cosmos。该项目基于 HTC VIVE Cosmos 精英套装进行开发，读者也可以选择其他可以运行在 SteamVR 平台上的硬件。

另外，如果使用 Oculus/Meta Quest（以下简称 Quest），则可以借助无线或有线串流技术进行 SteamVR 应用程序开发和测试，具体内容参见第 1 章介绍的相关内容。需要注意的是，使用串流技术进行 SteamVR 应用程序的开发测试，最终导出的应用程序并不能被部署到 Quest 上，这是因为 Quest 是基于安卓系统的 VR 一体机。如果要开发面向该平台的应用程序，则需要使用 Oculus Integration Unity 插件，如图 2-1 所示。同时，在 Unity 编辑器的 Build Settings 窗口中，要切换到 Android 平台。

如果不具备以上任意一款设备，但 SteamVR 插件包含的 Interaction System 提供了 2D Debug 模式，则可以通过鼠标配合键盘的方式来模拟 VR 中的交互。这种方式仅能模拟出一种近似的交互效果，并不能完全呈现实际的 VR 手柄控制器的输入，如骨骼输入、抓取物体后对其进行旋转查看等。

用于开发的 PC，建议使用具有 NVIDIA GTX 970 或同等性能及以上的独立显卡。另外，若使用笔记本电脑进行开发，则需要确保该笔记本电脑具备相应的视频输出接口，可以参考具体设备的安装说明。

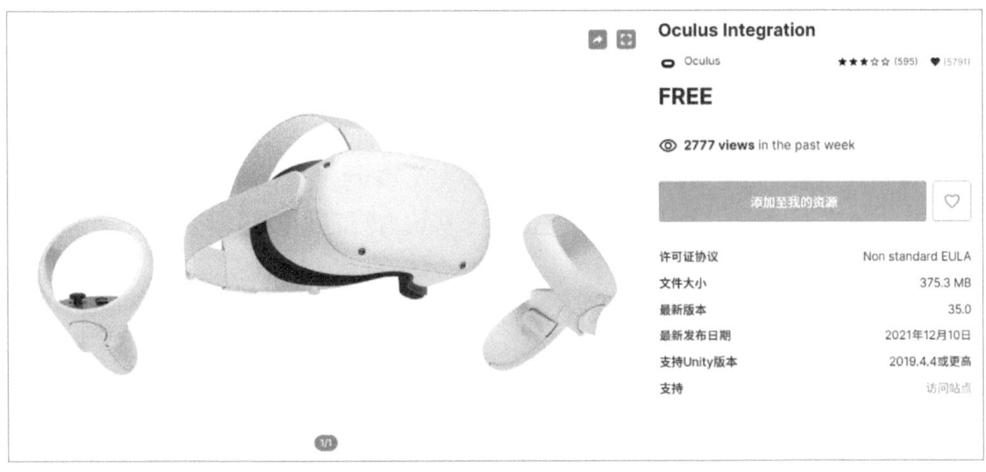

图 2-1

2.1.2　项目软件准备

Unity 编辑器是项目制作的主要软件，VR 博物馆项目使用的软件为 Unity 2020 LTS，具体的版本号为 2020.3.18。如果读者在阅读本书时已经在 Unity Hub 中找不到此版本的下载专区，则可以使用关于 2020.3 的最新版本，即只需保证为 LTS 版本，因为 LTS 版本在性能和稳定性表现上相对良好。

VR 博物馆项目使用 Visual Studio 2019 社区版（以下简称 VS）进行代码的编写和项目的调试，同时 VS 也是 Unity Hub 默认推荐安装的开发工具。在安装一个 Unity 编辑器时，可选择性地对其进行安装，若系统已经安装了需要的 Unity 编辑器，则可以在 Unity Hub 的安装界面单击某一 Unity 编辑器版本右上角的按钮，在弹出的“添加模块”对话框中勾选 Microsoft Visual Studio Community 2019 复选框，单击“完成”按钮，即可对 VS 进行安装，如图 2-2 所示。

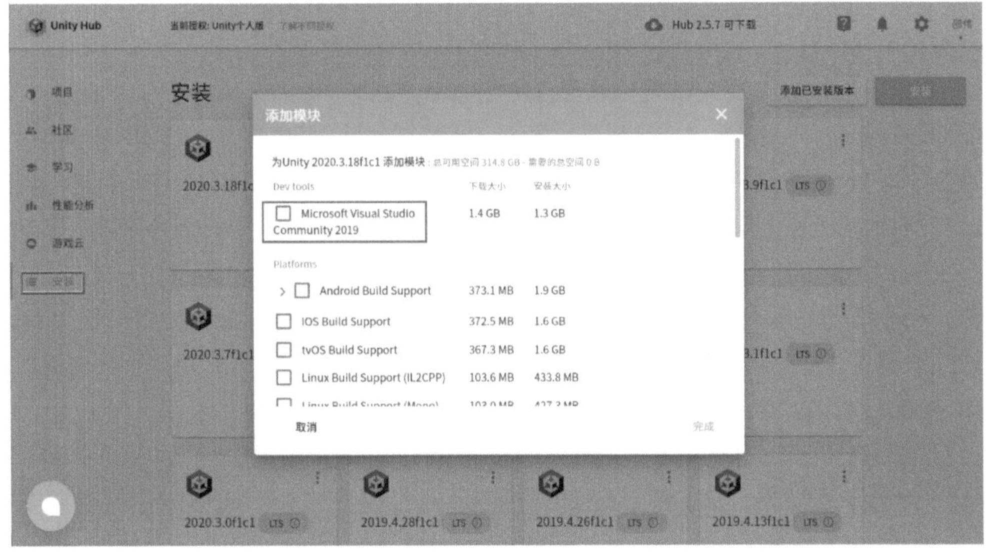

图 2-2

初次安装以后，需要在 VS 中添加辅助 Unity 开发的 Visual Studio Tools for Unity 工具，该工具提供了智能代码提示和导航、断点调试、快速创建 Unity 脚本方法等功能。更多详细内容，可以参考 Visual Studio Tools for Unity 的官方文档。

在 VS 顶部的菜单栏中选择“工具”→“获取工具和功能”命令，在弹出窗口的“游戏”选区中勾选“使用 Unity 的游戏开发”复选框，在界面右侧的“安装详细信息”选区中包含了 Visual Studio Tools for Unity，若已经安装了 Unity Hub，则可以取消勾选相应的复选框，单击窗口右下角的“修改”按钮，即可对该工具进行修改设置，如图 2-3 所示。

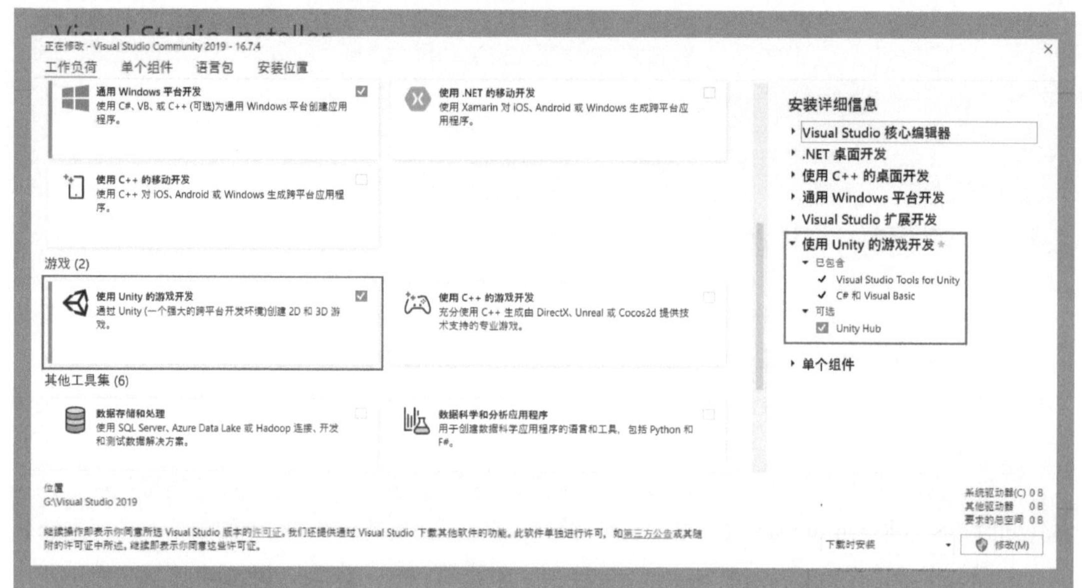

图 2-3

另外，对于代码编辑器的选择，也可以使用其他替代工具，包括但不限于 Visual Studio Code、JetBrains Rider 等。

关于模型文件的处理，VR 博物馆项目将使用 Blender。Blender 是一款免费开源的 DCC（Digital Content Creation，数字内容创作）软件，提供了建模、材质、雕刻、渲染等功能。相较于 3ds Max、Maya 等软件，Blender 具有启动速度快、资源占用少、授权免费等优势。同时，Blender 提供的功能和工作流程在专业性上也并不输这些软件。另外，Blender 能够与 Unity 进行无缝的工作流对接，其项目文件（.blend）可以被直接导入 Unity 项目。修改时只需在 Unity 编辑器的 Project 窗口中双击对应的项目文件，即可在 Blender 中将其打开。修改模型后保存 Blender 项目文件，即可在 Unity 编辑器中得到更新，从而跳过导出中间格式（.fbx 或.obj）的流程，提高工作效率。读者可以访问 Blender 官方网站获取 Blender 的安装文件。

关于材质和贴图的制作，VR 博物馆项目将使用 Substance 系列软件，包括 Substance 3D Painter、Substance 3D Designer 和 Substance 3D Sampler。其中，Substance 3D Painter 用来处理贴图，Substance 3D Designer 和 Substance 3D Sampler 分别基于不同的机制进行材质的制作。

基础运行环境需要确保系统中已经安装了 SteamVR 客户端。通常在 VR 设备安装过程中会对 SteamVR 客户端进行安装，可以访问 Steam 商店，搜索关键词“SteamVR”对其进行安装。

2.1.3　Unity 插件准备

功能丰富的 Unity 应用程序，离不开优秀的 Unity 插件。从项目开发的效率考虑，在开发一个功能或者实现一个效果之前，建议在 Unity 资源商店或其他开源社区中查找是否存在能够完成此类任务的插件工具，从而减少不必要的重复性工作。

VR 博物馆项目将用到如下几款 Unity 插件或 Package。

- SteamVR Plugin（2.7.3）：实现除 UI 交互外的大部分 VR 交互功能。
- Curved UI（3.3）：基于激光指针的 VR 交互方案，实现 VR 中的 UI 交互功能。
- Modern UI Pack（5.2）：提供了高品质的 UI 素材和定制化的 UI 控件。
- Substance in Unity（2.6）：使 Substance 材质能够被 Unity 编辑器识别并呈现。内置的 Substance Source 材质资源库，能够在 Unity 中将资源库中的素材下载到项目中并应用到场景中。
- Sketchfab For Unity（1.2.1）：从 Sketchfab 官方网站上下载免费模型并将其导入项目。
- TextMeshPro（3.0.6）：用于呈现清晰的文字，也是 Modern UI Pack 插件关于文字内容的呈现所使用的解决方案。
- Quick Outline（1.0.5）：在 URP 项目中呈现高亮轮廓效果。但是，在 VR 博物馆项目中用于解决 SteamVR Plugin 在 URP 中显示异常的问题。
- DoTween（1.2.632）：在 VR 博物馆项目中用于实现位移、缩放、颜色的缓动效果。

2.1.4　为什么建议使用约定的软件版本

在以上介绍软件和插件的过程中，我们同时给定了对应的版本号。使用约定版本号的目的并不是因为这些版本具有特殊的功能，而是尽量保证学习的“沉浸感”，希望读者不会因为使用的软件（插件）版本不同而中断学习的过程。虽然本书使用的是当前最新的稳定版本，但是在未来，随着各软件（插件）的版本更新，其功能和界面都不可避免地会与当前介绍的版本有所不同，这样势必会对学习带来一定的困扰，所以建议读者使用本书约定的软件（插件）版本进行跟随学习，待完全掌握相关技术及其原理以后，再尝试使用其他版本进行练习。

在使用新发布的软件或者准备将新版本插件集成到现有项目中之前，建议读者通读各版本对应的发行说明，比较新、旧版本之间的不同，了解更新的功能和已知存在的问题，以便更有效地使用这些工具。图 2-4 所示为 Unity 2020.3.18 提供的发行说明，其中包含了关于新特性、改进、API 变更、更新、修正问题等的说明。

2020.3.18f1 Release Notes

Features

- Version Control: Added auto sign in when logged into Unity account

Improvements

- Android: Add property PlayerSettings.Android.optimizedFramePacing API (1329232)
- Burst: Platform updates
- Scripting: Ammend CompilationPipeline.compilationFinished to include that it's currently not possible to build a player from a callback. (1338334)
- Version Control: Added Checkin and Update confirmation notification
- Version Control: Improved load time performance
- XR: XR: Reducing rendering latency in URP with Late Latching

API Changes

- Asset Bundles: Added: Added public API to specify the amount of memory reserved for the shared AssetBundle loading cache.

Changes

- Editor: Updated com.unity.cinemachine to 2.6.10
- Version Control: Simplified UI: decluttered UI
- XR: Updated OpenXR Package to 1.2.8

Fixes

- Android: Fix cameras with depth only clear flickering or not rendering on Adreno devices. (1314872)
- Android: Fixed a bug where a looping, streaming video could cause a Unity app to drop frames or freeze, if network latency was really high. (1341573)
- Android: Fixed issue, where you would have stale touches present after touching the screen with multiple fingers. Previously Unity was incorrectly handling MotionEvent ACTION_CANCEL event, and was only canceling one touch, where in reality all touches must be canceled. (1335140)

图 2-4

2.2 URP 概述

VR 博物馆项目将使用通用渲染管线（Universal Render Pipeline，URP）完成场景的渲染呈现工作，包括材质表现、光照计算、后处理特效的添加等。相较于内置渲染管线（Built-in Render Pipeline），URP 具有更好的性能表现和兼容性，在未来将逐渐发展为 Unity 的默认渲染管线。本节将对 URP 的使用进行初步介绍。

2.2.1 URP 简介

URP 是可编程渲染管线（Scriptable Render Pipeline，SRP）的一种预制。类似于面向对象编程中的父子继承关系，可以形象地将 URP 理解为 SRP 的一种子类继承。

URP 提供了对美术创作相对友好的工作流程，支持 Shader Graph、Visual Effect Graph 等 Unity 新功能，可以快速、高效地创建跨各种平台且优化的图形表现。其优势也体现在通用性上，URP 支持目前绝大多数主流硬件平台，包括但不限于移动设备、游戏主机、PC、VR/AR 等。

URP 正在逐渐成为创建 Unity 项目时的默认渲染选项。

相较于内置渲染管线，URP 也更加注重性能，如图 2-5 所示。在同一个 Unity 示例场景 SampleScene 中，分别使用 URP 和内置渲染管线进行测试，在渲染指标，如帧率、Batches、SetPass calls 等方面，使用 URP 的项目性能要明显优于使用内置渲染管线的项目。

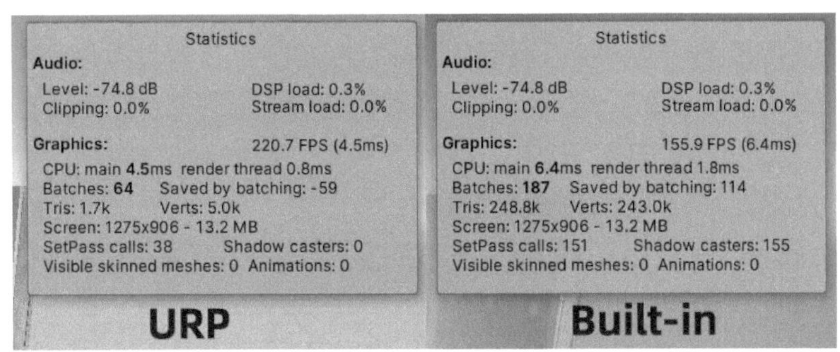

图 2-5

这也是选择 URP 作为 VR 博物馆项目渲染管线的主要原因。在 VR 环境中，因为运行卡顿的 VR 应用将直接影响体验者的沉浸感，所以性能的优先级要高于画质，即一个运行流畅但画面平庸的项目要优于一个画面美观但运行卡顿的项目。

因为 VR 博物馆项目使用的 Unity 版本为 2020.3（LTS），所以对应兼容的 URP 版本为 10.x，读者可访问 URP 官方文档，对其进行更加深入的了解。本书关于相关技术的介绍均是在 URP 背景下进行的。

2.2.2　使用模板创建基于 URP 的 Unity 项目

URP 以包（Package）的形式存在。要在项目中使用 URP，首先需要确保项目中已经通过 Package Manager 安装了 Universal RP 包，如图 2-6 所示。

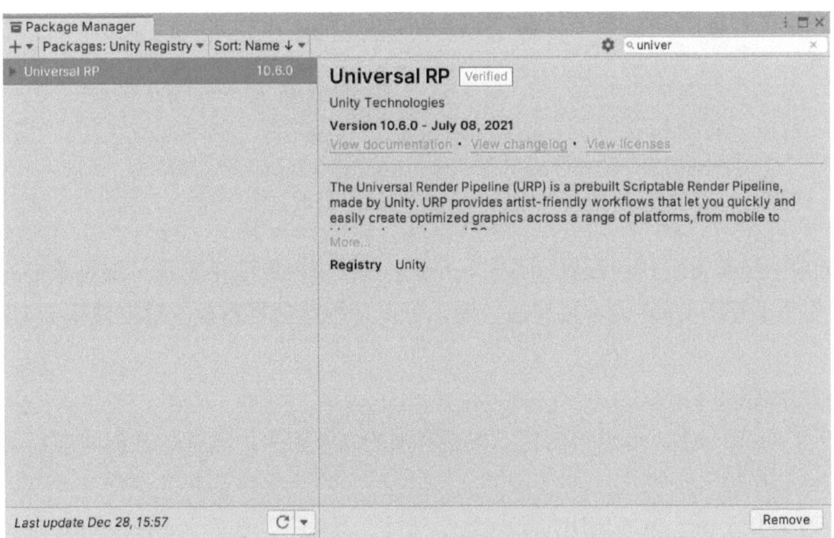

图 2-6

安装到项目中的 Universal RP 包并不会出现在 Project 窗口的 Assets 文件夹中，而是在 Packages 文件夹中，如图 2-7 所示。

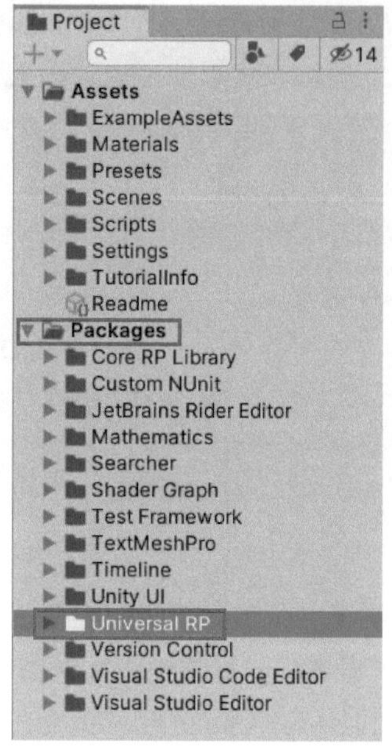

图 2-7

URP 通过类型为 Universal Render Pipeline Asset（URP Asset）的配置文件对渲染管线进行全局设置，包括品质、照明、阴影、后处理特效等。URP Asset 需要被指定到项目的图形设置选项中才能生效，具体方法为：在 Unity 编辑器的 Project Settings 窗口中，将 URP Asset 指定到 Graphics 选项卡的 Scriptable Render Pipeline Settings 参数中，如图 2-8 所示。

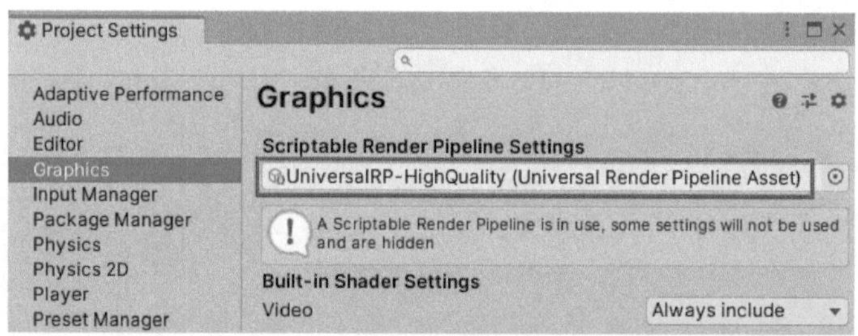

图 2-8

当该选项中没有指定任何配置文件时，Unity 将使用内置渲染管线呈现场景中的内容。

Unity 提供了基于 URP 的项目模板，通常可以使用此项目模板快速创建基于 URP 的 Unity 项目。

具体创建步骤如下。

（1）打开 Unity Hub，单击“创建”按钮右侧的向下箭头，选择此次创建项目用到的 Unity 版本 2018.3.18.f1c1。

（2）在“使用 Unity 2020.3.18f1c1 创建新项目”窗口中，选择 Universal Render Pipeline 模板，指定项目的名称为 MuseumVR，如图 2-9 所示。

图 2-9

（3）设置一个不包含中文的路径作为项目的存放位置，单击窗口右下角的“创建”按钮。

对项目进行版本控制，常用的方案有 Git、CVS、SVN 等。同样地，Unity 也拥有一套版本控制方案——Plastic SCM，如果有需要，可在创建新项目窗口中勾选“启用 PlasticSCM 并同意政策条款”复选框。

创建项目以后，默认打开一个名称为 SampleScene 的场景，同时在右侧 Inspector 窗口中显示关于 URP 模板的说明，如图 2-10 所示。

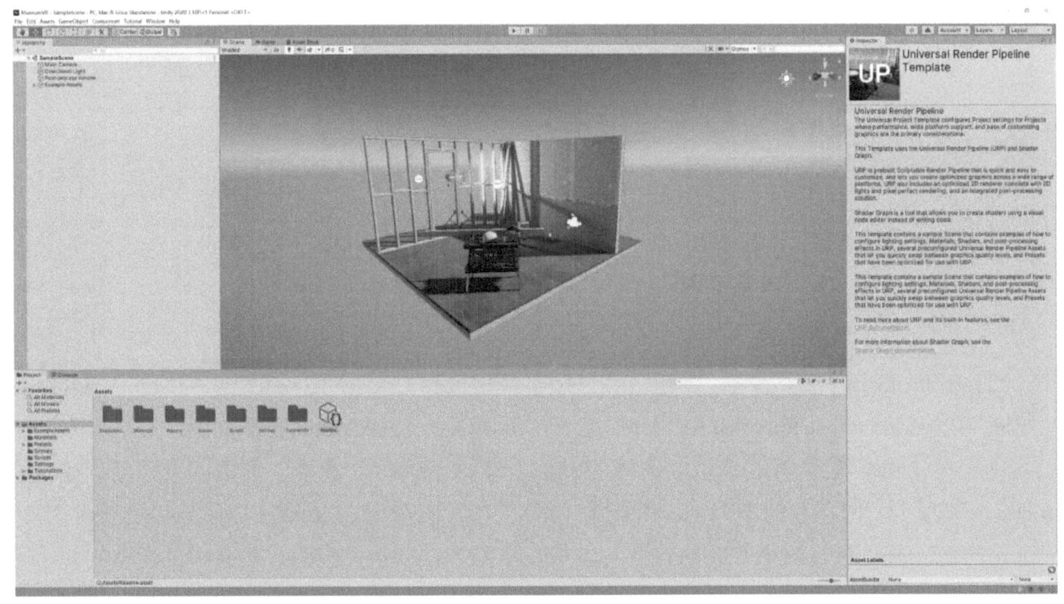

图 2-10

在模板项目中默认安装了 Universal RP 包并对渲染管线进行了配置，在 Project 窗口的 Settings 文件夹中还另外安装了 Shader Graph 和 Post Processing，可以直接使用它们而无须额外安装。

在项目的 Project 窗口的 Settings 文件夹中，包含了高、中、低 3 个不同品质的渲染管线配置文件，针对不同渲染品质进行了不同的参数配置，如图 2-11 所示。

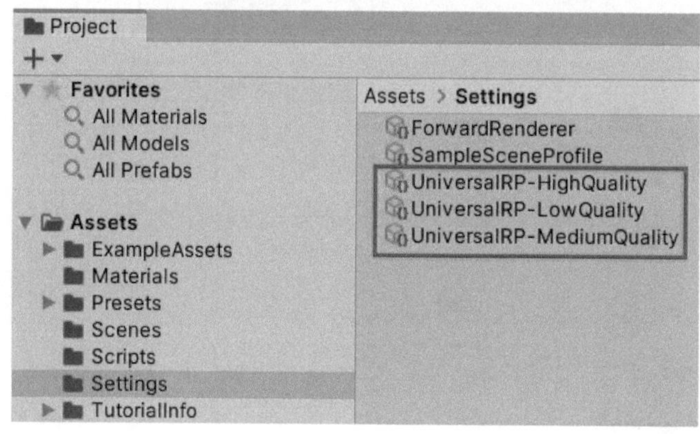

图 2-11

2.2.3 将现有项目的渲染管线转换为 URP

如果存在一个没有使用 URP 的项目（比如，使用内置渲染管线或高清渲染管线的项目，要将该项目的渲染管线切换为 URP），则需要在项目的图形设置中指定 URP Asset 配置文件，具体步骤如下。

（1）在 Unity 编辑器中打开 Package Manager 窗口，首先确保在编辑器左上角的包类型为 Unity Registry，如图 2-12 所示；然后安装 Universal RP 包。

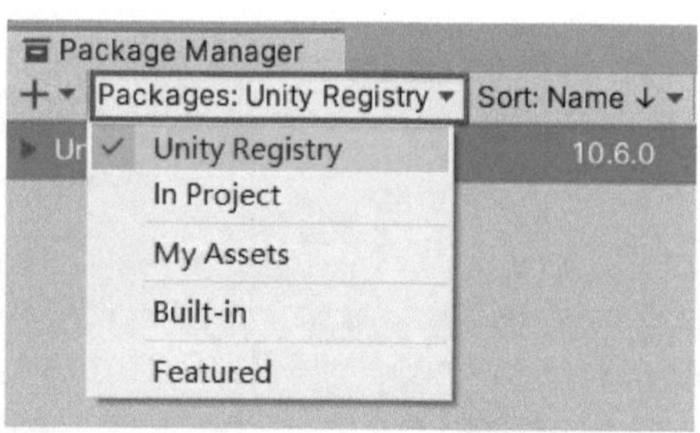

图 2-12

（2）在 Project 窗口中右击，在弹出的快捷菜单中选择 Create→Rendering→Universal Render Pipeline→Pipeline Asset(Forward Renderer)命令，创建一个 URP Asset 配置文件。

（3）在 Unity 编辑器菜单栏中选择 Edit→Project Settings 命令，在项目设置窗口中选择 Graphics 选项卡，将创建的 URP Asset 配置文件指定到 Scriptable Render Pipeline Settings 中。

这样就完成了项目渲染管线的设置，但是在渲染管线切换完成后，场景中的游戏对象容易出现材质显示异常的现象，通常以紫色呈现，如图 2-13 所示。

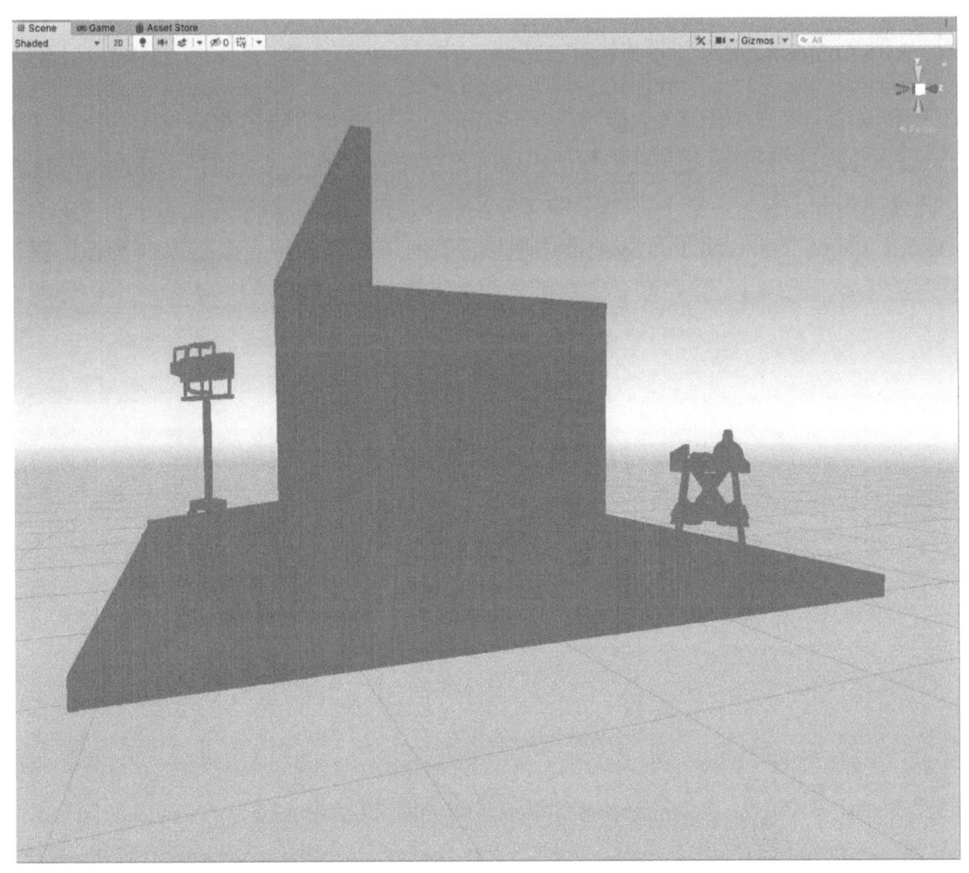

图 2-13

如果不是因材质丢失而出现的这种异常现象，则通常表示游戏对象使用的材质着色器与当前使用的渲染管线不兼容，需要对其进行处理。

在 Project 窗口中选择显示异常的材质文件，在菜单栏中选择 Edit→Render Pipeline→Universal Render Pipeline→Upgrade Selected Materials to UniversalRP Materials 命令。在执行该命令后会将选中的材质转换为 URP 材质。在弹出的对话框中单击 Proceed 按钮，此时在多数情况下，选中的材质都能够再次正常显示，尤其是在之前使用支持内置渲染管线的 Standard 着色器。执行这一步操作，实际上是将材质用到的着色器自动切换为 URP 中默认的材质着色器 Lit。如果出现问题的材质数量较多，则可以不选择任何材质，并在以上命令的同级菜单中选择另一个命令 Upgrade Project Materials to UniversalRP Materials，将项目中所有材质都转换为兼容 URP 的材质。

但是，对于一些特殊的自定义着色器，使用以上方法依然无法正常显示。比如，在使用一些第三方插件时，因为不是所有着色器都能够兼容 URP，所以使用某些不兼容 URP 的材质资源时，也会出现这种材质显示异常的现象。在这种情况下，通常需要手动切换或编写其他能够实现相同显示效果同时兼容 URP 的着色器，必要时可以使用 Shader Graph，因为 URP 能够兼容 Shader Graph 创作的着色器。

当在不同渲染管线之间进行切换时，需要同时选择兼容当前渲染管线的材质着色器。

2.2.4 为什么没有使用 HDRP

虽然高清渲染管线（HDRP）能够为项目带来良好的视觉表现，但是对于当前最新版本的 SteamVR Plugin（2.7.3），内置的核心材质不能在 HDRP 中得到支持，包括子 Teleporting 相关的标识、高亮轮廓等。同时，对于 HDRP 的支持，SteamVR 官方文档中也给出了相关的说明，即在 SteamVR Plugin 的 Interaction System 中依然没有 HDRP 的支持，如图 2-14 所示。虽然发行说明针对的版本是 v2.6.1，但是在 v2.7.3 版本中并没有关于 HDRP 的声明。

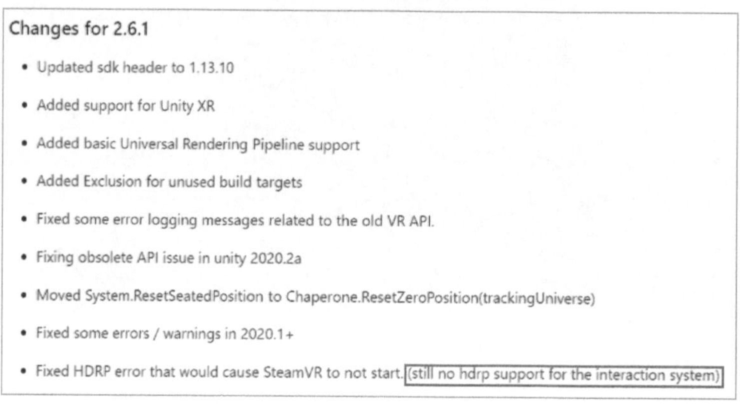

图 2-14

而在 SteamVR Plugin 最新的版本中，已经针对 URP 进行了大部分的适配。如图 2-15 所示，在 Select Material 窗口的搜索栏中输入关键词“urp”，即可显示 SteamVR Plugin 提供的适配 URP 的材质。

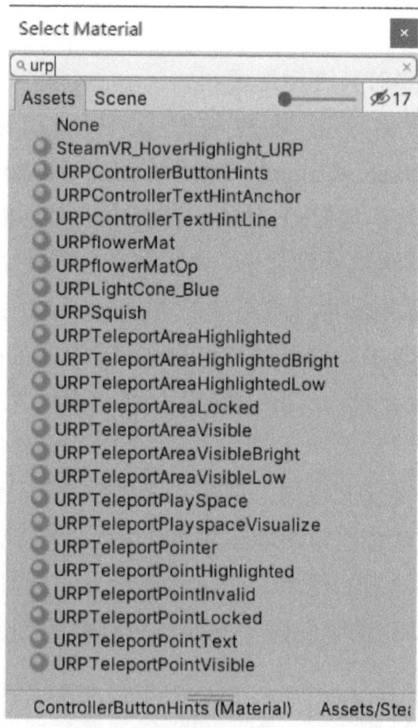

图 2-15

希望在未来的版本更新中，能够看到 SteamVR 加入对 HDRP 的支持。另外，虽然目前 SteamVR Plugin 不支持 HDRP，但是并不代表不能创建基于 HDRP 的 VR 项目，因此读者可参考使用 Unity Interaction Toolkit 等开发工具进行 HDRP 下的 VR 交互开发。

2.2.5　URP 学习建议

Unity 提供了一个基于 URP 创建的示例项目 Boat Attack，如图 2-16 所示。读者可以访问 Unity 在 GitHub 的主页，获取该项目的源文件进行学习了解。

图 2-16

鉴于 URP 是一种可编程渲染管线，所以初学者在渲染的流程中有了更多可以设置的参数。这体现在一个类型为 Pipeline Assets 的配置文件中，在后续的章节中会对其进行详细介绍。

渲染管线重点在“渲染”，学习 URP 可以将重点集中在灯光、阴影、材质 3 个主要方面。对于灯光技术，主要关心全局照明（Global Illumination，GI）、光源的添加和设置、烘焙光照贴图等；对于阴影，主要关心阴影的呈现方式（静态或实时）、阴影的品质设置等；对于材质，主要关心基于物理的着色器（Physically Based Shading，PBS）及其背后的基于物理的渲染（PBR）理论。在 MuseumVR 项目中，关于渲染部分的技术内容，也将主要围绕以上 3 个方面展开。

2.3　材质、贴图与 UV

在后续的实际操作过程中，如烘焙光照贴图、PBR 材质制作等工作流程中，会多次涉及材质、贴图、UV 的概念。虽然初学者普遍对 UV 没有太多了解，但是在 Unity 编辑器的参数设置中，会经常出现与其相关的操作，所以本节将介绍这三个基本概念，以及三者之间的关系。

2.3.1　什么是材质

材质就像现实世界中的材料，不同的材料具有不同的物理属性，如颜色、光滑程度、反光度、透明度等。在数字世界中，材质也具有对应不同维度的描述，相当于一个数据的集合，包括贴图和数值。材质将数据交由着色器处理，在游戏引擎中进行呈现。所以，讨论材质本质上是讨论其应用的着色器（Shader）对材质的属性设置，实际上是为着色器提供数据，贴图也是一种数据。

着色器就像材质的滤镜，决定了材质的表现形式。一个材质文件可以使用不同的着色器，不同的着色器需要的数据类型不同，对数据的计算方式也不同，所以能够使同一个材质呈现不同的图形效果。比如，在一个被赋予了材质的模型上，可以为材质指定基于物理的着色器，使模型呈现接近物理现实的效果，也可以使用卡通风格的着色器，将模型用在非写实类的场景中，如图 2-17 所示。

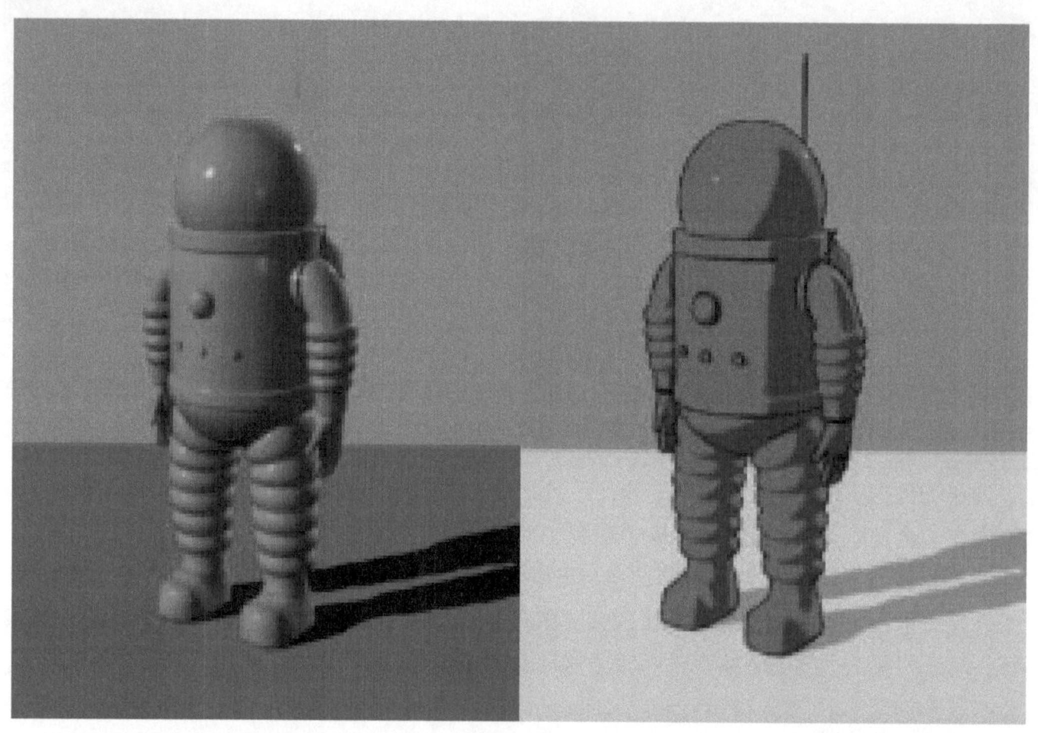

图 2-17

2.3.2 基于物理的渲染：PBR 理论

URP 默认材质使用的是基于物理的着色器，其背后的原理来自 PBR 理论。PBR 理论全称为 Physically-Based Rendering，即基于物理的渲染，是一套能够提供光线在物体表面更加精确呈现的着色和渲染方法。这套理论能够使虚拟物体达到接近于物理世界中的材质表现。

PBR 理论基于物体在现实世界中的物理属性对材质进行描述，所以在材质构建过程中，需要为 PBR 着色器提供不同物理维度的数据，这些数据通常使用贴图来承载，包括颜色、光滑度/粗糙度、是否金属、反射率等。在得到这些物理数据（贴图）后，物体便能在不同的光照环境下正确地呈现出与之匹配的光照表现，如图 2-18 所示。

图 2-18

使用 PBR 进行写实材质制作的优势在于：

（1）对材质的制作不再基于估测，因为 PBR 的理论和算法是基于物理上的精确公式，更容易创建真实的材质资源。

（2）模型材质在不同光照条件下都能够准确反映其光照表现，只需对材质进行一次创作，物体便能呈现与之对应的光照表现，如图 2-18 所示。

（3）PBR 为材质制作提供了一个标准工作流程，无论是专门的材质制作软件（比如，Substance Painter、Marmoset Toolbag 等），还是在 Unity 的材质设置中，都能基于 PBR 理论制作材质，这在团队协作过程中尤为重要。

在使用 PBR 理论时，无须掌握其背后复杂的机制和算法，只需认识到要创作一个真实的 PBR 材质，需要为材质提供不同物理维度的贴图即可，体现在 Unity 材质上，便是在设置材质参数时为其指定 Base Map、Metallic Map、Smoothness、Normal Map 等贴图。提供的贴图类型越多、越精确，得到的材质表现越真实。

关于 PBR 理论的更多介绍，读者可参考 *The PBR Guide* 一书。

2.3.3　URP 中的材质

要创建一个 URP 默认材质，可以在 Unity 编辑器的 Project 窗口中右击，在弹出的快捷菜单中选择 Create→Material 命令。URP 中的默认材质使用基于物理的着色器，名称为 Lit，所以对材质参数的设置，均围绕 PBR 理论的实现机制展开，如图 2-19 所示。

在材质的 Workflow Mode 参数中，可以选择不同的 PBR 工作流程模式。在 PBR 理论中，可以从两个不同的路径实现 PBR 材质的呈现，如图 2-20 所示。

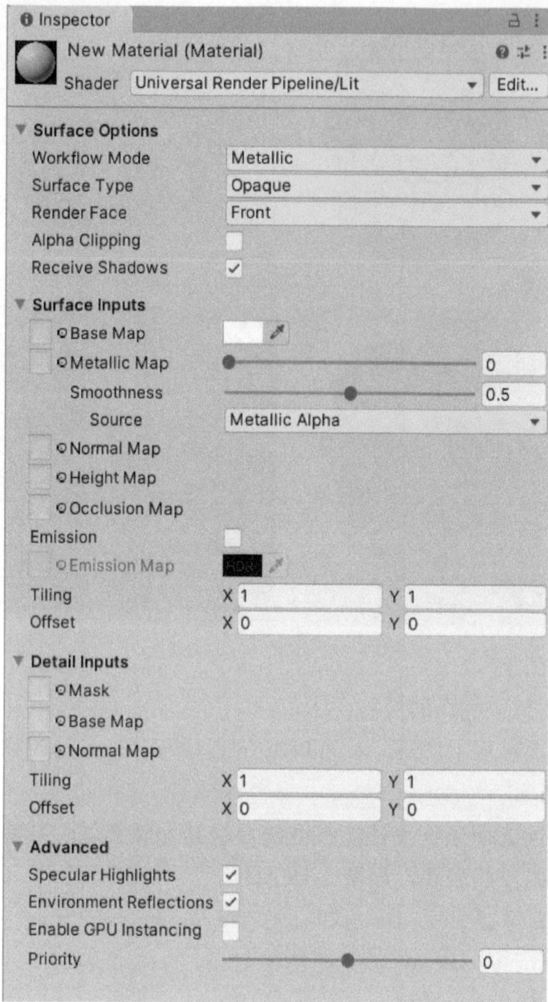
Inspector
New Material (Material)
Shader Universal Render Pipeline/Lit
Edit...
Surface Options
Workflow Mode
Metallic
Surface Type
Opaque
Render Face
Front
Alpha Clipping
Receive Shadows
Surface Inputs
Base Map
Metallic Map
0
Smoothness
0.5
Source
Metallic Alpha
Normal Map
Height Map
Occlusion Map
Emission
Emission Map
Tiling
X 1
Y 1
Offset
X 0
Y 0
Detail Inputs
Mask
Base Map
Normal Map
Tiling
X 1
Y 1
Offset
X 0
Y 0
Advanced
Specular Highlights
Environment Reflections
Enable GPU Instancing
Priority
0

图 2-19

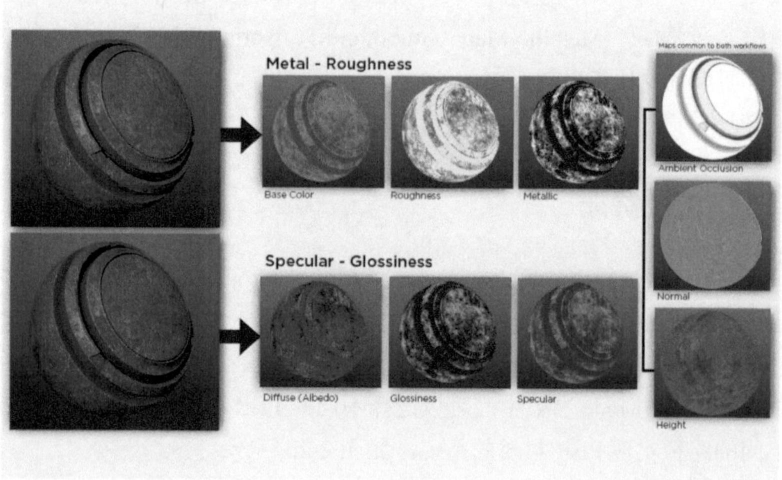
Metal - Roughness
Base Color
Roughness
Metallic
Specular - Glossiness
Diffuse (Albedo)
Glossiness
Specular
Ambient Occlusion
Normal
Height

图 2-20

Metallic 模式主要通过颜色贴图（Base Map）、粗糙度（Roughness/Smoothness）、是否金属（Metallic）来描述材质的物理属性；而 Specular 模式则主要通过漫反射（Diffuse）、光滑度（Glossiness）、反射率（Specular）来描述材质的物理属性。两种模式均能基于 PBR 理论实现相同的材质表现，体现在材质属性上，只是为其提供的贴图类型有所区别。在通常情况下，使用默认的 Metallic 模式即可。

在 URP 默认材质的 Surface Type 参数中，可以设置是否需要表现透明效果，默认为 Opaque，即不透明。如果物体具有透明特性，则可以将该参数设置为 Transparent，同时在 Base Map 参数中设置其透明度。如果没有在 Base Map 参数中指定具体的贴图，则可以打开 Base Map 参数右侧的颜色选择器，调整其 A 通道值；如果在 Base Map 参数中指定了贴图，则透明度由贴图的 Alpha 通道提供。

2.3.4　什么是贴图

贴图也被称为纹理，是材质的基本数据输入单位，提供某一物理维度的数据，如颜色、粗糙度等。通过对 PBR 理论的了解，我们在看待贴图的角度上需要做出改变，贴图在 PBR 材质构建中将不再是简单的图像，而是数据。因为贴图由像素组成，而图像通常具有 RGBA（红、绿、蓝、Alpha）4 个通道，每个通道中的每个像素都有其像素值（0～255），所以每个像素点都可用来描述模型对应区域的物理属性。比如，Roughness 贴图，描述的是物体每个位置上的粗糙程度，用 0～255 表示程度。

2.3.5　PBR 常用贴图类型

如前文所述，制作 PBR 材质的关键是为材质提供用于描述不同物理维度的贴图。在 Unity 材质的设置过程中，只需将这些不同类型的贴图指定到相应的贴图属性中，呈现真实效果的工作便可通过着色器来完成。

在 Unity 材质的设置中，虽然某些贴图右侧有颜色选择器或滑块可以对某一物理属性进行调整，但是这只是对某一物理维度进行的统一调整，而在多数情况下，物体表面并不存在均一的物理属性，此时就需要使用贴图进行呈现。

Base Map/Albedo 用于描述物体表面不受光照影响下的“本色”，不包含任何反射信息。虽然在颜色贴图上也会存在图案，但是这只不过是物体表面某一区域的颜色，如图 2-21 所示。

金属贴图（Metallic Map）用于描述材质的哪些区域表示金属，如图 2-22 所示。这类贴图是一种特殊的灰度图，贴图中每个像素点的数值非 0 即 1。其中，像素值为 0 的区域表示非金属，像素值为 1 的区域表示金属。

粗糙度贴图（Roughness Map）用于描述材质的表面光滑程度，如图 2-23 所示。另外，对于粗糙程度的描述还有 Glossiness 贴图，对于同一个 Roughness 数值，Glossiness 值等于 255 减去 Roughness 数值，即从光滑程度描述物体表面的粗糙度，Roughness 与 Glossiness 类似于中文语境下的“粗糙”与“不光滑”的关系。

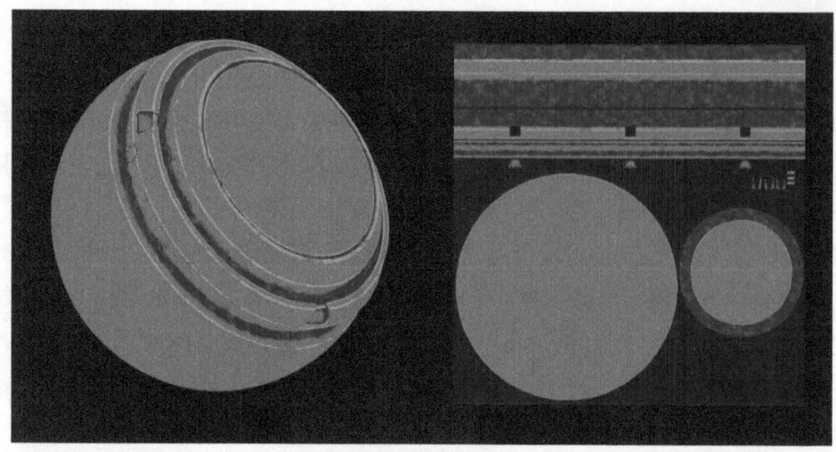

图 2-21

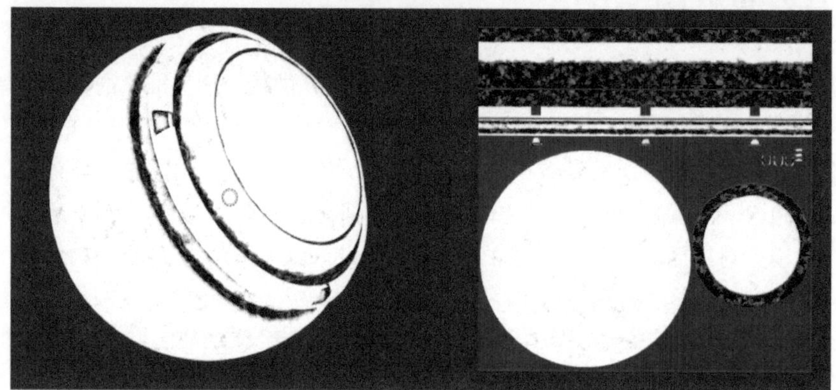

图 2-22

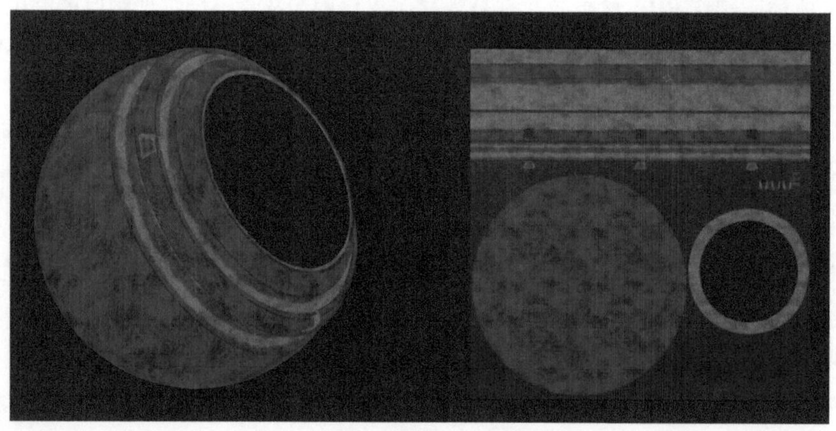

图 2-23

在 PBR 理论中，使用微表面（Microfacet）的概念描述物体的粗糙程度。如图 2-24 所示，物体在微观环境下的表面均存在不同程度的随机起伏。这种随机起伏程度越大，对光线的反射越随机，在宏观视角下便显得比较粗糙；随机起伏程度越小，对光线的反射越接近一致，在宏观视角下便显得相对光滑。

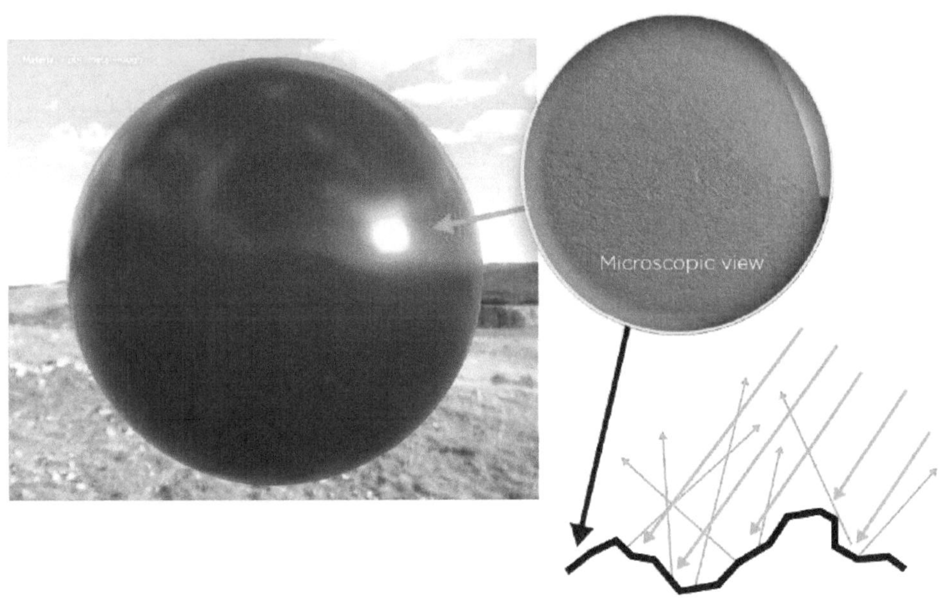

图 2-24

Roughness 在 URP 默认材质中对应的属性名称是 Smoothness。在 Inspector 窗口中，对于 Smoothness 贴图的指定，并没有像其他类型的贴图一样提供一个特定的 UI 控件，仅有一个用于统一调整的 Slider 控件。在指定为 Metallic 贴图后，会出现一个 Source 参数，在其下拉列表中可以选择由 Metallic 或 Base Map 的 Alpha 通道提供数据，如图 2-25 所示。

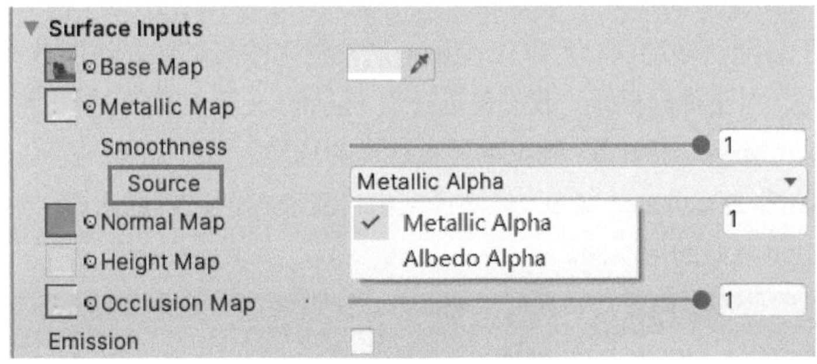

图 2-25

所以，在材质制作过程中，需要将 Smoothness 信息添加到颜色或金属贴图的 Alpha 通道中。关于具体的制作方法，不同的材质贴图创作软件使用不同的机制，我们将在后续章节中以 Substance Painter 为例进行详细介绍。

在创建的 MuseumVR 项目中，找到 SampleScene 示例场景中用到的 Safety Hat 游戏对象，其材质为 HardHat_Mat，此材质的 Metallic Map 通道所使用的贴图为 SafetyHat_MetallicOcculusionSmoothness。在其属性窗口底部的预览窗口中，单击 A 按钮切换到 Alpha 通道视图，可以看到在 Alpha 通道中包含了用于描述粗糙度的信息，如图 2-26 所示。同时看到，对于贴图所在的 HardHat_Mat 材质，Smoothness 的 Source 参数为 Metallic Alpha。

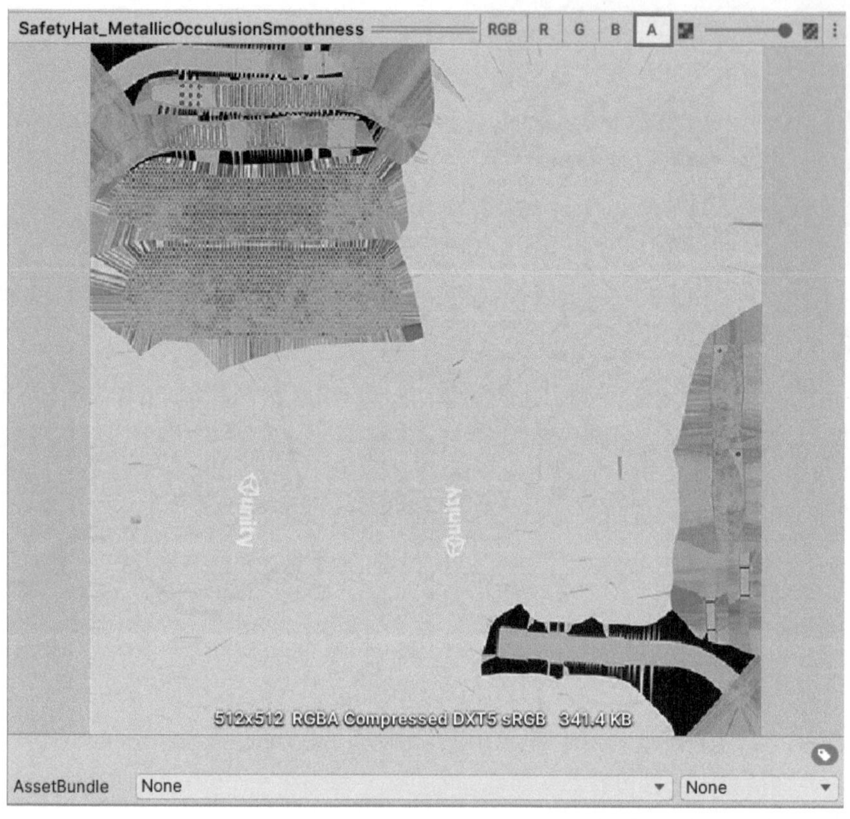

图 2-26

法线贴图（Normal Map）用于模拟物体（模型）表面的细节，是一种 RGB 贴图，其中每个通道分别对应于表面法线的 *X*、*Y* 和 *Z* 坐标。通常使用法线贴图在低面数模型上呈现高面数模型所具有的细节。对于法线贴图，我们可以使用 Substance 系列软件进行烘焙得到，传统建模软件，如 3ds Max、Maya、Blender 等也都具备这样的功能。

环境光遮蔽贴图（Occlusion Map）提供模型由自身夹角所产生的阴影，如图 2-27 所示，能够为场景或模型提供良好的层次感。

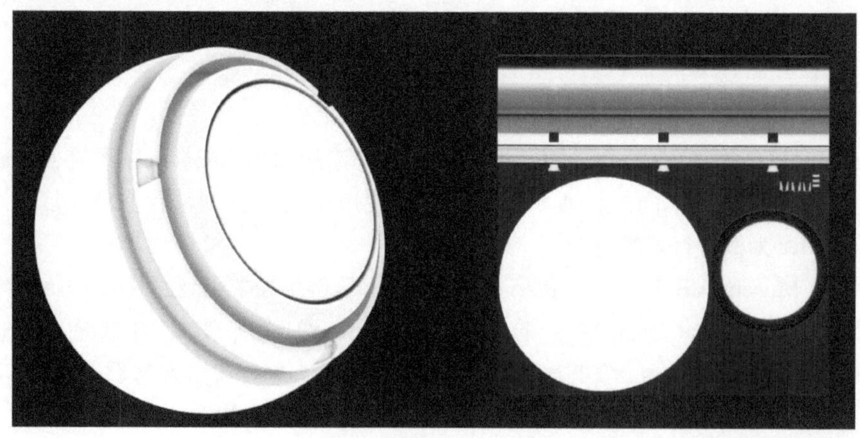

图 2-27

2.3.6　什么是 UV

贴图是一种 2D 图像，而模型却是一种 3D 对象，如何将一张 2D 的图像“贴”到一个 3D 的对象上？我们可以将铺贴的过程想象为一个灯笼的制作过程——3D 模型就像灯笼的主体框架，而贴图就像包裹灯笼的不同的彩纸，贴图呈现在模型上就类似于将彩纸包裹到灯笼的骨架上。但是，包裹的过程会有成千上万种方案，甚至不同的手工艺人会有不同的包裹方案。游戏引擎要将一张贴图成功地贴到一个 3D 模型上，需要被告知一种确定且唯一的包裹方案，否则将不能正常显示材质提供的贴图。这种确定且唯一的包裹方案便是由 UV 提供的，所以 UV 是关于如何将 2D 图像映射到 3D 模型上的方案，是一种映射信息。图 2-28 所示为在 Blender 中模型的 UV 编辑视图。

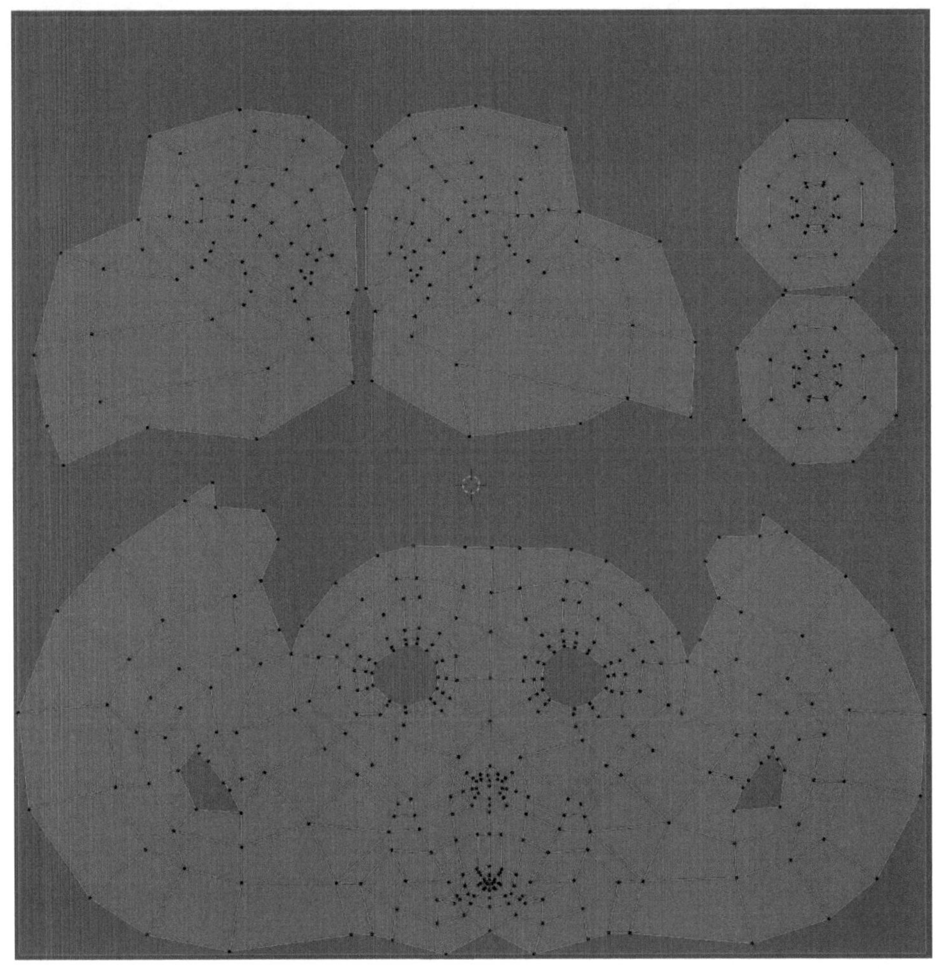

图 2-28

制作 UV 信息的工作一般在 3D 建模软件中完成，通常被称为展 UV。如果将模型想象为现实世界中的“纸盒”，则展 UV 的最终目的是将“纸盒”裁切并展开为一个平面，如图 2-29 所示。展 UV 的过程便是在这些“纸盒”上确定一种裁切方案。不同的模型处理软件具有不同的操作步骤，限于本书主题，读者可自行搜索相关资料进行了解。

图 2-29

虽然展 UV 的过程在 3D 建模软件中是一种可视化的操作过程，但是为了便于设计师快速、直观地确定 UV 信息，并不会对模型网格进行实际的拆分。确定后的 UV 信息将被保存在导出的模型文件中，在 Unity 中，模型的 UV 信息主要用于呈现材质贴图和光照贴图。同一个模型可以包含多套 UV 信息，通常第一套 UV 信息用于呈现材质贴图，而 Unity 默认使用模型的第二套 UV 信息呈现和烘焙光照贴图。

在一些 Unity 的参数设置中，也会涉及关于 UV 的操作，建议读者能够对 UV 相关的概念有相对深刻的理解。

材质、贴图、UV 是 3 个密不可分的概念，尤其是在专业的材质贴图制作软件中，三者几乎需要同时进行讨论。材质提供包含贴图等不同种类的数据，依靠着色器决定 3D 模型在屏幕上的呈现效果；贴图通过 UV 找到各个像素在 3D 物体上的位置；UV 是 2D 图像映射到 3D 空间中的桥梁。

2.4 模型对接标准

本节将结合项目介绍在模型准备阶段需要注意的细节。

2.4.1 Unity 结合 Blender 进行模型处理的工作流程

鉴于后续介绍会涉及 Blender 的使用，所以我们先来介绍 Unity 与 Blender 结合进行模型处理的工作流程。

使用 Unity 和 Blender 进行模型处理的优势在于，当需要对模型进行修改时，只需双击导入的 Blender 项目文件，如果已经安装了 Blender，则系统会调用 Blender 打开模型，直接在 Blender 中进行修改即可。修改完成并保存后，返回 Unity 编辑器，修改后的模型便能立即得到更新。

打开之前创建的 Unity 项目 MuseumVR，按 Ctrl+N 组合键新建一个场景，按 Ctrl+S 组合键对其进行保存，将场景名称设置为 MainScene。

随书资源的 Models 文件夹中提供了项目的场景模型，分别为 MuseumEnvironment.blend 和 MuseumEnvironment.fbx 两种文件格式。其中，前者是使用 Blender 创建的项目文件格式，可以直接将其导入 Unity 项目。建议读者安装 Blender 进行后续章节内容的学习，以便体验 Blender 与 Unity 结合进行模型处理的工作流程的优势。VR 博物馆项目也将使用该项目文件作为场景的模型文件。

将 MuseumEnvironment.blend 文件拖入 Unity 编辑器的 Project 窗口，实现对该资源的导入操作。导入完成后，Unity 编辑器会将其识别为一个模型文件，如图 2-30 所示。

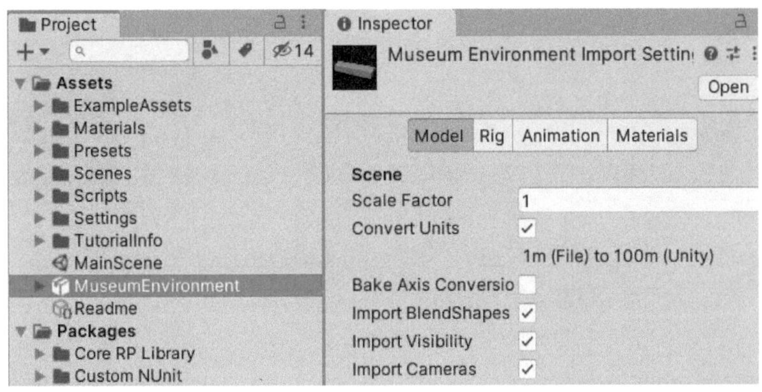

图 2-30

为了更好地组织项目资源，在项目开始制作的前期就应该保持一个良好的文件命名和组织习惯。在 Unity 编辑器的 Project 窗口中新建两个文件夹，分别将其命名为_Scenes 和_Models，将创建的 MainScene 场景文件和 MuseumEnvironment 模型文件分别拖入对应的文件夹，如图 2-31 所示。

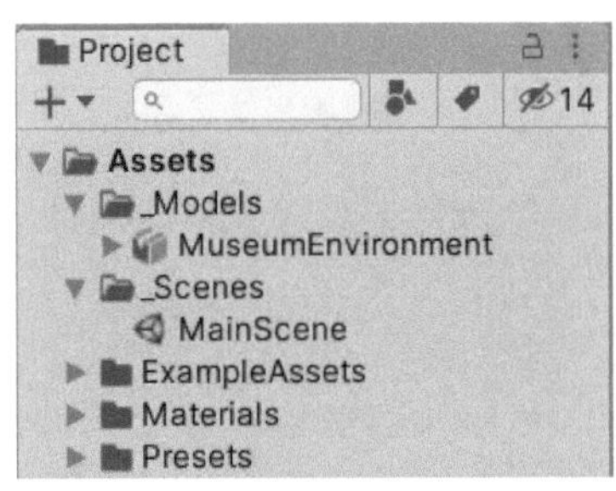

图 2-31

之所以使用下画线为前缀进行文件夹的命名，是因为在 Project 窗口中，以下画线为前缀的文件将被放置在文件列表的顶部，以便在后续的项目开发过程中，能够快速定位所需要的资源文件或文件夹。

将模型文件拖入场景，确保位置和旋转角度归零，如图 2-32 所示。

作为工作流程的测试，如果要对模型进行修改，则双击 Project 窗口中的 MuseumEnvironment 模型文件；如果系统已经安装了 Blender，则使用 Blender 将模型文件打开。

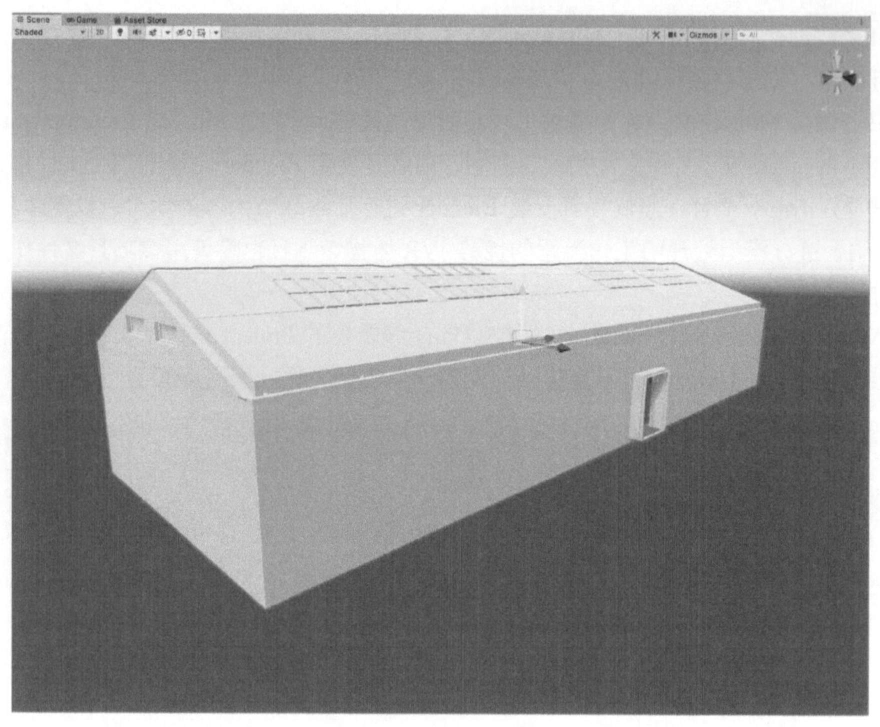

图 2-32

在 Blender 中按 Shift+A 组合键，在弹出的菜单中选择 Mesh→Cube 命令，创建一个立方体。按住 G 键后移动鼠标，对立方体进行移动，在确定位置后单击；按住 S 键后移动鼠标，对立方体进行缩放，在确定最终缩放比例后单击；按住 R 键后移动鼠标，对立方体进行旋转，在确定旋转角度后单击。在 Blender 中对立方体进行任意位置的摆放后，按 Ctrl+S 组合键对文件进行保存，关闭 Blender，如图 2-33 所示。

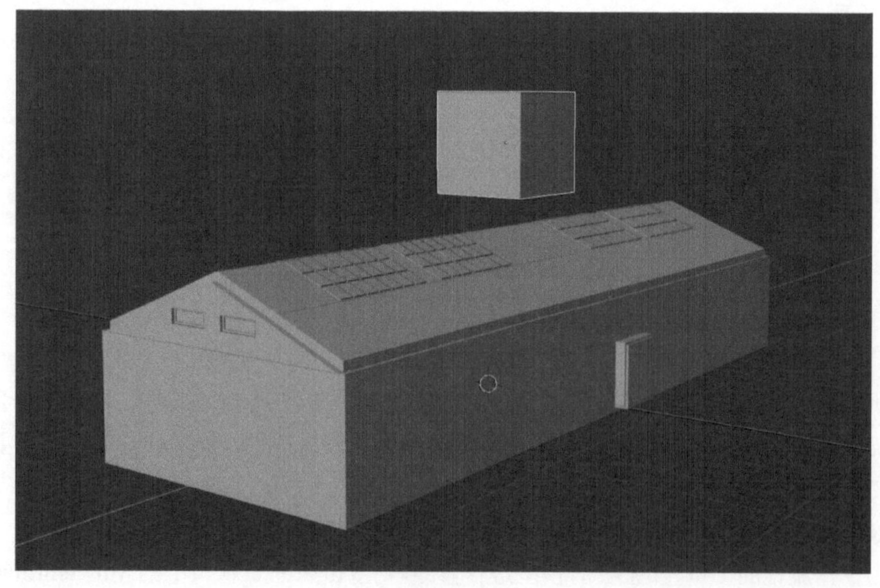

图 2-33

返回 Unity 编辑器，此时，在场景中的模型便自动得到了更新，如图 2-34 所示。

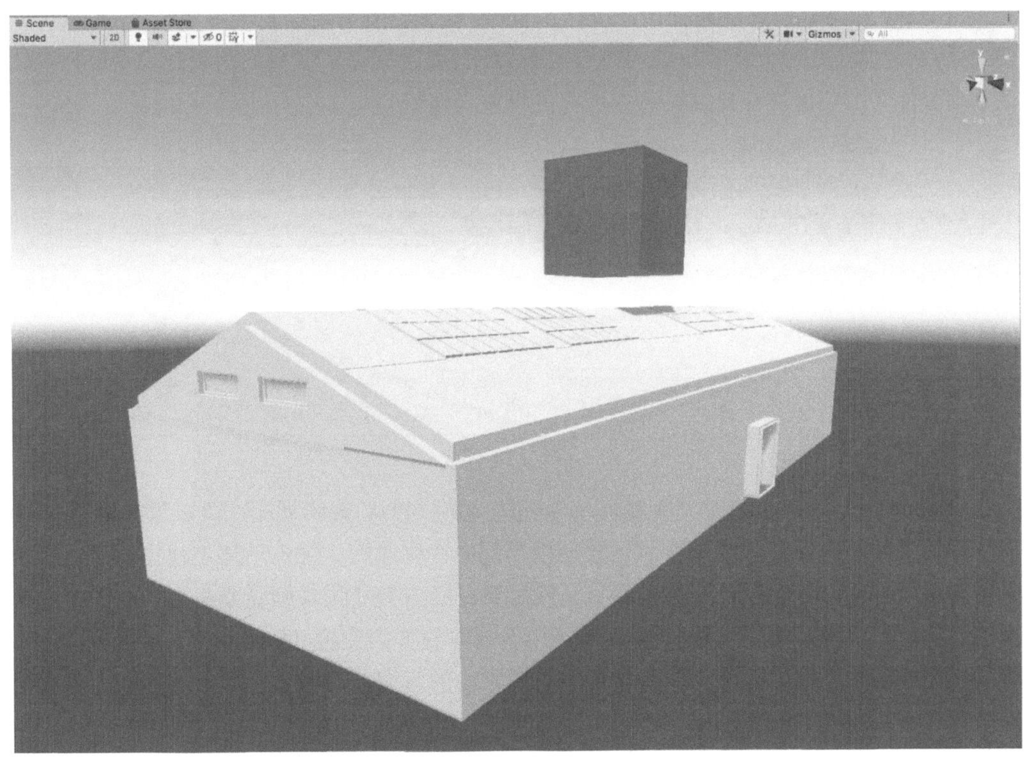

图 2-34

使用相同的步骤，在 Blender 中选择立方体，按 X 键，在弹出的菜单中选择 Delete 命令，将用于测试的立方体删除。保存文件后，关闭 Blender，返回 Unity 编辑器，模型同样得到了更新。

使用 Unity 结合 Blender 进行模型处理，能够跳过中间将模型导入和导出的步骤，避免了冗余文件的产生，从而提升了工作效率。

2.4.2　模型 UV 准备

在获取或制作完成一个模型时，需要对项目中参与呈现的模型进行展 UV 操作。关于 UV 的重要性，我们已经在 2.3.6 节中强调过，但是在一个项目中，并不一定要对所有模型都进行展 UV 操作，因为在 VR 场景中，所有模型并不一定都能最终呈现给体验者，所以在体验过程中，对于体验者始终不能看到的模型，就没有必要对它们进行展 UV 操作。以一个场景中的五斗柜为例，如果在程序体验过程中，体验者需要拉开五斗柜所有的抽屉（比如，在解密类游戏中），那么五斗柜的抽屉内部需要赋予材质并在材质上表现必要的细节，此时需要对抽屉对应的模型进行展 UV 操作，从而呈现更加符合现实的纹理；而如果在程序运行时，五斗柜仅仅作为一个普通的道具（比如，在房地产项目中），体验者不需要拉开抽屉进行查看，那么就没有必要对抽屉对应的模型进行展 UV 操作，从而节省一部分工作时间。考虑到优化，甚至可以将抽屉隐藏在五斗柜内部的网格删除。

如果需要在场景中烘焙光照贴图，那么建议在模型处理软件中同时为模型制作第二套 UV 信息，供 Unity 烘焙光照贴图时使用。虽然在 Unity 编辑器中也能够自动生成光照贴图 UV，如图 2-35 所示，但是在 Unity 中生成的光照贴图 UV，其所有 UV 区块均为相同的缩放比例，即无法手动分配各 UV 区块在光照贴图中所占的权重（面积）。

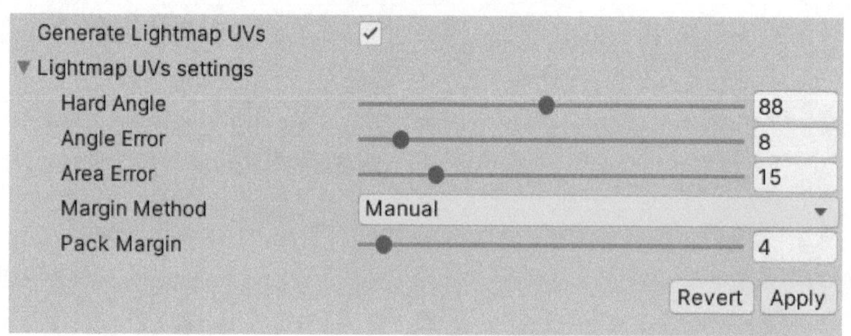

图 2-35

在 Blender 中，单击顶部的 UV Editing 按钮，切换到 UV 编辑视图，可以查看模型的 UV。不同用途的 UV，在对其进行编辑时需要使用不同的优化原则。综上所述，模型的第一套 UV 信息通常用于呈现材质贴图，而模型重点呈现区域对应的 UV 区块则需要在 UV 贴图中占有相对多的面积，即实现最大化缩放。图 2-36 所示为场景模型的座位（Seat）的 UV 排布，不容易看到的座位底部的支撑部件在 UV 空间中占有非常小的区域，而座位主体对应的 UV 区块则占有整个 UV 空间的绝大部分区域。

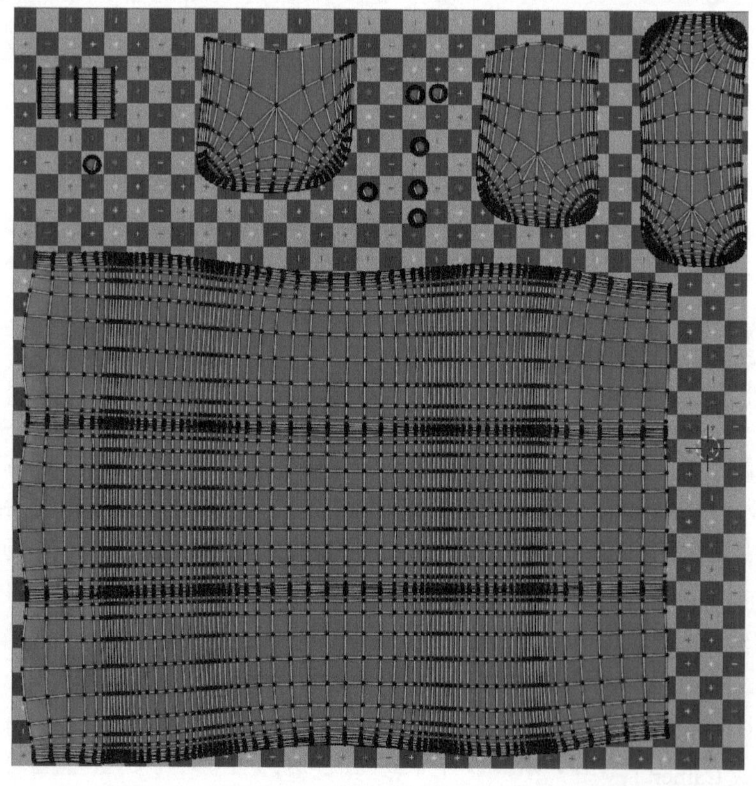

图 2-36

2.4.3 模型对象的命名

在 Blender 的右侧上半部分的 Scene 窗口中，以树形节点的形式对模型包含的对象进行组织，相当于 Unity 编辑器中的 Hierarchy 窗口，如图 2-37 所示。

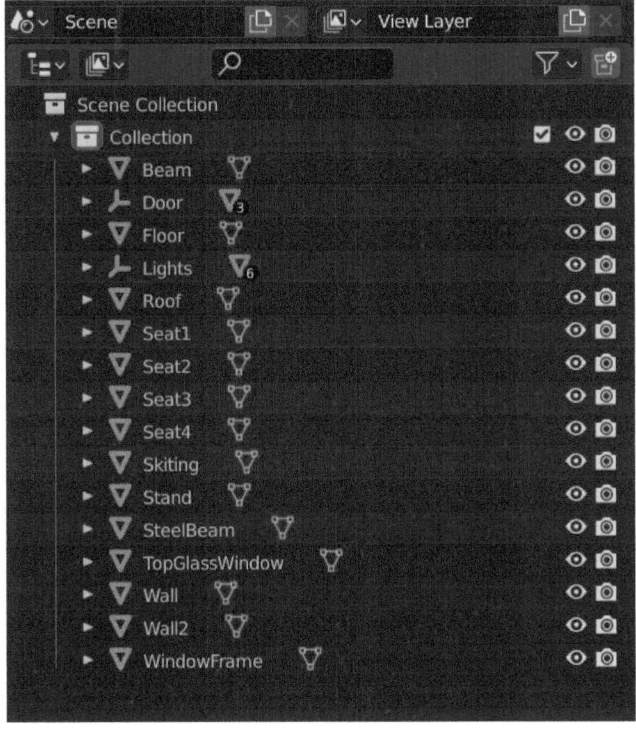

图 2-37

对于模型包含的子物体，在模型准备阶段需要对其进行规范且有意义的命名。无论是独立开发还是团队配合，规范的命名都能避免随着项目推进而带来的混乱现象。

2.4.4 确保模型使用的单位与 Unity 一致

在 Unity 中，一个单位代表的是 1 米（m），而在其他的模型处理软件中，不同的软件有不同的默认单位，有的是以厘米（cm）为一个单位，有的是以毫米（mm）为一个单位，有的则是以米（m）为单位。所以，在模型构建过程中，要将模型的单位统一为与 Unity 一致。

Blender 默认使用米为单位，要对使用的单位进行查看或修改，可以在 Blender 右下角的窗口中将视图切换到 Scene Properties，在 Units 选区中，确保 Unit System 为 Metric，即公制。在对应的表示长度的 Length 参数中，将度量单位设置为 Meters，如图 2-38 所示。

需要注意的是，在 Blender 中创建的 Cube 几何体默认长、宽、高均为 2 米，而在 Unity 中创建的 Cube 几何体默认长、宽、高均为 1 米。

另外，当发现在 VR 中观察到的场景比例不一致时，不要为了达到一致性而调整代表了体验者的 Player 或 CameraRig 等游戏对象的缩放比例，否则会影响后续的交互，尤其是用于呈现手柄控制器相关的模型。因为 Player 包含了手柄控制器在内的其他子物体，如果对 Player 进行整体缩放，则容易使手柄控制器的位置无法在虚拟场景中准确匹配，进而导致不能在正确的位置与游戏对象进行交互。

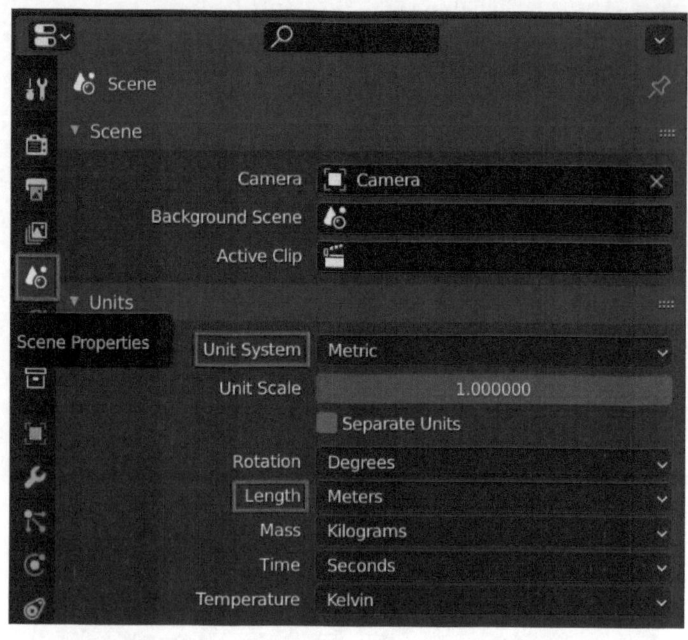

图 2-38

2.4.5 对模型设置合理的中心点

为了能够对游戏对象进行流畅的操作，在模型准备阶段，需要为相对重要的模型对象设定合理的中心点，通常将中心点放置在模型 Mesh 网格的底部中心位置。

中心点不在模型 Mesh 网格范围内的模型，在后续操作过程中将带来两个问题：首先，当对游戏对象进行位置摆放时将不容易操作，无论是在 Inspector 窗口中对游戏对象指定具体的位置数值，还是在 C#编程中动态改变游戏对象的位置，提供的数据都只是中心点所在的位置，模型 Mesh 网格会与实际设定的位置存在位置偏移；其次，当对该游戏对象进行角度旋转时，其除自身“自转”外，还将绕中心点进行“公转”。

如果获取的模型中心点不在其 Mesh 网格范围内，同时不具备模型处理条件（如专门的美术人员、独立建模技术等），则可以在 Unity 中将存在此类问题的游戏对象放置在一个空的父物体中，调整该子物体与父物体之间的相对位置，使父物体的中心点处于子物体 Mesh 网格范围内，在后续的游戏对象操作过程中对父物体进行操作即可。

如图 2-39 所示，该模型中心点已经偏离其 Mesh 网格，要将模型放置在场景的原点（0,0,0）位置，需要将其坐标设置为（-1,62,-17）。将模型放置在一个空的父物体中，图中蓝色标识为父物体中心点，在调整过程中，先将模型底部中心与父物体中心点对齐，再将父物体坐标设置为场景原点。此时，可以认为游戏对象在场景的原点位置。

鉴于后者提到的问题，在场景编辑过程中，要尽量避免在 Unity 编辑器中直接对包含了多个子物体的游戏对象的缩放比例进行统一调整，建议返回模型处理软件中对相应的模型进行修改。

图 2-39

通过这种手段，能够有效避免以上提到的两个问题——给定的坐标能够准确控制游戏对象，给定的旋转角度将沿父物体三个轴向旋转而不再“公转”。

如果父物体与子物体之间的缩放比例不一致，则在具体的模型操作过程中，尤其是在对游戏对象进行摆放的过程中，会带来一定的困扰。

2.4.6 使用布线合理且面数较低的模型

考虑到模型网格在 Unity 编辑器中的正常呈现，在模型准备阶段应尽量使用四边面构建模型，避免出现多边形面，如图 2-40 所示。

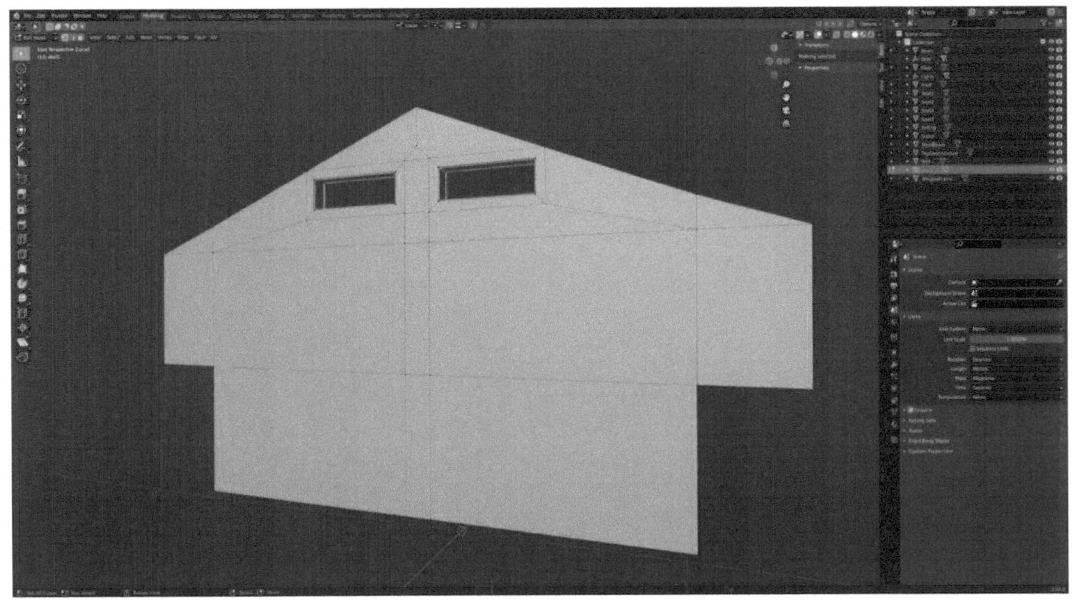

图 2-40

在实时渲染环境下，面数越低，带来的计算压力越小。在模型准备阶段，可以适当删除对模型结构影响不大的边。在游戏引擎中，建议尝试使用 LOD（Level of Detail）、法线贴图等技术来呈现面数相对较高的模型。

对于通过 3D 扫描得到的模型，通常不建议直接将其导入 Unity 编辑器，而是需要先在模型处理软件中对其进行优化处理。比如，使用重拓扑技术创建低模，结合 3D 扫描得到的“高模”烘焙法线贴图，在 Unity 中使用低模配合法线贴图呈现高模的细节。

本章介绍了在模型准备阶段需要注意的 5 个方面。在实际制作过程中，不同的项目会有不同的要求，随着实践经验的积累，团队也可以总结出一些属于自己的对接标准。

第 3 章　烘焙光照贴图技术

烘焙光照贴图是贯穿整个场景制作流程的工作，通常的项目制作流程是一边搭建场景，一边测试烘焙的光照贴图，以便在过程中及时发现问题并进行修正。烘焙光照贴图是一个不断调整和修正的过程，并没有一步到位的所谓的“配方”。

本章将从概念理论、参数介绍、实际制作等方面介绍烘焙光照贴图技术，如无特别说明，则介绍的是渐进式光照贴图烘焙技术——Progressive Lightmapper。

3.1 光照贴图

光照贴图本质上也是一种贴图，通过预计算的方式存储了场景的光照信息，在程序运行或场景编辑时，通过模型提供的第二套 UV 信息将叠加到参与光照贴图烘焙的游戏对象上。其中，预计算的过程被称为烘焙光照贴图。如图 3-1 所示，左侧图为光照贴图应用到场景后的效果，可以在 Unity 编辑器的 Scene 窗口中将视图切换为 Baked Lightmap 进行查看；右侧图为该场景中烘焙的光照贴图，一般存放在 Project 窗口与场景文件同级的目录下。

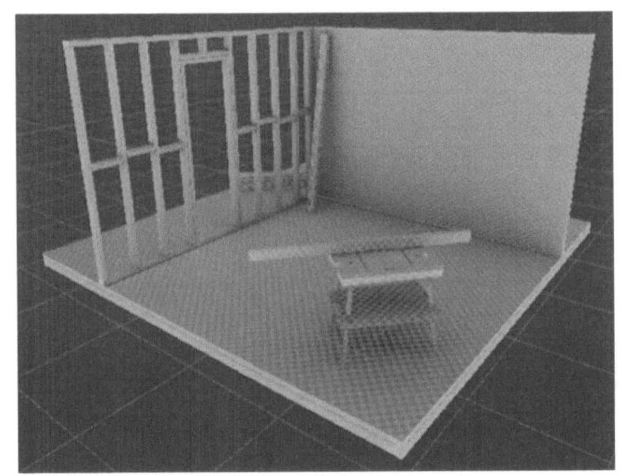

图 3-1

3.1.1 什么是光照信息

我们在讨论光照信息时，通常讨论的是直接光照（Direct Light）、间接光照（Indirect Light）和阴影（shadow）3 个方面，这也是掌握烘焙光照贴图技术的主导思想，是在构建光照信息时需要考虑的 3 个方面。对初学者来说，在初次接触光照贴图技术时，面对 Lighting 窗口众多参数会感觉无从下手。实际上，Lighting 窗口中的参数设置多数是围绕以上 3 个方面展开，尤其是间接光照和阴影。

光照贴图能够存储以上这 3 个方面的光照信息，但是并不是每一张光照贴图都包含了这 3 个方面。决定存储几种光照信息，需要在 Lighting 窗口的照明模式（Lighting Mode）中进行设定，选择哪一种模式，主要从以下几个角度进行考量。

1. 贴图占用内存的大小

存储的光照信息维度越多，产生的光照贴图越大，相应地，在程序运行时占用的内存就越大。在光照贴图中，只有间接光照一定会被烘焙到光照贴图中，对于直接光照和阴影可以选择是否进行实时计算呈现，也可以不被烘焙到光照贴图中。

2. 场景品质和性能要求

直接烘焙到光照贴图中的直接光照和阴影，品质相对较好，如果对场景品质要求相对较高，则可以考虑将这两方面的光照信息烘焙到光照贴图中。

3. 具体项目需求

不同的项目需求（比如，场景中是否存在大量移动的游戏对象，是否有呈现动态阴影的需求）能够决定光照贴图包含的光照信息类型。如果在游戏场景中存在大量可以移动的游戏对象，则此时的阴影需要实时呈现而无须烘焙到光照贴图中。对于一个 VR 展示类项目，如果在场景中所有的道具均为静态且没有任何交互功能，则此时的阴影和直接光照都可以烘焙到光照贴图中。在极端的情况下，在有日夜循环效果的项目中，所有物体均为动态，直接光照、间接光照及阴影均通过实时计算呈现，此时无须烘焙光照贴图。

3.1.2 为什么要烘焙光照贴图

对于烘焙光照贴图，初步且普遍的认知就是场景在烘焙光照贴图后看上去会比较“真实”。这种真实性主要是由全局照明提供的。

全局照明（Global Illumination）是一组对直接和间接照明进行数学建模，用于提供逼真的照明效果的技术。通过对全局光照的计算和呈现，能够提高场景的真实度，是塑造真实场景的关键技术。

提供场景的全局照明通常有两种方案：一种是使用实时全局照明，另一种是使用烘焙全局照明。对于实时全局照明，应用程序在每一帧中都进行实时的光照。烘焙全局照明技术通常也被称为离线照明技术，需要游戏引擎 Unity 提前进行光照计算，将计算结果保存为光照的数据，并在程序运行时将光照数据加载到场景中。

要对场景提供全局照明信息，并非只有烘焙全局照明技术，也可以使用实时全局照明。之所以不使用实时全局照明而采用烘焙全局照明，是因为实时全局照明需要非常强大的算力。比如，目前比较先进的英伟达的 RTX 系列显卡，能够实现比较理想的基于光线追踪的实时全局照明。但是，当前主流的硬件平台通常不具备这种条件，尤其在移动设备上，算力更加有限。而使用烘焙光照贴图的这类离线解决方案相对比较经济，在程序运行时无须大量的实时计算，仅占用一部分内存。

综上所述，烘焙光照贴图只是现阶段在技术条件有限的情况下采取的一种折中方案，实属无奈之举。相信在未来随着技术的发展，普遍的计算平台都能够满足实时全局照明的要求，彼时将不用烘焙场景的光照贴图。

3.1.3 直接光照和间接光照

直接光照是从光源（如太阳、灯光等）发出直接照射到物体表面的光线。在现实世界当中，光线具有波粒二象性。如图 3-2 所示，从粒子特性角度来看，光线在接触到物体表面以后会进行多次弹射，经过两次及以上弹射的光线被称为间接光线。在弹射过程中，光线会进行衰减，为了能够呈现真实的光照效果，需要在场景中同时呈现直接光照和间接光照的光照表现，尤其是间接光照。

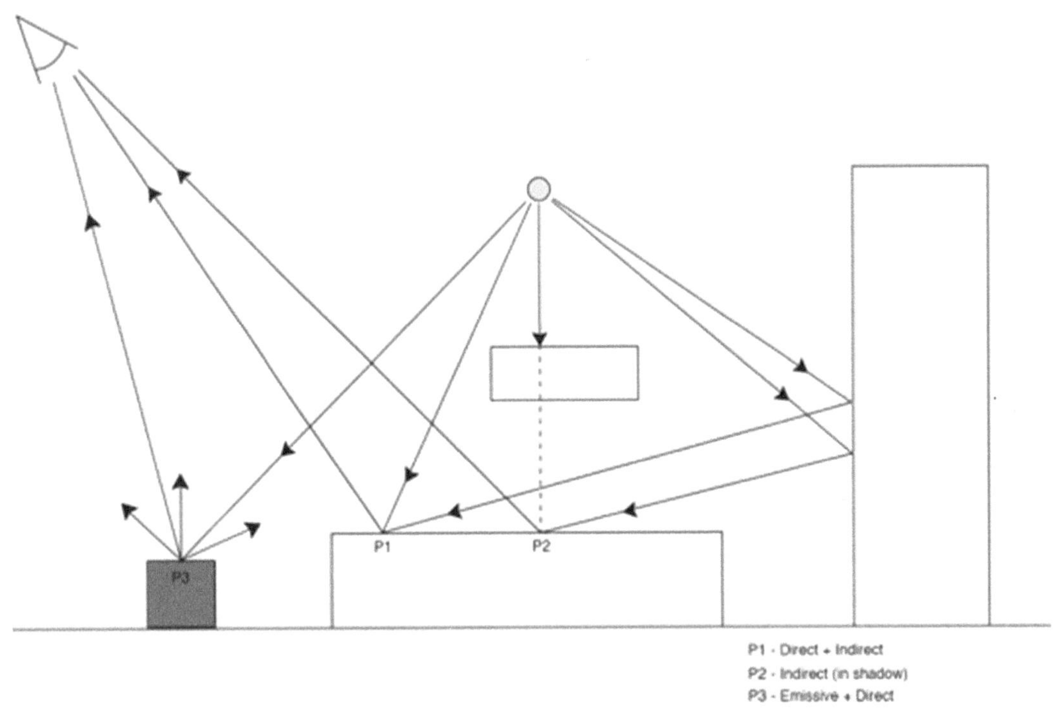

图 3-2

间接光照在呈现真实的光照效果中起决定作用。联想一下现实世界，一个房间有几扇窗户，太阳光从窗口照射进来，我们能够看到阳光照射在地面上，此为直接光照；进而整个房间能够被太阳光照亮，这完全是因为太阳光在房间中经过多次弹射产生的间接光照导致的。

在虚拟场景中也存在相同的机制。如图 3-3 所示，左侧图为只有直接光照的表现，当然在现实世界中并不存在这样的物理现象。光线从封闭空间顶部发出，照射到物体上，部分光线照射到了没有被物体遮挡到的地面上，除此之外并没有任何其他光照信息，此时光线并没有进行二次弹射，周围环境无法被间接光线照亮。在右侧图中可以看到，光线在经过弹射后照亮了周围的环境。在有了间接光照以后，这个空间上下左右能够被间接光照照亮，此为间接光照产生的影响。

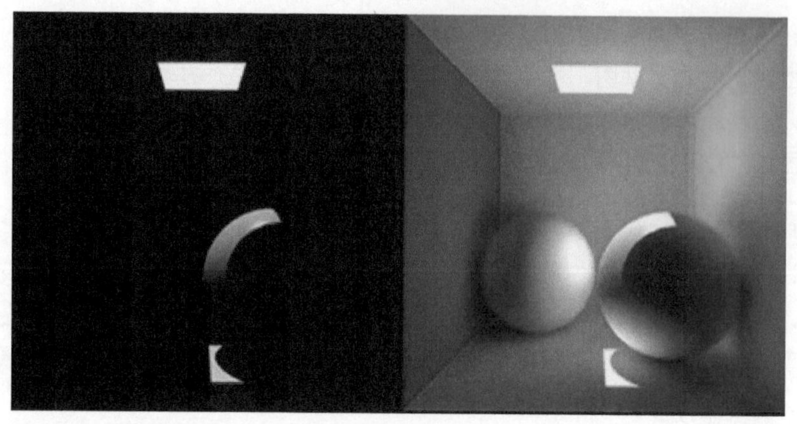

图 3-3

3.1.4 烘焙光照贴图的基本原理

在烘焙光照贴图之前，游戏引擎会将场景中参与烘焙的模型区域划分为连续的方格阵列，每个方格都被称为纹素（Texel）。如图 3-4 所示，在场景中一个棋盘格代表一个纹素。

图 3-4

纹素是纹理的基本单位，游戏引擎通过算法对场景中的模型区域进行划分。渐进式光照烘焙技术基于路径追踪算法，在烘焙的过程中，每个纹素向外发送射线，并对周围环境光照进行采样，通过计算得到场景中的光照信息，最终将计算得出的数据写入光照贴图中。

谈到纹素便容易联想到像素，而像素是组成图像的基本单位。与像素类似，纹素也是以阵列形式进行的规则排列，但是纹素可以被改变大小，在 Lighting 窗口中，通过 Lightmap Resolution 参数可以对光照贴图的分辨率进行设置。该参数值越大，单位面积内包含的纹素数量越多，向外发送的射线数量也就越多，从而使计算得到的光照贴图品质越高。

对于烘焙光照贴图的具体工作过程，以及在背后支撑的全局照明技术，无论是理论还是算法，都相对比较复杂。读者如果有兴趣，可以阅读与全局光照技术相关的著作进行更加深入的了解。作为在 Unity 中进行光照贴图的烘焙，只需了解其基本原理即可，以便在后续进行参数设置时以此作为理论指导。

3.2 Lighting 窗口的参数介绍

烘焙光照贴图的主要参数设置大部分都是在 Lighting 窗口中进行的。具体介绍如下。

3.2.1 窗口概览

在 Unity 编辑器顶部的菜单栏中选择 Window→Rendering→Lighting 命令，打开 Lighting 窗口，如图 3-5 所示。

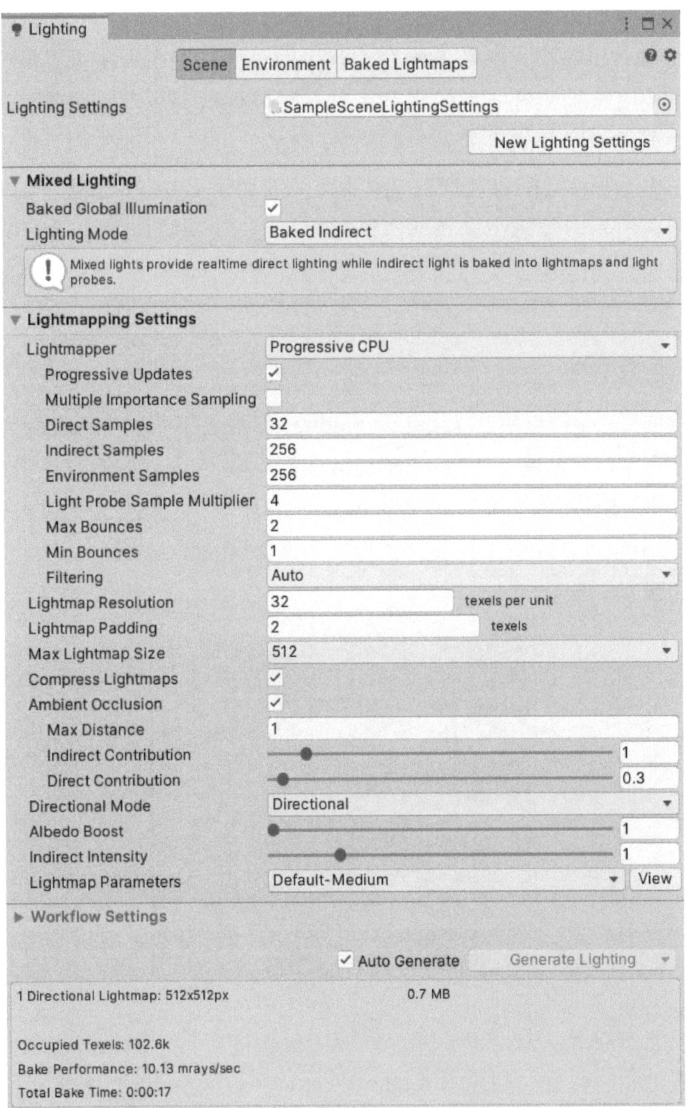

图 3-5

在 Lighting 窗口中有 3 个不同的选项卡，分别是 Scene、Environment 和 Baked Lightmaps。其中，Scene 选项卡用于显示光照设置配置文件 Lighting Settings Asset 的所有参数；Environment 选项卡包含与当前场景的环境照明相关的设置，不同的渲染管线在 Environment 选项卡中显示不同的参数；Baked Lightmaps 选项卡显示当前场景烘焙得到的所有光照贴图的列表，可以在此对光照贴图进行预览，如未烘焙光照贴图，则此选项卡呈现内容为空。

3.2.2 Scene 选项卡中的参数

在初始状态下，Scene 选项卡中的所有参数显示为灰色，即不能对其进行设置。Unity 在 2020.1 及其以后的版本中，将原来在 Scene 窗口中的配置参数改为由一个类型为 Lighting Settings 的配置文件提供，若要进行参数设置，则需要为 Scene 选项卡的 Lighting Settings 参数指定一个该类型的配置文件。

Volume、URP Asset 等相关参数的配置，也采用了这种集中将配置参数保存在配置文件中的方式进行管理。使用这种配置方案的优势在于，可以针对同一个工序创建多个不同的配置方案，从而达到不同测试或发布的目的。以烘焙光照贴图为例，分别保存一份参数配置相对比较低的“低配”文件和一份参数配置比较高的“高配”文件。其中，“低配”文件主要用于快速测试，及时发现问题，因为参数越小，烘焙时间越短；而“高配”文件可用于项目最终发布或阶段性发布。创作者通过指定配置文件的方式，能够快速设置参数，尤其是在一些需要高频切换配置的情况下。

1．创建光照配置文件

在 VR 博物馆项目中，可以单击 Lighting Settings 参数右下角的 New Lighting Settings 按钮，新建一个配置文件，并将其命名为 LightingSettings-LowAndFast。在创建完成后，该配置文件将自动被指定到 Lighting Settings 参数中，同时 Scene 选项卡中的参数成为可编辑状态。

在 Project 窗口中，创建一个文件夹，并将其命名为_LightingSettings，将创建的配置文件放入此文件夹中，如图 3-6 所示。

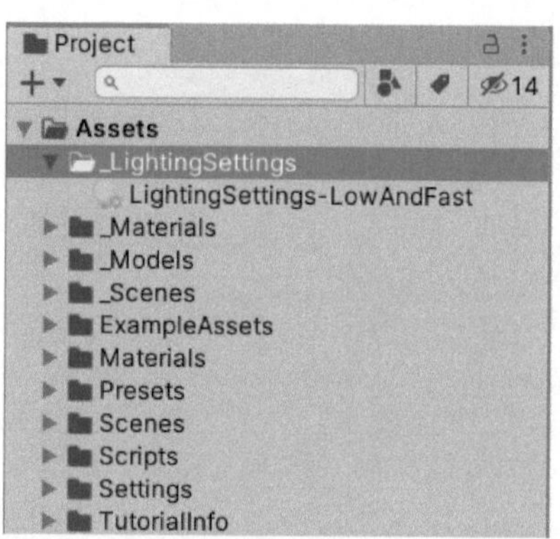

图 3-6

在后续的配置过程中，也可以选择 LightingSettings-LowAndFast 配置文件，在 Inspector 窗口中对其参数进行设置，但是需要确保该配置文件已经指定到了 Scene 选项卡的 Lighting

Settings 参数中。

2. Mixed Lighting 选区中的参数

在 Mixed Lighting 选区中，只有两个选项可以进行设置，默认勾选了 Baked Global Illumination 复选框，即烘焙全局照明。如果取消勾选，则其下方的 Lightmapping Settings 选区中的参数将变为不可编辑状态。

Lighting Mode 参数决定场景中所有使用了混合（Mixed）模式的光源都使用了哪一种照明模式，有 3 种模式可以设置，分别为 Baked Indirect、Subtractive 和 Shadowmask，如图 3-7 所示。每次修改照明模式后，都需要重新烘焙光照贴图。照明模式的设置只有在场景中存在 Mixed 模式的光源的情况下才会起作用或者有意义。

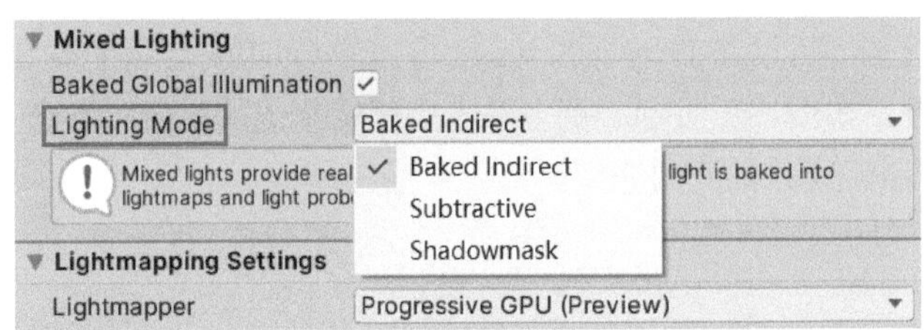

图 3-7

对于上面提到的 Mixed 模式的光源，我们有必要先了解一下光源的模式。Unity 中的主要光源通常有 3 种模式可以设置，分别为 Realtime、Mixed 和 Baked，如图 3-8 所示。

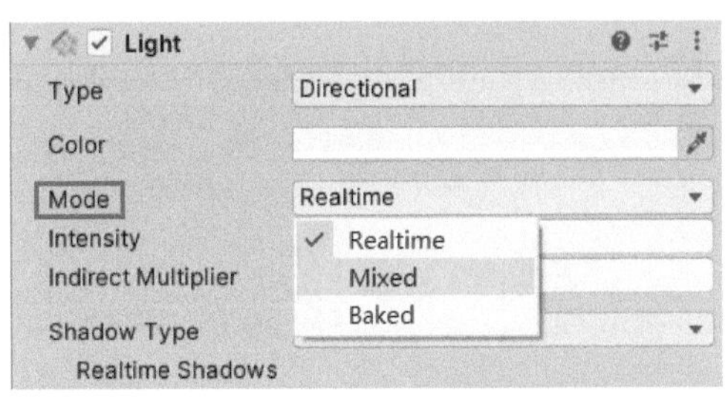

图 3-8

对于使用 Realtime 模式的光源，Unity 在程序运行时需要每帧计算并更新该光源的光照信息，同时该光源将不参与光照贴图的烘焙；使用 Baked 模式的光源，其提供的光照信息将被完全烘焙到光照贴图和光照探针（Light Probe）中；Mixed 模式的光源结合了实时与烘焙模式的特性，对于场景中 Mixed 模式光源的光照信息三要素（直接光照、间接光照、阴影）有哪些能够参与光照贴图的烘焙，取决于在 Lighting 窗口中对 Lighting Mode 参数的设置。

对 3 种照明模式的说明如下。

- Baked Indirect：使用 Mixed 模式的光源提供实时的直接光照，其间接光照被烘焙到光照贴图和光照探针中。更多关于此照明模式的说明可以参考 Unity 官方中文文档关于 Baked Indirect 照明模式部分的介绍。
- Subtractive：使用 Mixed 模式的光源对场景中的静态物体提供烘焙的直接光照和间接光照。场景中的所有混合光都提供烘焙的直接和间接照明。Unity 同时会烘焙静态物体投射的阴影，除此之外，场景中的主光源——通常为一个平行光（Directional Light），可以为动态物体提供实时阴影。更多关于此照明模式的说明可参考 Unity 官方中文文档关于 Subtractive 照明模式部分的介绍。

- Shadowmask：使用 Mixed 模式的光源提供实时的直接光照，而间接光照则被烘焙到光照贴图和光照探针中。从这一点来看，Shadowmask 照明模式与 Baked Indirect 照明模式相似，不同之处在于两者对于阴影的呈现。在 Shadowmask 照明模式下，将使用一张被称为 Shadowmask 的贴图来呈现阴影，同时将附加信息存储到光照探针中，在运行 Unity 时将呈现烘焙与实时的阴影。Shadowmask 照明模式在呈现品质上又可分为 Distance Shadowmask 和 Shadowmask 两种，前者能够呈现相对高品质的阴影，但是性能消耗相对较高；而后者能够带来较少的性能消耗，但阴影品质相对较低。对于两种 Shadowmask 照明模式的选择，可以在 Project Settings 窗口的 Quality 选项卡的 Shadowmask Mode 参数中进行设置，如图 3-9 所示。更多关于此照明模式的说明可参考 Unity 官方文档关于 Shadowmask 照明模式部分的介绍。

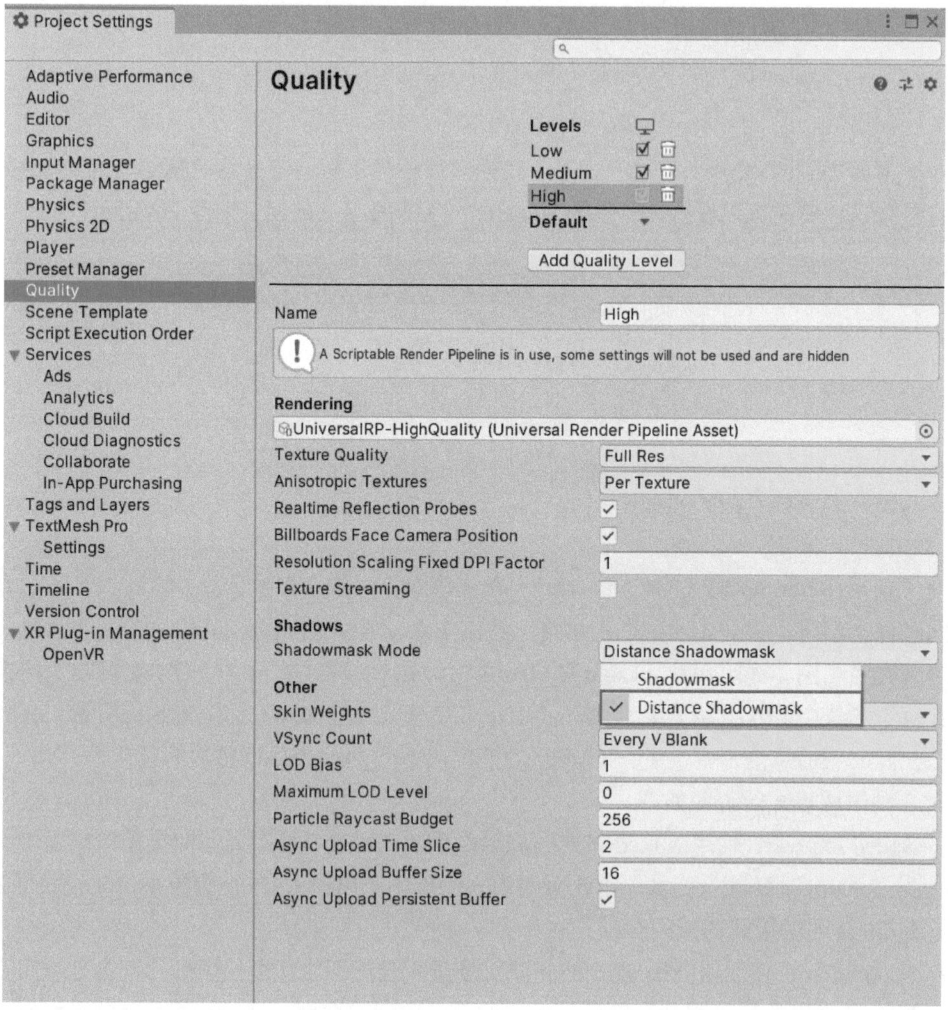

图 3-9

由此可见，对照明模式的选择，实际上是对光照信息三要素（直接光照、间接光照、阴影）的选择，决定它们有哪些和如何参与到光照贴图烘焙中。

3．Lightmapping Settings 选区中的参数

在 Lightmapping Settings 选区中，Lightmapper 参数用于选择烘焙光照贴图用到的烘焙器，分为 3 种不同的烘焙方案，分别为 Enlighten、Progressive CPU 和 Progressive GPU。对于 Enlighten 方案，目前被标记为废弃（Deprecated）状态，并且将在 Unity 2021.1 及以后的版本中被彻底移除，所以本书不对其进行更加详细的介绍。对于 Progressive CPU 和 Progressive GPU 方案，均为渐进式光照贴图烘焙器，不同的是，在烘焙时使用的硬件不同。顾名思义，前者使用 CPU 进行烘焙计算，而后者使用 GPU。所以，无论选择两者中的哪一个，针对两种方案的一系列参数设置都相同。

渐进式光照贴图烘焙技术是一种基于路径追踪（path-tracing-based）的光照贴图烘焙系统，在烘焙过程中能够使光照贴图在 Unity 编辑器中进行渐进式更新。

Progressive GPU 方案的烘焙速度要远远快于 Progressive CPU 方案的烘焙速度，但并不是所有的 GPU 均能够满足 Progressive GPU 方案所需的硬件要求，所以 Progressive GPU 方案被标记为预览（Preview）状态。Unity 对 Progressive GPU 方案的硬件要求如下。

- GPU 支持 OpenCL 1.2。
- GPU 显存为 4GB 及以上。
- CPU 支持 SSE4.1 指令。

如果硬件设备不满足以上条件，则在烘焙时，Unity 会自动将烘焙方案切换为 Progressive CPU。

Progressive Update 复选框决定是否在烘焙的过程中优先烘焙 Scene 窗口中视口所呈现的区域，若勾选此复选框，则能够在烘焙过程中优先查看容易出现问题的区域，以便及时发现场景中存在的问题并进行修改；若取消勾选此复选框，则 Unity 将在烘焙结束后一次性合成最终的光照贴图，从而提高烘焙速度。

Multiple Importance Sampling 复选框决定是否将多重重要性采样方法用于对环境的采样中。其默认处于禁用状态，若勾选此复选框，则会减少光照贴图生成的时间，但是带来的问题是在一些较暗的地方容易产生噪点。在一般情况下不对其进行勾选，因为时间相对品质来说，品质要相对重要。

Direct Samples、Indirect Samples 和 Environment Sample 三个参数是对不同类型光照的采样次数的设置，分别为直接光照、间接光照和环境光。其中，环境光指的是在 Environment 选项卡中，Environment Lighting 选区的 Source 参数指定的天空盒提供的光照。参数具体数值代表的是从纹素向外发送的采样射线数量，采样次数越多，得到的光照贴图品质越好，烘焙使用的时间也就越长。

Light Probe Sample Multiplier 参数用于设置将多少个样本用于光照探针。数值越高，光照探针烘焙后作用于动态物体上的光照品质越好，相应的烘焙时间将延长。要使设定的数值起作用，需要在 Project Settings 窗口的 Editor 选项卡中取消勾选 Use legacy Light Probe sample counts 复选框。

Max Bounces 和 Min Bounces 两个参数用于设置射线在场景中的最大和最小弹射次数，由于光线会随着弹射次数的增加而衰减，因此太多的弹射次数并不会对光照贴图的品质带来更多的提升，反而会因使用更多计算资源而导致烘焙时间延长。在室内场景中可以使用较高的弹射数值，而对室外场景和具有许多明亮表面的场景则建议使用较小的弹射数值。

Filtering 参数用于选择降噪器和滤镜，对烘焙后的光照贴图中的噪点进行去除。渐进式光照贴图烘焙技术使用的是路径追踪算法，该方案的劣势在于，作为烘焙计算结果的光照贴图，容易出现噪点，如果采样次数设置越小，则光照贴图上的噪点越明显。虽然可以通过增大采样次数的手段降低噪点出现的可能性，但是会延长烘焙时间，并且效果并不理想。所以，要得到品质良好的光照贴图，需要为渐进式光照贴图烘焙器指定相应的降噪器和算法。如图 3-10 所示，在设定了相同采样次数的情况下，通过对降噪处理前后的对比可以看到，左侧图噪点效果非常明显，而右侧图虽然烘焙时间稍许延长，但是经过降噪处理后，噪点基本上不存在。

图 3-10

Filtering 参数默认为 Auto，即自动选择合适的降噪器和滤镜，如图 3-11 所示。如果选择 None，则表示不对光照贴图进行降噪处理。

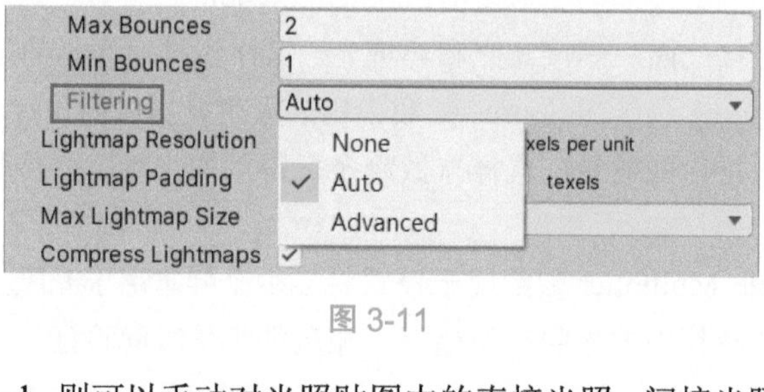

图 3-11

如果选择 Advanced，则可以手动对光照贴图中的直接光照、间接光照和环境光遮蔽分别指定不同的降噪器和滤镜，如图 3-12 所示。

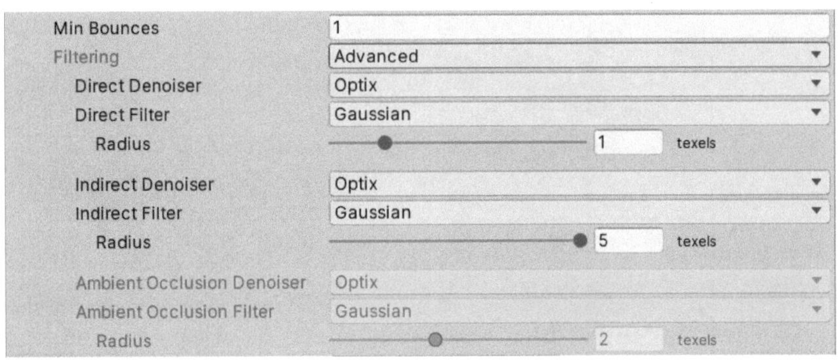

图 3-12

在默认情况下未在后续参数中勾选 Ambient Occlusion 复选框，即不烘焙环境光遮蔽信息，此时针对 AO 的降噪器和滤镜参数均显示为不可编辑状态，待勾选 Ambient Occlusion 复选框后，该组参数将转为可编辑状态。

对于降噪器（Denoiser），在 Unity 中提供了 3 种，分别是英伟达的 Optix、英特尔的 OpenImageDenoise、AMD 的 Radeon Pro，如图 3-13 所示。这 3 种降噪器均通过 AI 算法进行降噪处理，读者可根据所使用的计算机的具体硬件配置进行选择。其中，Optix 降噪器仅支持在 Windows 系统中使用。

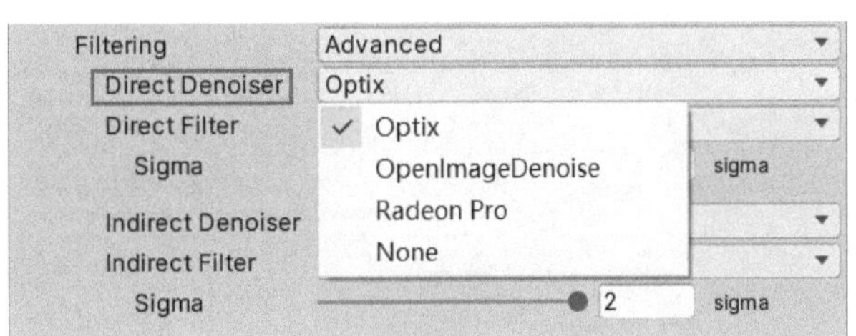

图 3-13

Direct Filter 参数提供了两种滤镜用于对烘焙后的光照贴图中的噪点进行模糊处理，如图 3-14 所示。一种滤镜是 Gaussian，类似 Photoshop 中的高斯模糊滤镜；另一种是 A-Trous 滤镜，除对噪点进行模糊处理外，还会考虑到游戏对象间的接触边缘。

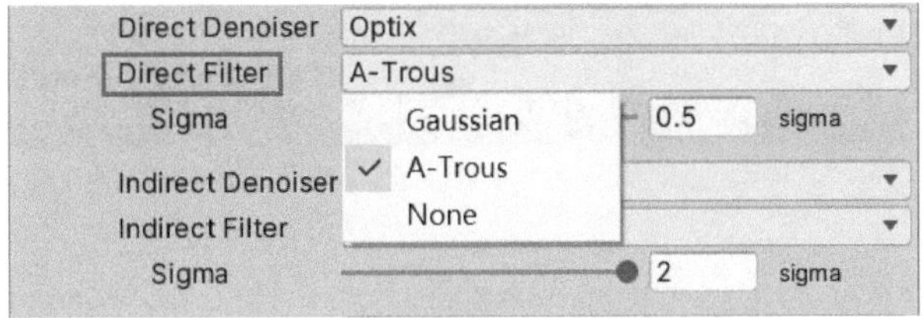

图 3-14

如图 3-15 所示，左侧图为 Gaussian 滤镜的处理效果，右侧图为 A-Trous 滤镜的处理效果。我们可以看到，使用 Gaussian 滤镜处理的图像，立方体有比较明显的“漂浮”现象；而使用 A-Trous 滤镜处理的图像，图中的立方体与地面接触的效果较为明显。在通常情况下，建议选择使用 A-Trous 滤镜。

图 3-15

Sigma 参数可以调整保留细节或光照模糊的程度，较高的 Sigma 值可以提高模糊强度并减少噪点，但可能会导致光照贴图中的细节丢失。仅当将 Direct Filter 参数设置为 A-Trous 时，此选项才可用。

Lightmap Resolution 参数用于控制光照贴图的分辨率，表示每个单位所包含的纹素数量。参数值越大越能提高光照贴图的质量，但会延长烘焙贴图的时间。如图 3-16 所示，可以在 Scene 窗口的 Baked Lightmap 视图中对 Lightmap Resolution 参数效果进行查看。

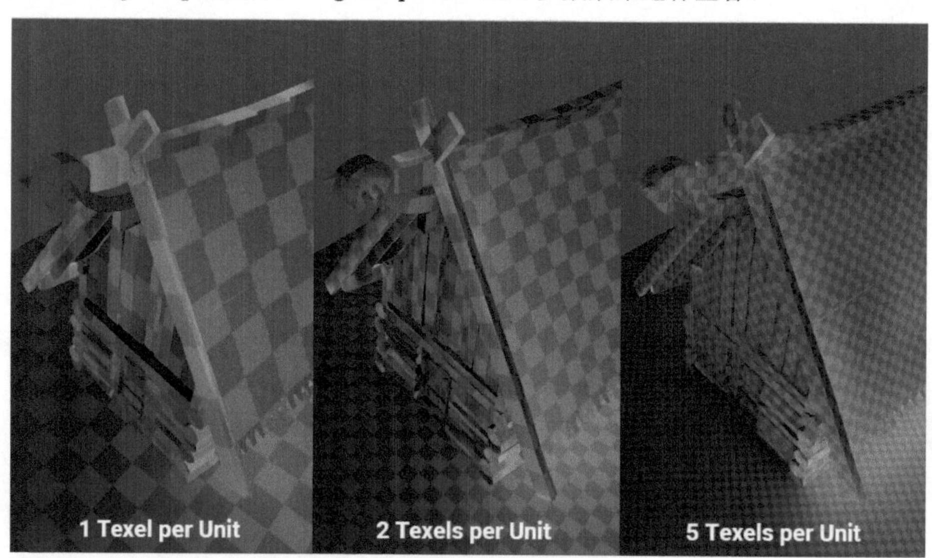

图 3-16

Lightmap Padding 参数用于指定烘焙光照贴图中不同 UV 块之间的间距（以纹素为单位）。对该参数的设置，能够在一定程度上减少烘焙光照贴图后出现的“溢色”现象。

Max Lightmap Size 参数用于设置光照贴图的大小(以像素为单位，即长宽)，默认值为 1024。

Compress Lightmaps 复选框用于设置是否对烘焙后的光照贴图进行压缩。压缩后体积会变小，相应地，会有一定的品质的损失。

Ambient Occlusion 复选框用于设置是否烘焙场景中的环境光遮蔽信息。

Directional Mode 参数用于设置是否使用特定的光照贴图存储关于游戏对象表面上每个点

的主要入射光的信息。这个参数有两个可以选择的模式，分别为 Non-Directional 和 Directional，如图 3-17 所示。

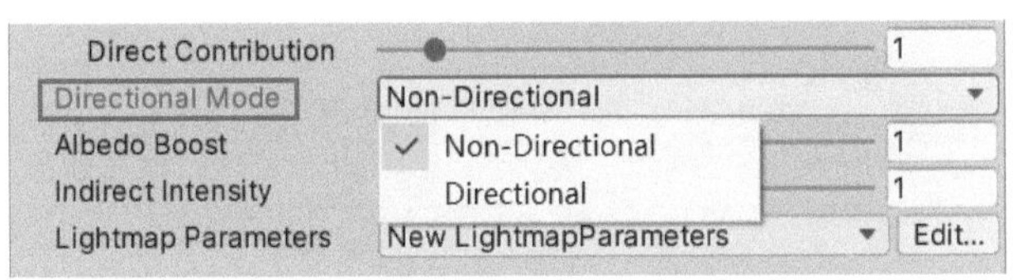

图 3-17

如果选择 Directional 模式，则在烘焙光照贴图时，Unity 将再生成一张光照贴图用于存储入射光的主要方向，以便更好地呈现模型上使用到的法线贴图。但是，由于会额外生成一张光照贴图，因此最终得到的光照贴图要比原来的大一倍。所以，如果对品质没有额外的特殊需求，一般选择 Non-Directional 模式。

Albedo Boost 参数用于控制 Unity 在各物体表面间反弹的光量，数值范围为 1～10。如果将数值增大，则 Unity 将加强场景中材质的反照率。

Indirect Intensity 参数用于控制实时和烘焙光照贴图中存储的间接光照的亮度，数值范围为 0～5。大于 1 的值会提高间接光的强度，而小于 1 的值则会降低间接光的强度，默认值为 1。相当于对光照贴图进行后处理，调整贴图中关于间接光照的强度，而不是设置场景中具体光源的亮度。

Lightmapping Settings 选区的最后一个参数是 Lightmap Parameters，提供了 4 组不同品质的光照贴图参数，也可以选择 Create New 选项创建一个光照贴图参数配置文件，如图 3-18 所示。

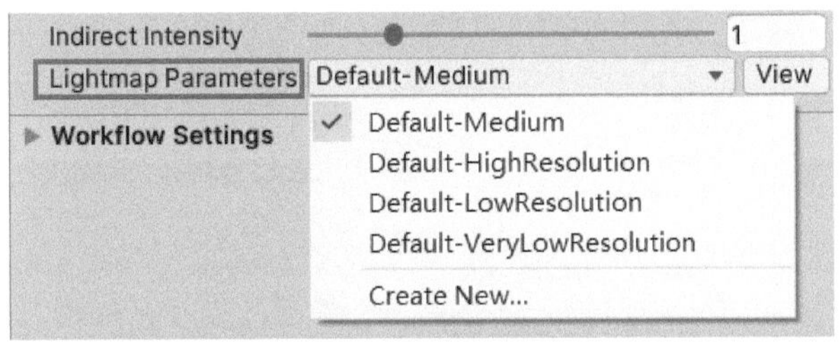

图 3-18

对于该参数的设置，需要提供一组与光照贴图参数相关的参数，类似于光照设置（Lighting Settings）的参数组织形式，这些参数也被存放在一个配置文件中，该文件类型为 Lightmap Parameters，如图 3-19 所示。

Lightmap Parameters 可以用来为不同类型的游戏对象或者为不同平台和不同场景类型（例如，室内或室外场景）创建优化的预设，不仅可以在 Lighting 窗口中指定全局的光照贴图参数，还可以单独指定某一游戏对象的参数预设。如图 3-20 所示，在游戏对象的 Mesh Renderer 组件的 Lightmapping 选区中，对 Lightmap Parameters 参数进行设定。

限于本书主题和篇幅，对于 Lightmap Parameter 参数将不再展开介绍，读者可以参考 Unity 官方中文文档关于光照贴图参数资源部分的介绍，进行更加深入的了解。

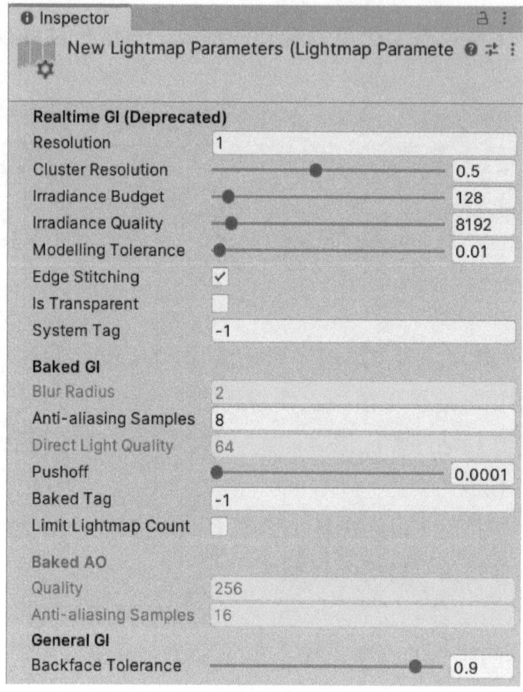

图 3-19

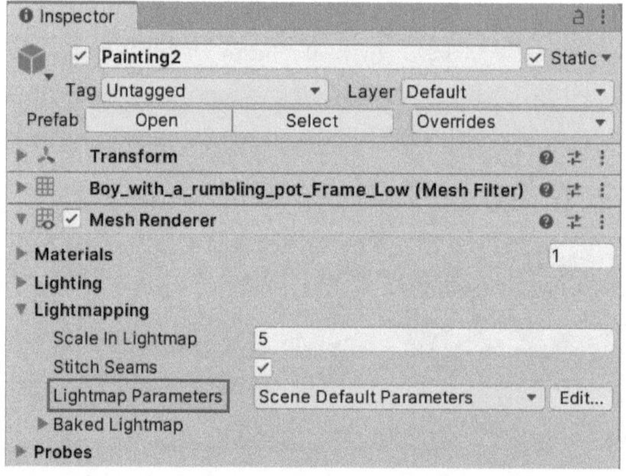

图 3-20

4. Workflow Settings 选区中的参数

在 Workflow Settings 选区中，可以设置的参数只有 Light Probe Visualization，是对场景中光照探针可视化的设置，如图 3-21 所示。

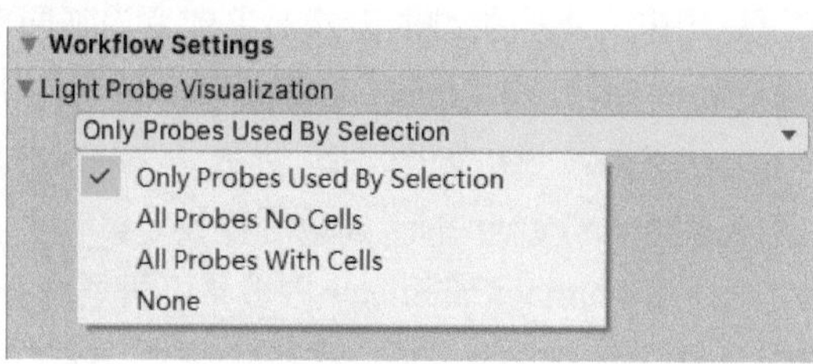

图 3-21

默认该参数值为 Only Probes Used By Selection，即如果在 Scene 窗口中选择某一动态游戏对象，则仅显示作用于该游戏对象的相关光照探针，如图 3-22 所示。

图 3-22

选择 All Probes No Cells 选项或 All Probes With Cells 选项，此时将在 Scene 窗口中显示所有添加到场景中的光照探针。

3.2.3　Environment 选项卡中的参数

在 Environment 选项卡中，对环境内容和光照进行设置。该选项卡的设置不仅是服务于烘焙光照贴图的工作流程，还是对场景环境（如天空盒、雾效等元素）的设置。即使不进行光照贴图的烘焙，也有必要在此选项卡中进行相关的设置。因为无论是室内场景还是室外场景，本质上都是将模型放置在一个外部的自然环境中（如在地球上），甚至是星际空间中，所以无论哪种场景，都要受周围环境光照的影响。

1. Environment 选区中的参数

Skybox Material 参数。在 Unity 中，天空盒是一种材质，可以在 Project 窗口中右击，在弹出的快捷菜单中选择 Create→Material 命令创建一个材质。在 Shader 参数中，选择 Skybox 分类下的任意一种即可，如图 3-23 所示。

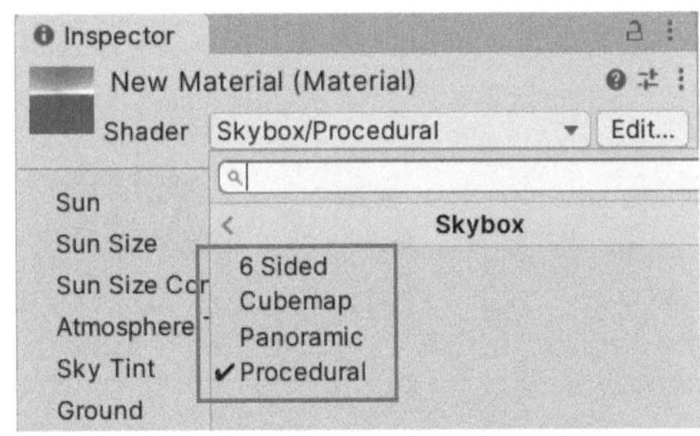

图 3-23

Sun Source 参数用于指定场景中用于代表太阳的光源，一般为场景中的平行光。如果天空盒使用了 Procedural 类型的着色器，一旦为 Sun Source 参数指定了代表太阳的光源，随着 Directional Light 角度的旋转，天空盒中的“太阳”也会随之进行位置的改变，如图 3-24 所示。

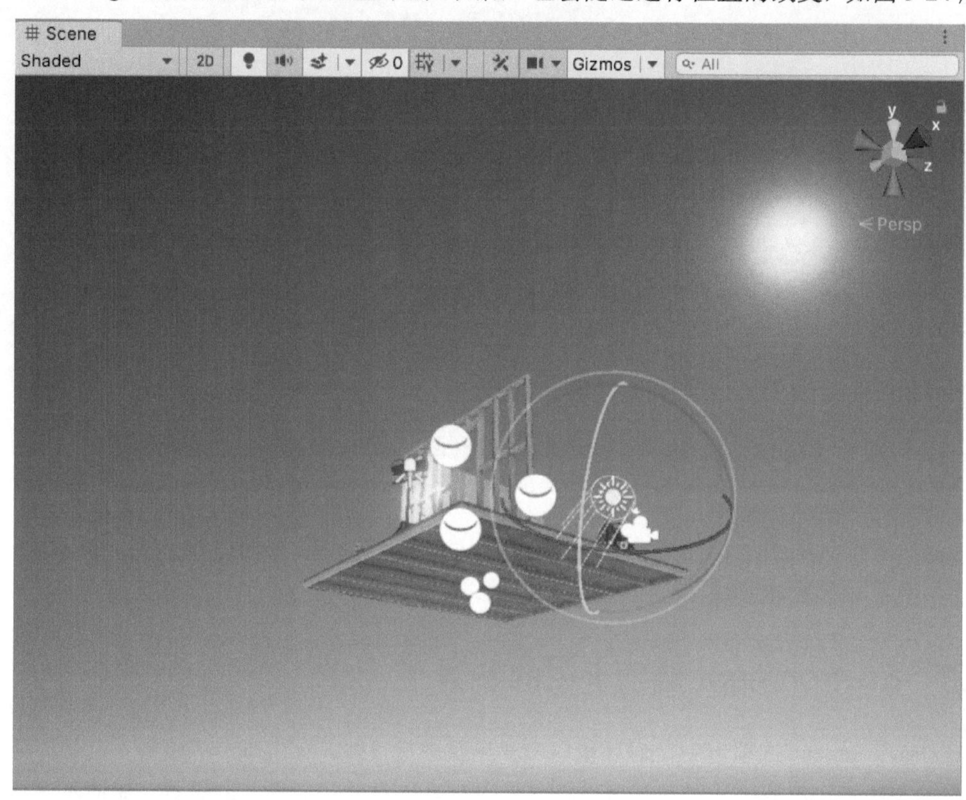

图 3-24

Sun Source 参数，可以用于制作日月循环效果，通过动态改变 Directional Light 的角度，从而能够模拟 24 小时之内太阳位置的变化。

Realtime Shadow Color 参数用于设置实时阴影的颜色。

2. Environment Lighting 选区中的参数

在 Environment Lighting 选区中，Source 参数用于指定提供环境照明的来源，默认为 Skybox，对应 Skybox Material 参数中指定的天空盒，如图 3-25 所示。此时，对应天空盒的 Intensity Multiplier 参数可用于设置环境光强度，数值范围为 0～8，默认值为 1。

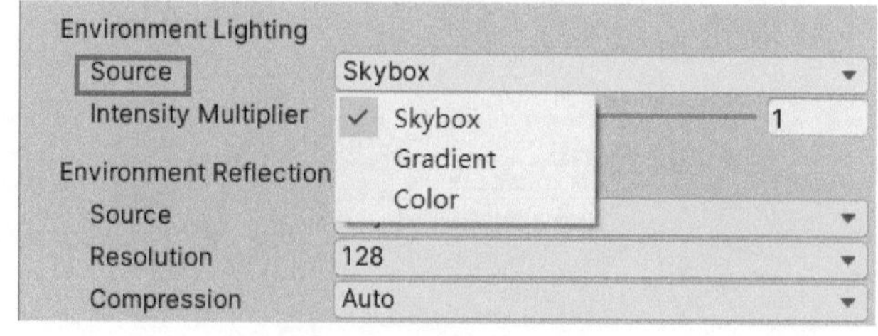

图 3-25

环境的照明可以指定来源，若选择 Gradient 选项，则需要分别为 Sky Color、Equator Color 和 Ground Color 这 3 个参数指定相应的颜色，如图 3-26 所示。环境根据 3 种颜色呈现自顶向下的渐变，可用于塑造超现实风格场景。

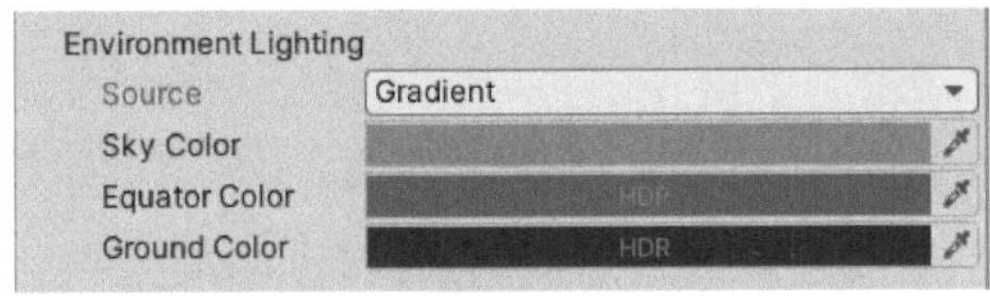

图 3-26

若将 Source 参数设置为 Color，则只对环境光使用单一颜色，如图 3-27 所示。

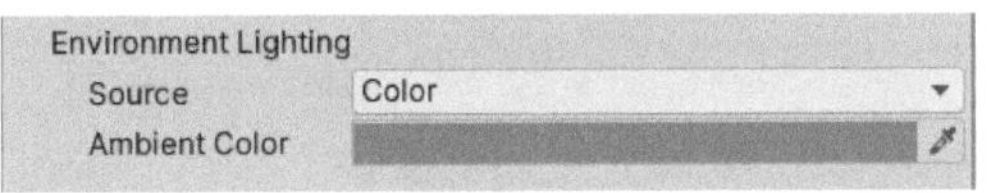

图 3-27

3．Environment Reflections 选区中的参数

Environment Reflections 选区相关参数对反射探针和反射效果进行全局设置。其中，Source 参数用于指定反射效果的来源，包括 Skybox 和 Custom 两个选项，如图 3-28 所示。

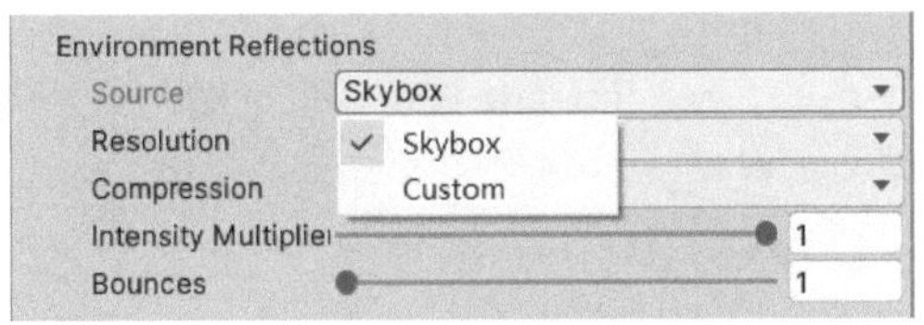

图 3-28

当将 Source 参数指定为 Skybox 时，天空盒将作为反射来源，同时可以在 Resolution 参数中设置其反射分辨率；当将 Source 参数指定为 Custom 时，需要在 Cubemap 参数中指定一个自定义立方体贴图，如图 3-29 所示。

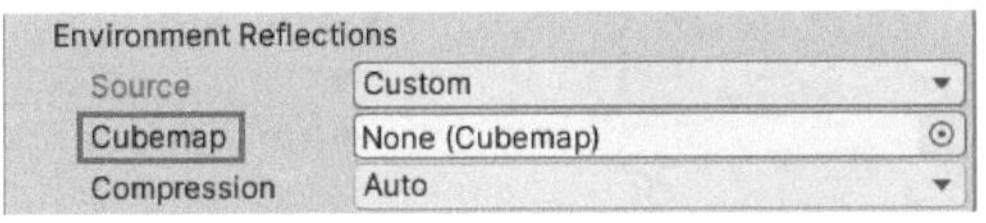

图 3-29

Compression 参数用于设置是否对反射来源使用此功能，可以定义是否压缩反射纹理。默认设置是 Auto，如图 3-30 所示。

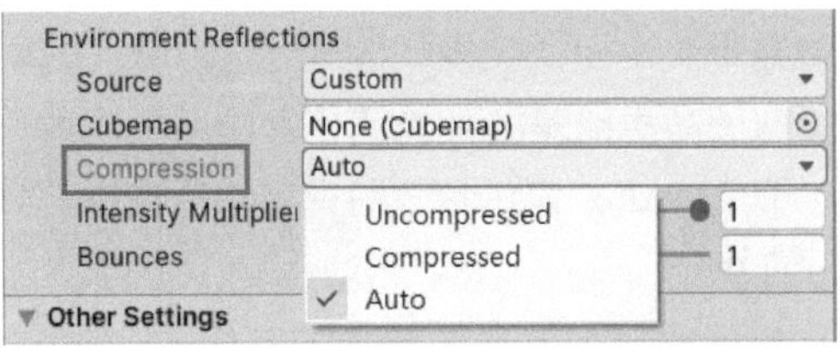

图 3-30

Intensity Multiplier 参数用于设置反射效果作用于物体上的强度。

当来自一个游戏对象的反射被另外一个游戏对象反射时，反射会继续反弹。使用 Bounces 参数可设置反射探针评估对象之间来回反弹的次数。如果设置为 1，则 Unity 只考虑初始反射。

3.2.4 Baked Lightmaps 选项卡

在 Baked Lightmaps 选项卡中存放烘焙后得到的光照贴图列表，根据项目场景规模和光照贴图参数设置，一次烘焙可以得到一张以上的光照贴图，在每张光照贴图右侧会显示关于此光照贴图的简要信息，包括 Size、Format、Compressed 等，如图 3-31 所示。

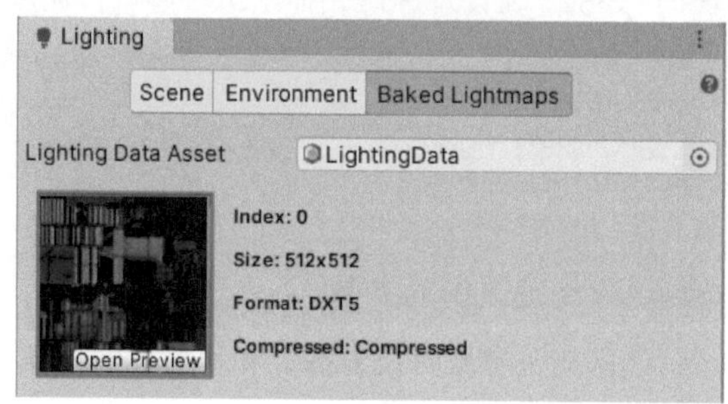

图 3-31

单击每张光照贴图右下角的 Open Preview 按钮，可以对光照贴图进行放大查看。在预览窗口中，单击右上角下拉按钮，可以切换不同视图查看烘焙结果，如图 3-32 所示。其中，比较重要的是 Baked Texel Validity 和 Baked UV Overlap 视图，可以分别对光照贴图的纹素有效性和是否存在 UV 重叠情况进行查看，以便快速发现烘焙结果中存在的异常，本书将在后续章节中进行详细介绍。

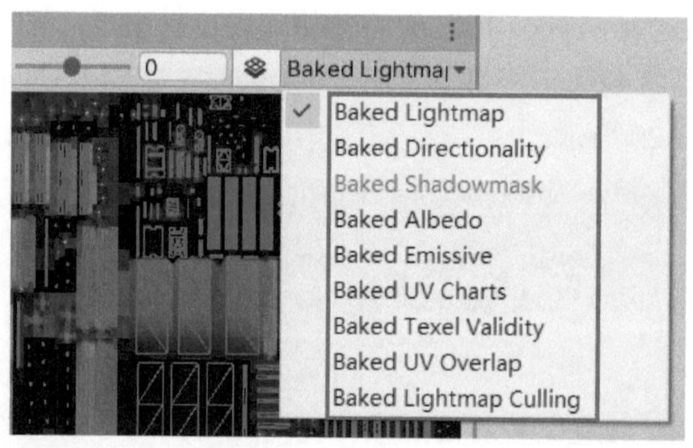

图 3-32

烘焙光照贴图的相关参数设置主要是集中在 Scene 选项卡，具体是对 Lightmapping Settings 配置文件的设置。决定光照贴图品质的是各类光照信息的采样次数和降噪器的选择，这些参数是相对比较重要的参数。对于 Lighting 窗口参数的设置，建议以光照信息三要素（直接光照、间接光照、阴影）为核心进行思考。

更多关于 Lighting 窗口参数的中文说明，可以参考 Unity 中文文档关于 Lighting 窗口部分的介绍。

3.3 项目基础布光设置

本节将初步实现场景的光照设置，包括主光源、基础材质、URP 配置文件的设置等。

3.3.1 场景光照来源分析

在将 VR 博物馆项目用到的模型放置到场景中以后，由于默认自带了一个平行光，以及场景当中也有一个天空盒，因此场景模型的外部是能够被照亮的。

项目创建后，在场景中默认带有一个平行光，同时存在一个天空盒 Default-Skybox，所以模型外部都能够被照亮。而在模型内部，并没有太多的光照信息，只有两侧的玻璃门位置能够透过少量的平行光，这是因为玻璃门位置的模型为单面，所以光线在此区域不被遮挡，如图 3-33 所示。

图 3-33

MuseumVR 是一个室内场景项目，所有的程序交互和体验均在场景模型的内部进行。要照亮整个房间，光线一方面是来自外部自然光，另一方面来自场景内部的人工光源。

对于外部自然光，除场景中的 Directional Light 外，容易忽略的是由 Environment Lighting 提供的照明。在 Unity 编辑器中选择 Window→Rendering→Lighting 命令，打开 Lighting 窗口，在 Environment 选项卡的 Environment 选区中，可以指定环境光的来源（Source），默认来自天空盒且由 Skybox Material 参数指定天空盒材质，如图 3-34 所示。

本书将在后续章节中对 Lighting 窗口的相关参数进行详细介绍。

对于室内人工光源，在未来的场景编辑过程中将添加部分用于照亮作品的射灯（Spotlight），在房间两侧玻璃门附近将分别添加一个面光源（Area Light），用于加强呈现由外部照射进来的光线，以便达到更加真实的光照效果。

图 3-34

3.3.2 制作玻璃材质

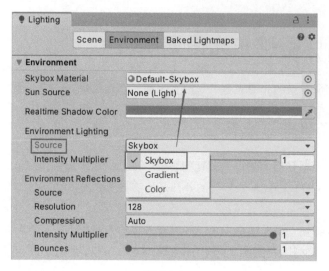

在场景模型中，能够透过光线的区域主要为模型顶部的玻璃窗阵列（对应游戏对象为 TopGlassWindow）和房间两侧的玻璃门（对应游戏对象为 DoorGlass），如图 3-35 所示。

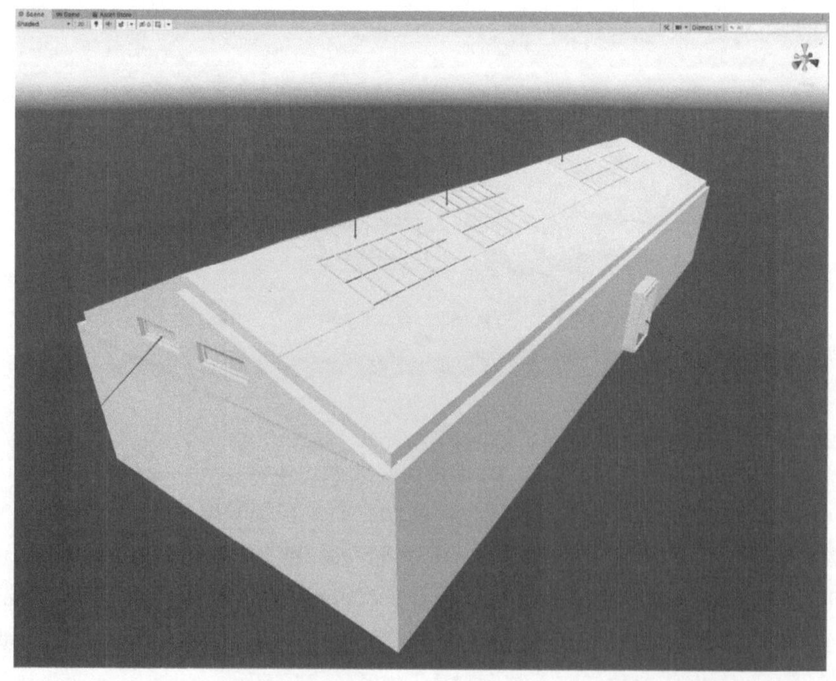

图 3-35

玻璃门由于是单面模型，因此能够使光线照射到室内；而顶部玻璃窗阵列由于没有透明效果，目前还不能使光线照射进来，因此需要对其进行材质设置，塑造一种玻璃表现。

创建玻璃材质，具体操作步骤如下。

（1）在 Project 窗口中右击，在弹出的快捷菜单中选择 Create→Material 命令，创建一个 URP 默认材质，并将其命名为 Glass。

（2）在 Project 窗口中右击，在弹出的快捷菜单中选择 Create→Folder 命令，创建一个文件夹，并将其命名为_Materials，用于存放项目中创建的所有材质。

（3）将 Glass 材质拖入_Materials 文件夹中，如图 3-36 所示。

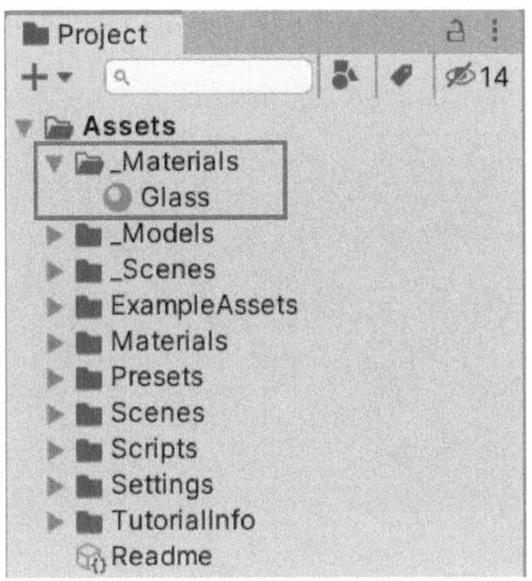

图 3-36

（4）选择 Glass 材质，在 Inspector 窗口中将 Surface Type 参数设置为 Transparent，使材质呈现透明效果。

（5）创建玻璃材质后，在 Hierarchy 窗口中选择目标游戏对象——TopGlassWindow，将 Glass 材质拖到 Inspector 窗口的空白区域，完成材质的指定。此时场景中的光线能够透过 TopGlassWindow 游戏对象照射到场景中，如图 3-37 所示。

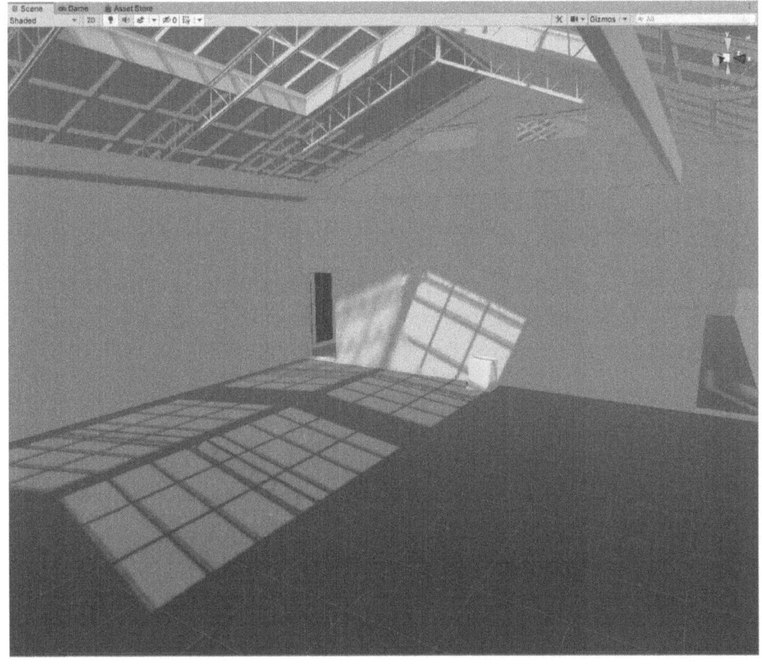

图 3-37

此时在场景内部看到的玻璃窗并没有透明效果，所以需要对玻璃材质做进一步处理。在 Project 窗口中选择 Glass 材质，在 Inspector 窗口中，依次进行如下设置。

（1）单击 Base Map 右侧的颜色选择框，将透明度 Alpha（颜色 A 通道）属性值设置为 65。

（2）将 Metallic Map 整体属性值设置为 1，从而使其具有金属表现。

（3）将 Smoothness 属性值设置为 0.9，从外观表现上有足够的反射效果。

调整后的效果如图 3-38 所示。虽然玻璃门能够透过光线，但是也需要能够在场景内部呈现透明玻璃的效果，所以一并为其指定创建的玻璃材质。

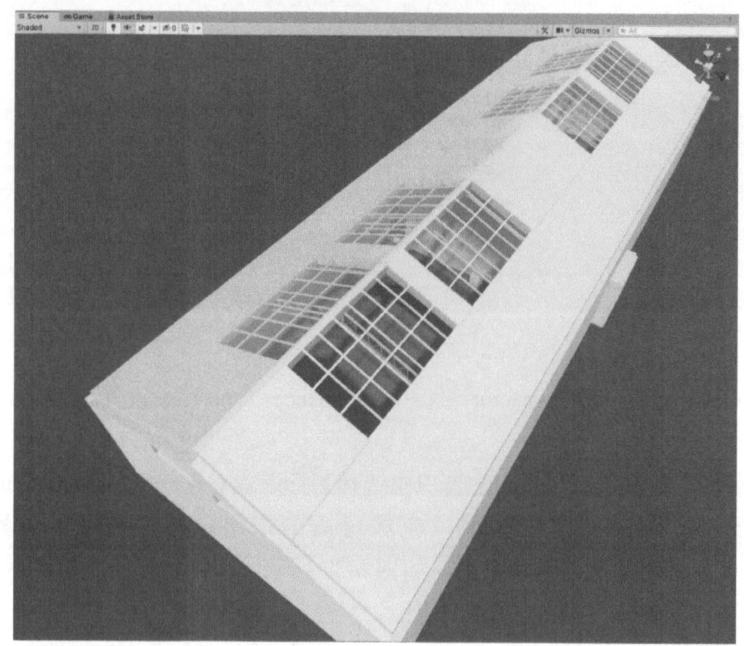

图 3-38

3.3.3 调整 URP 配置文件的相关参数

在 Project 窗口的 Settings 文件夹中，选择 URP 使用的 Pipline Asset 配置文件 UniversalRP-HighQuality。在 Inspector 窗口的 Shadows 选区中，可以对渲染管线的阴影呈现机制进行设置，如图 3-39 所示。通过设置相关参数，从而控制阴影的效果和呈现方式，使其在品质和性能之间达到良好的平衡。

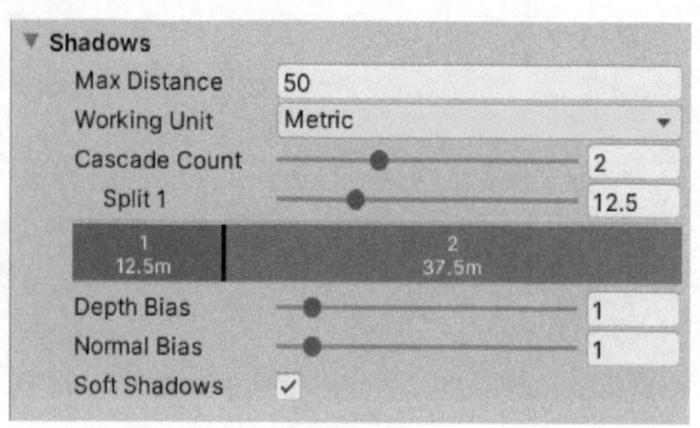

图 3-39

1．Max Distance 参数

在配置文件的 Shadows 选区中，Max Distance 参数决定 Unity 在渲染阴影时距离场景摄像机的最大距离，如果超出该距离，Unity 将不再呈现阴影。如果将该参数值设置为在程序体验过程中体验者的最大可视距离，则在体验者看不到的区域，阴影将不再渲染或计算，从而达到节约系统资源的目的。

如图 3-40 所示，在顶视图中，一个辅助网格宽度为 10 米，结合 VR 博物馆项目实际，场景模型的 Z 轴跨度为 40 米～50 米，因此可以将 Max Distance 参数设置为 45～50 的数值。不同的项目具有不同规模的场景，需要结合具体的项目对 Max Distance 参数进行设置，力求在性能和表现中达到平衡。如果数值太小，则阴影在比较远的可视范围内可能得不到呈现；如果数值太大，则会带来不必要的性能消耗。

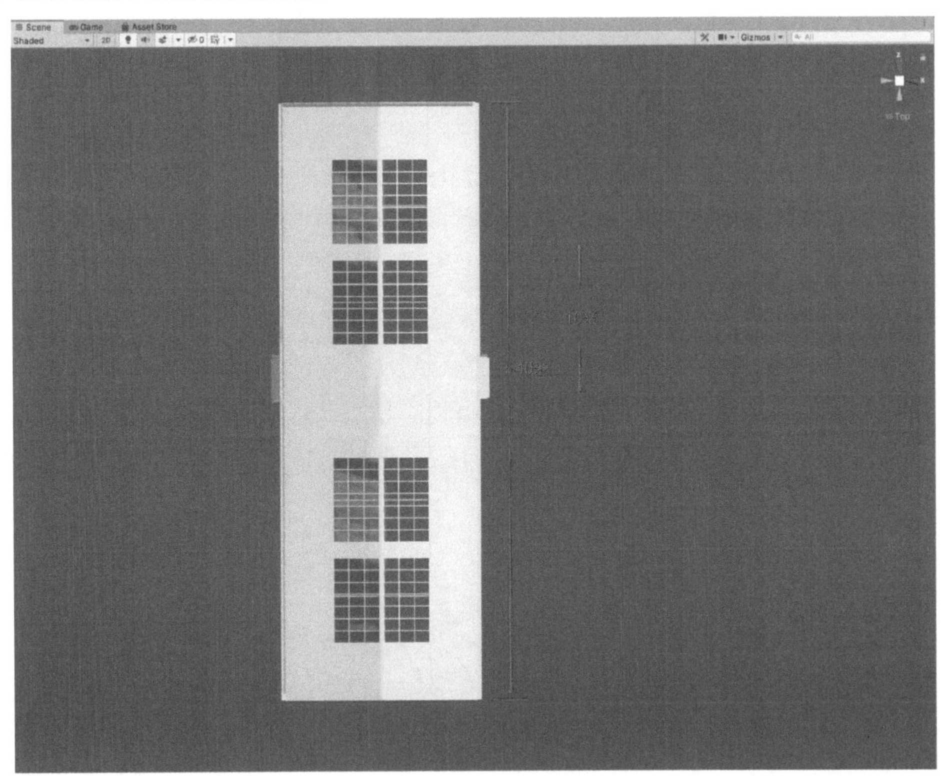

图 3-40

2．Shadow Cascade 相关参数

从平行光产生的实时阴影在靠近摄像机时会出现像素化，而像素化必然会带来不同程度的锯齿。在 3D 空间中，同一个光源投射的阴影，距离摄像机较近的阴影锯齿现象较为明显。在 Unity 中，使用 Shadow Cascade 技术可以解决阴影呈现时的锯齿问题。通过这项技术，能够有效避免阴影锯齿。

在 URP 中，可以通过配置文件中的 Cascade Count 参数为阴影的呈现设置 4 个不同等级的级联。每一个级联（Split）对应一种级别的阴影呈现品质，随着摄像机观察阴影的距离由近及远逐级递减。调整 Split 参数，使阴影在设定的与摄像机的距离范围内呈现对应的品质。Cascade

Count 参数值越大，阴影受透视锯齿的影响就越小，但是会增加渲染开销。在 VR 博物馆项目中，可以将其设置为 3。

随着场景中摄像机位置的远近，对于阴影的呈现，时常出现一条模糊与清晰的分界线。在分界线之外，阴影表现相对模糊；在分界线之内，阴影表现相对清晰。这是因为阴影同时处于两个不同的 Split 范围内造成的。鉴于当前场景被分为跨度近似的两个房间，要解决此类问题，可以将 Split 1 参数设置为摄像机在每个房间中的最大可视范围，即将 Split 1 参数值设置为 20。将 Split 2 参数值设置为 30，由于所有 Split 参数是对 Max Distance 参数的分割，因此最后一个 Split 参数是自动计算得出的。除此之外，还可以拖动 Split 参数下方的可视化 UI 中的色块进行相同的设定，区别在于，可视化 UI 中每个色块上显示的距离为两个 Split 之间的区间距离。

Shadow Cascade 参数的功能类似于 Unity 的 LOD（Level of Detail）技术，通过摄像机与观察对象的距离呈现不同品质的对象。在 LOD 中，观察对象为模型，在 Shadow Cascade 参数中，观察对象为阴影。

3. Normal Bias 参数

Normal Bias 参数用于控制阴影投射面沿表面法线收缩的距离。在未给玻璃窗赋予玻璃材质时，能够在场景中看到少量的光线从房间顶部透过，形成类似“漏光”的现象，如图 3-41 所示。

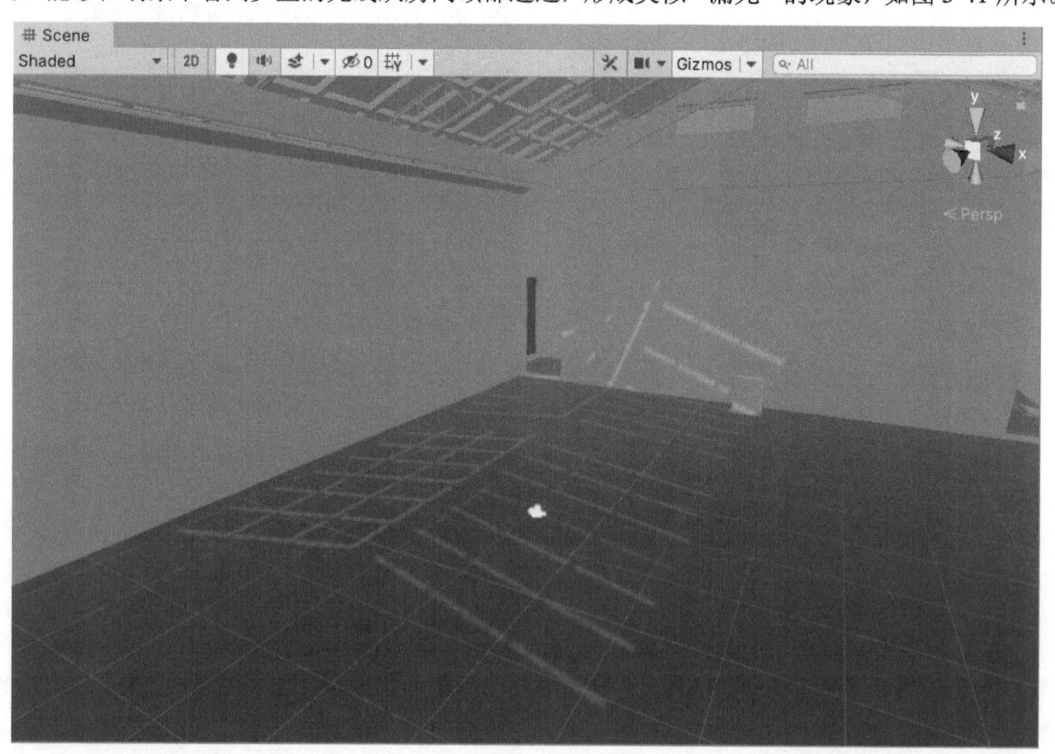

图 3-41

要解决此类问题，可以调整 Normal Bias 参数，将其设置为 0。另外，对于此类“漏光”现象的产生，也可以在相关游戏对象的 Mesh Renderer 组件中，将 Cast Shadow 参数设置为 Two Sided，但该参数的设置可能更占用资源并在渲染场景时增加性能开销。

3.4 烘焙光照贴图

本节将根据前面章节介绍的理论和参数，为 MuseumVR 项目烘焙场景的光照贴图。

3.4.1 应用临时材质

打开项目主场景 MainScene，观察场景中游戏对象的材质，目前多数使用了导入前赋予的 MaterialUVCheck 材质和默认材质。这些材质在 Inspector 窗口中均不能进行参数设置，为不可编辑状态，因此有必要在烘焙之前为游戏对象赋予一个可编辑的临时材质，并在后续场景编辑过程中逐步将其替换为项目需要的材质。

在 Project 窗口中选择 Materials 文件夹并右击，在弹出的快捷菜单中选择 Create→Material 命令，创建一个 URP 默认材质，并将其命名为 TempMat。此时，临时材质 TempMat 被创建在 Materials 文件夹中。调整材质参数，将颜色设置为纯白，同时为了使单面模型呈现双面效果，建议将材质的 Render Face 参数设置为 Both，使 URP 渲染模型的两面。

按住 Alt 键，在 Hierarchy 窗口中单击 MuseumEnvironment 节点左侧的箭头，递归展开此游戏对象包含的所有子节点，将临时材质 TempMat 应用到除使用 Glass 材质以外的游戏对象上。需要注意的是，在包含的子节点中，并不是所有的子节点都在场景中可见，因为这些子节点仅仅是某些游戏对象的父容器，仅从逻辑上对其包含的子节点进行组织，所以不能为其赋予材质。不对其赋予临时材质的节点为 Door、DoorGlass、Lights 和 TopGlassWindow。

另外，对场景中主光源 Directional Light 的照射角度进行调整，以符合室内直接光照的表现。对于光源角度的调整，相对比较主观，没有特定的要求，读者可参考数值（55,-10）。调整后的光源在房间中的表现如图 3-42 所示。

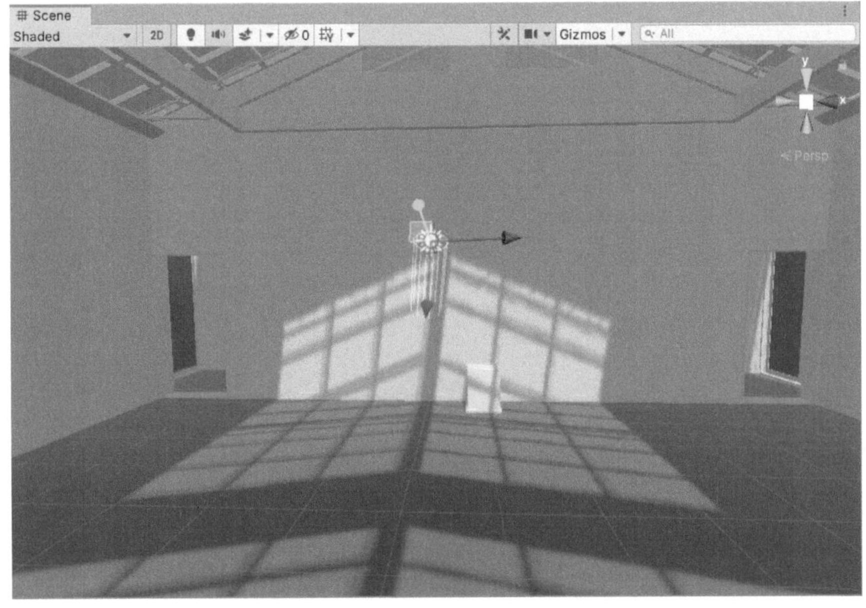

图 3-42

检查 Directional Light 的模式，确保 Mode 参数为 Mixed，以便后续在 Lighting 窗口中设置照明模式，如图 3-43 所示。

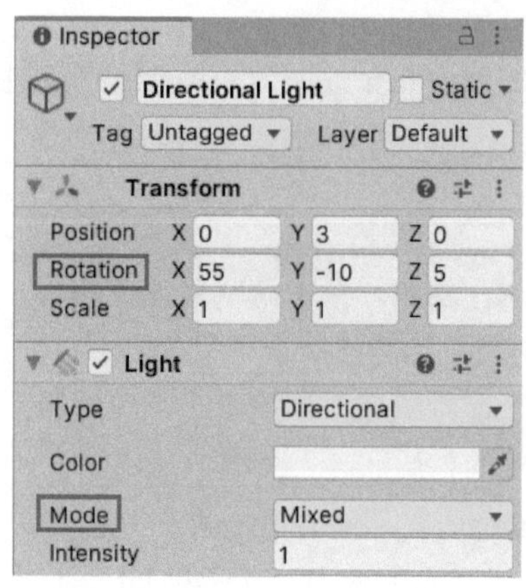

图 3-43

3.4.2 设置游戏对象参与烘焙光照贴图

在烘焙光照贴图之前，首先需要确定有哪些游戏对象能够参与烘焙光照贴图，将这些游戏对象标记为静态（Static）。只有将游戏对象设置为静态，在烘焙光照贴图时才能计算受其影响的间接照明，待光照贴图烘焙完成后，光照贴图才能通过该游戏对象的第二套 UV 信息呈现到此游戏对象上。

将游戏对象标记为静态有两种方法。一种方法是，选择游戏对象，单击 Inspector 窗口右上角 Static 参数右侧的下拉按钮，在下拉列表中选择 Contribute GI 选项，如图 3-44 所示。

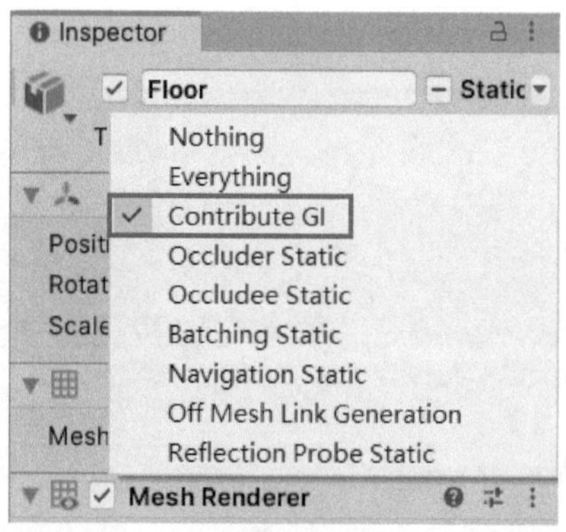

图 3-44

需要注意的是，不同的 Unity 版本，对应此项的名称会有区别。

另一种方法是，可以在游戏对象的 Mesh Renderer 组件的 Lighting 选区中，勾选 Contribute Global Illumination 复选框，如图 3-45 所示。

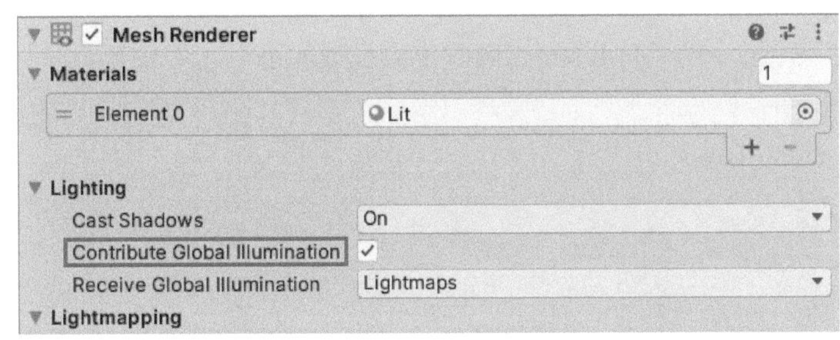

图 3-45

使用以上介绍的任一方法，在 Hierarchy 窗口中，选择 MuseumEnvironment 游戏对象下的所有子节点，按住 Ctrl 键，依次选择 Lights 节点及其包含的所有子节点 Light1～Light6，将代表射灯的 6 个游戏对象排除，将选中的游戏对象设置为静态。

之所以将 6 个射灯游戏对象设置为静态，是因为在本场景中，它们处于房间顶部，不容易被观察到，同时它们对全局照明的计算贡献不大，如果将其设置为静态，则需要占有一部分光照贴图空间。在后续的章节中，我们将借助这 6 个射灯，介绍光照探针的使用。

需要注意的是，一旦将游戏对象标记为静态，则在后续 VR 交互开发中，游戏对象将不能响应与其位置移动相关的交互，如抓取。

3.4.3　设置 Lighting Settings 参数

如前所述，与照明设置相关的参数设置，可以选择之前创建的 Lighting Settings 类型配置文件 LightingSettings-LowAndFast，在 Inspector 窗口中进行设置，也可以在 Lighting 窗口中的 Scene 选项卡中进行设置。对于后者，需要确保已经将 Lighting Settings 类型配置文件设置到了 Scene 选项卡的 Lighting Settings 参数中。由于创建 LightingSettings-LowAndFast 配置文件是为了快速测试，因此可以将相关参数设置为比较小的数值。

打开 Lighting 窗口，在 Scene 选项卡中将 Lighting Mode 参数设置为 Baked Indirect，即场景中的主光源 Directional Light 提供实时直接照明，将其提供的间接照明烘焙到光照贴图中。

如果计算机满足条件，将 Lightmapper 参数设置为 Progressive GPU，从而有效缩短烘焙时间。

各种光照信息的采样次数设置如下。

- Direct Samples：16。
- Indirect Samples：256。
- Environment Samples：128。
- Light Probe Sample Multiplier：3。
- Max Bounces：2。
- Min Bounces：1。

将 Filtering 参数设置为 Advanced，手动选择各种光照信息元素的降噪器和降噪滤镜。针对不同计算机的显卡配置，选择合适的降噪器：如果使用英伟达显卡，则选择 Optix 降噪器；如果使用 AMD 显卡，则选择 Radeon Pro 降噪器；如不确定，则选择 OpenImageDenoise 降噪器。

以使用英伟达显卡为例，降噪器和降噪滤镜的参数设置如下。

- Direct Denoiser：Optix。
- Direct Filter：A-Trous。
- Sigma：0.5。
- Indirect Denoiser：Optix。
- Indirect Filter：A-Trous。
- Sigma：2。

勾选底部的 Ambient Occlusion 复选框，烘焙环境光遮蔽信息，此时针对 AO 的降噪器和降噪滤镜变为可编辑状态，具体参数设置如下。

- Ambient Occlusion Denoiser：Optix。
- Ambient Occlusion Filter：A-Trous。
- Sigma：1。

其他参数设置如下。

- Lightmap Resolution：30，即每个单位包含 30 个纹素。
- Compress Lightmaps：取消勾选，即不对光照贴图进行压缩。
- Directional Mode：Non-Directional，即不额外烘焙一张存储入射光主要方向的光照贴图。

对于本次设置没有提及的参数，使其保持默认设置即可。

在参数设置完成后，单击 Lighting 窗口右下角的 Generate Lighting 按钮，开启烘焙流程。在烘焙过程中，随着 Scene 窗口中视口的改变，会优先烘焙视口可见的区域，这是勾选 Progressive Update 复选框的作用。

同时，在 Lighting 窗口底部会实时显示当前烘焙进程信息及烘焙剩余时间，单击该区域，会弹出更加详细的烘焙流程信息，如图 3-46 所示。

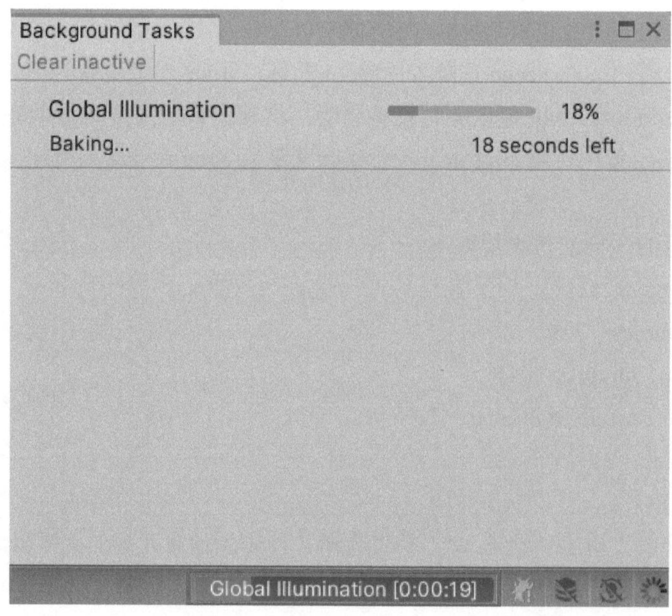

图 3-46

在后续的烘焙工作中，可以在 Workflow Settings 选区的 GPU Baking Device 参数中选择用于烘焙的 GPU，如图 3-47 中 1 处所示。如果有多显卡设置，则可以在此选择性能相对较高的设备。

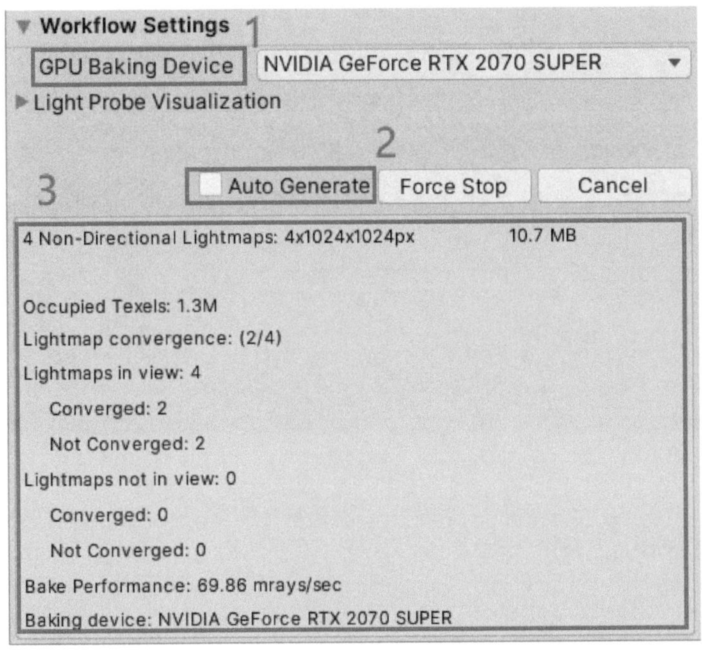

图 3-47

取消勾选 Auto Generate 复选框，如图 3-47 中 2 处所示。如果勾选此复选框，则在场景编辑过程中，每次场景内容发生改变时，Unity 都将开启烘焙工作，从而导致编辑过程出现卡顿问题。

在烘焙进行过程中及烘焙结束后，会在 Lighting 窗口底部显示关于此次烘焙的性能指标，包括光照贴图数量及大小、处理的纹素数量（Occupied Texels）等信息，如图 3-47 中 3 处所示。其中，比较明显的对比指标是烘焙性能（Bake Performance）和烘焙总用时（Total Bake）。Bake Performance 表示每秒发送的射线数量，图中显示为每秒发送 69.86 兆射线。作为对比测试，读者可将烘焙器（Lightmapper）切换为 Progressive CPU 进行烘焙。查看该项参数后发现，相对于 Progressive CPU 烘焙器，Progressive GPU 烘焙器能够带来倍数级别的烘焙性能提升。

同样作为对比测试，读者可以将 Filtering 参数设置为 None。烘焙光照贴图后发现，场景中存在大量明显的噪点。

还原 Filtering 参数的设置，再次烘焙光照贴图，最终效果如图 3-48 所示。

我们可以看到，房间在间接光照影响下被照亮，同时在诸如墙面与地面等夹角处，由于烘焙了场景的 AO（Ambient Occlusion）信息，因此呈现了较好的层次感。

最后，在烘焙过程中，可以关闭一些系统中比较占用显卡资源且与 Unity 编辑器无关的进程，以便提高烘焙速度。在烘焙过程中通过关闭或不显示 Scene 窗口，也能适当提高烘焙速度。

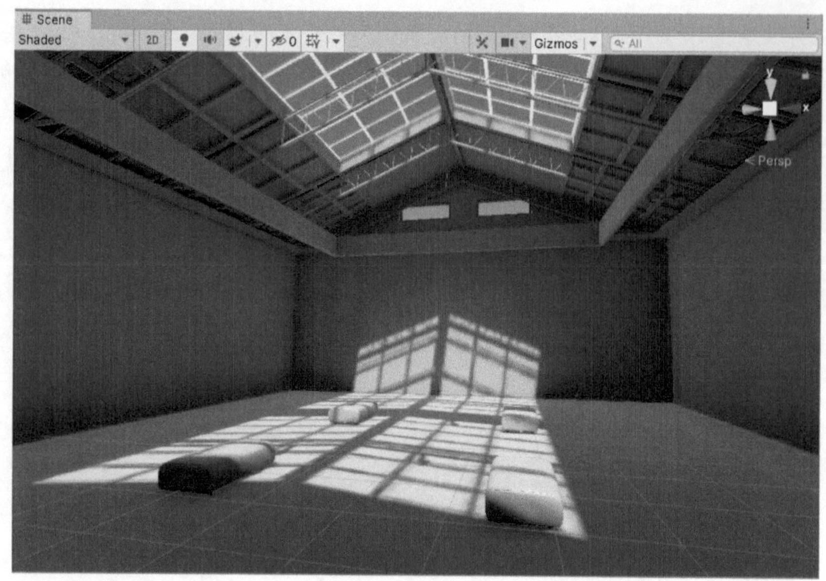

图 3-48

3.4.4 面光源的使用

在日常生活中，环境光线透过门窗照射进房间，在门窗附近会有光线的衰减，但是在当前场景中，并不存在这样的表现，此时可以借助面光源（Area Light）提高这部分区域的光照真实性。面光源通常用于在特定区域补充环境光表现的作用，也可以用于呈现类似灯带的光照效果。

面光源的呈现仅与烘焙光照贴图相关，所以在添加面光源后，场景中并不会呈现实时照明。同时，类似于单面几何体，面光源仅沿其法线方向发送光线，而在其背面并不会烘焙出任何光照信息，如图 3-49 所示。

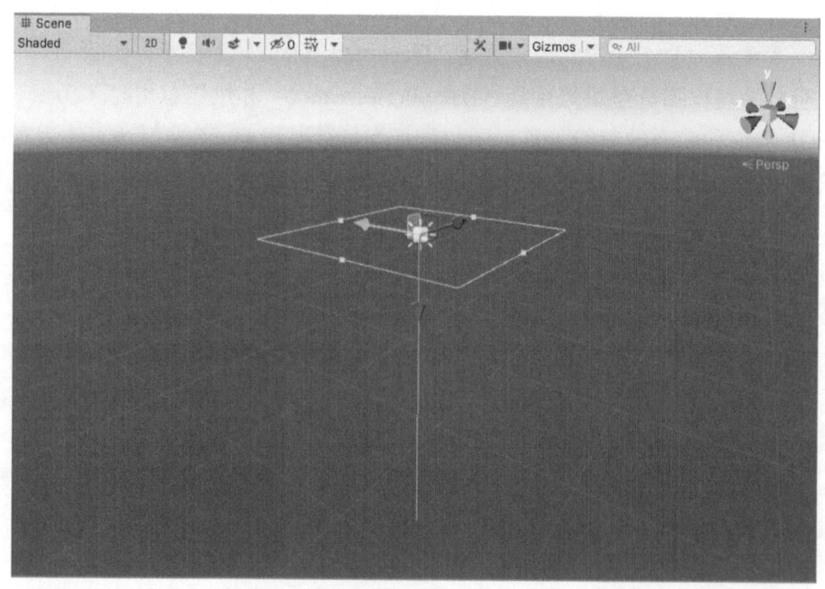

图 3-49

在场景中添加两个面光源，分别放置于两个玻璃门附近。在 Hierarchy 窗口中右击，在弹出的快捷菜单中选择 Light→Area Light 命令，创建第一个面光源，调整其 Transfor 和 Light 组件的相关参数，数值参考如图 3-50 所示。

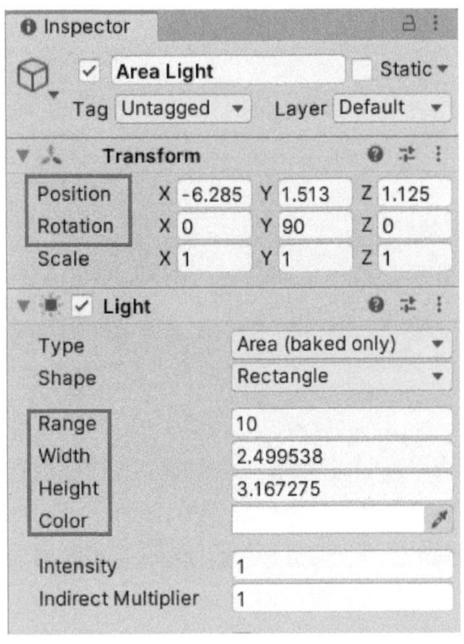

图 3-50

选择创建的 Area Light 游戏对象，按 Ctrl+D 组合键，创建关于面光源的副本，将其放置在另外一个玻璃门附近，修改其位置和旋转参数，其他参数值保持不变，具体数值参考如下。

- Position：X=8.232，Y=1.484，Z=1.125。
- Rotation：X=0，Y=-90，Z=0。

在 Hierarchy 窗口中整理游戏对象节点，保持项目的简洁性和可读性。具体步骤如下。

（1）在 Hierarchy 窗口中右击，在弹出的快捷菜单中选择 Create Empty 命令，创建一个空游戏对象并将其命名为 Lights，作为项目场景中所有光源的父容器，在后续场景编辑中，将用于存放所有与光照相关的游戏对象。

（2）选择 Lights 游戏对象，在 Inspector 窗口中，单击 Transform 组件右侧的点状按钮，在弹出菜单中选择 Reset 命令，使其位置和旋转角度归零，便于后续对其子物体进行操作。

（3）将场景中现有的 3 个光源游戏对象拖到 Lights 节点中，同时将 Lights 节点拖到树形结构的顶部，如图 3-51 所示。

图 3-51

设置完成后，按 Ctrl+S 组合键保存场景，单击 Lighting 窗口右下角的 Generate Lighting 按钮，烘焙场景的光照贴图。烘焙后的效果如图 3-52 所示，可以看到在玻璃门附近呈现出类似于外部环境光逐步衰减的效果。

图 3-52

3.4.5 切换天空盒

如前所述，场景的光照表现还会受以天空盒为代表的环境光照的影响，因此为了进一步的改善场景的光照表现，本节将对场景的天空盒进行设置。

创建场景后，默认的天空盒材质（Default-Skybox）并不能进行编辑，在 Project 窗口中也不能找到与其对应的资源文件。同时，该天空盒内容呈现相对单调，与场景融合效果欠佳，所以我们将其替换为其他可编辑的天空盒材质。

VR 博物馆项目将使用一套 Unity 提供的 HDRI 素材包，名称为 Unity HDRI Pack，如图 3-53 所示。

图 3-53

读者可以在 Unity 资源商店中搜索关键词“Unity HDRI Pack”获取该素材包，也可以在随书资源的 Plugins 文件夹中找到名称为 Unity HDRI Pack.unitypackage 的文件，将其导入 VR 博物馆项目。

素材包导入后，在 Project 窗口的 UnityHDRI\TreasureIsland 路径下，找到 TreasureIslandWhiteBalanced 天空盒材质，将其指定到 Lighting 窗口的 Environment 选项卡的 Skybox Material 参数中，如图 3-54 所示。

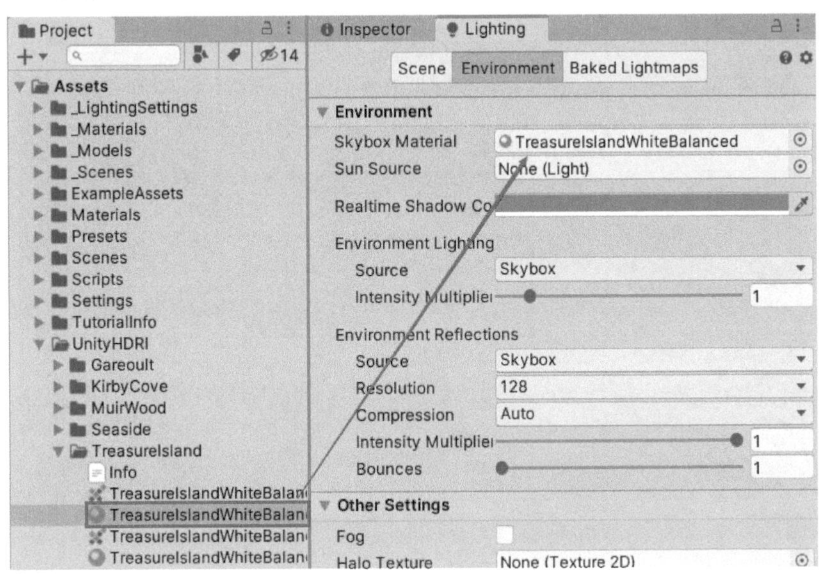

图 3-54

选择 TreasureIslandWhiteBalanced 天空盒材质，在 Inspector 窗口中，将其曝光度（Exposure）调整为 0.8，适当降低其提供的环境光照强度；对于旋转角度（Rotation）的设置，读者可以自行选择合适的角度。此时能够透过玻璃门，看到天空盒呈现的环境内容，如图 3-55 所示。

图 3-55

设定完成后，单击 Lighting 窗口右下角的 Generate Lighting 按钮，在此对场景进行光照贴图的烘焙，最终效果如图 3-56 所示。

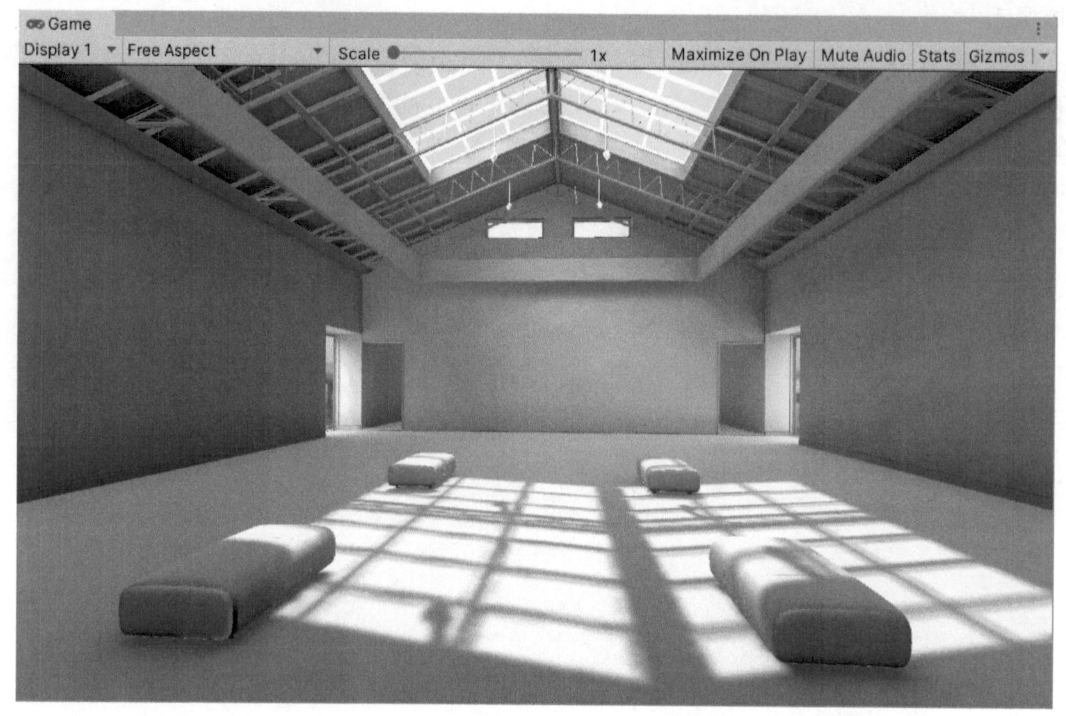

图 3-56

在最终的烘焙结果中可以看到，相较之前的光照效果，此时场景中没有默认初始天空盒呈现的蓝色，同时场景的整体亮度也有了一定的提升。

在 VR 博物馆项目中，我们对场景的光照贴图进行了多次烘焙，印证了之前的结论——烘焙光照贴图是贯穿整个场景编辑的工作流程，对于其参数的设置，是一个不断调整、修正的过程。虽然本书直接给出了一些固定数值，但是在实际的制作过程中，Lighting 窗口中的参数是不断调整的，对于光照贴图的烘焙并没有一个完全给定的“配方”，需要结合具体的场景进行具体的测试和调整。但是，参数的设置是有章可循的，都是围绕光照信息三要素（直接光照、间接光照、阴影）来设置的。

第 4 章　VR 写实材质技术

我们在第 2 章介绍了基于物理的渲染（PBR）理论，同时介绍了在实现 PBR 材质的过程中所用到的主要物理贴图。在实际工作中创建一个 PBR 材质，目前主要存在两种方式，一种是直接在 Unity 编辑器中创建一个使用 PBS 着色器的材质（如 URP 中的 Lit 着色器、内置渲染管线的 Standard 着色器等），使用贴图创作工具（如 Substance Painter）为材质制作各物理通道的贴图并导入 Unity 编辑器进行“组装”；另一种方式是使用材质制作工具制作 PBR 材质文件，将这些材质资源导入 Unity 项目中进行使用，这其中的典型代表便是 Substance 材质，本章将介绍 Substance 材质的使用和制作。

4.1 Substance 材质的使用

Substance 材质是一种参数化的材质，在使用过程中，创作者可以通过对个性化参数的调整来动态呈现不同风格的材质表现，如可以改变物体表面的污渍或划痕的样式和程度。本节将介绍 Substance 材质与 Substance in Unity 插件的使用。

4.1.1 概述

Substance 材质主要具备两方面的特性，首先是材质文件体积相对较小，因为材质的创作过程是基于节点进行的，对于材质的呈现是通过节点之间的计算得到的；其次是在创作过程中，可以为渲染引擎暴露更多个性化的参数，如图 4-1 所示。在导入游戏引擎以后，可以进一步进行非常灵活的调节。

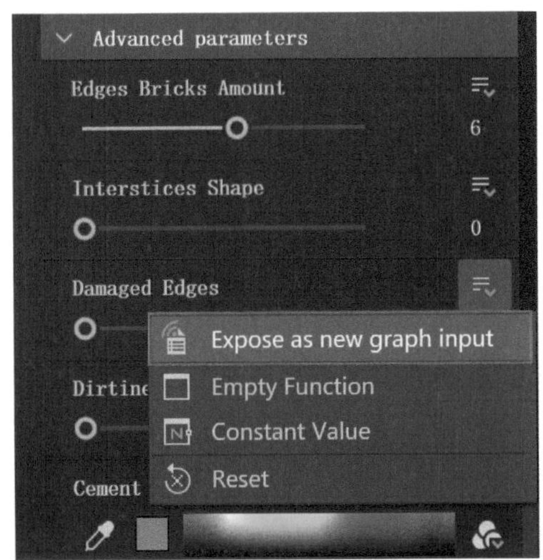

图 4-1

Substance 材质可以被目前主流渲染引擎兼容，并不仅限于 Unity，其他引擎包括 Unreal、3DS Max、Blender 等。

4.1.2 Substance in Unity 插件的使用

Unity 目前已经不再内置支持 Substance 材质，若要在 Unity 编辑器中呈现和使用 Substance 材质，则需要借助一款名称为 Substance in Unity 的插件，如图 4-2 所示。鉴于 Substance 官方目前已经将插件暂时下架，读者可以从随书资源中获取该插件，也可以对官方动态保持关注，据官方消息透露，该插件将在未来不久继续上架 Unity 资源商店，但插件名称将不再是“Substance in Unity”。关于此插件的使用问题，读者也可以通过公众号“XR 技术研习社”与作者进行交流。

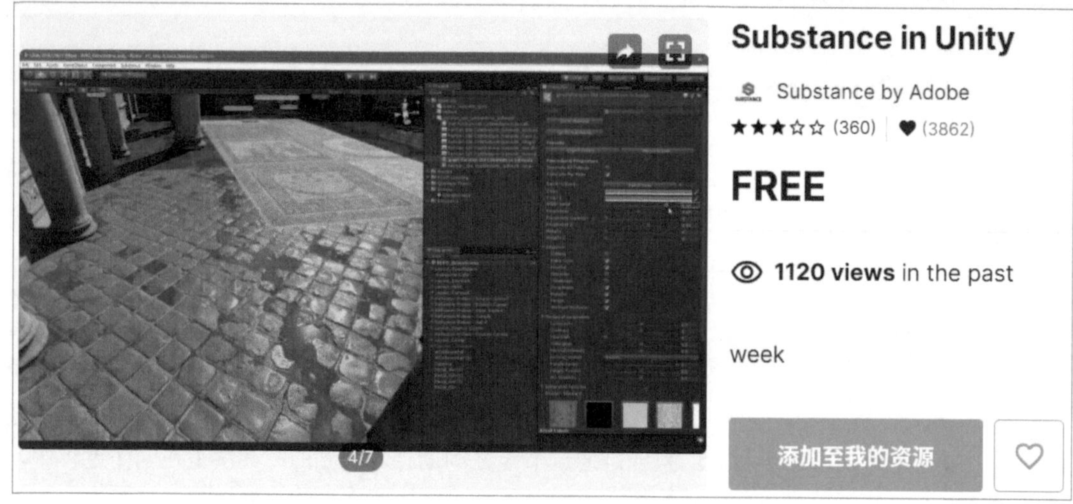

图 4-2

Substance in Unity 插件主要提供两大功能和服务，分别是在 Unity 中呈现和设置 Substance 材质的 Substance Engine 引擎，以及名称为 Substance Source 的在线材质资源库。

使用 Unity ID 登录资源商店，将该插件添加到资源中，在 Unity 编辑器中，选择 Window→Package Manager 命令，打开 Package Manager 窗口，在窗口左上角选择 My Assets 选项，此时呈现的是用户在 Unity 资源商店中添加或购买的 Unity 插件列表。在列表中找到 Substance in Unity，下载后单击窗口右下角的 Import 按钮，将插件导入项目中，如图 4-3 所示。

插件安装完成后，此时导入项目中的 Substance 材质能够正常呈现，并且可以进行相关参数的设置。在 Project 窗口中出现了一个名称为 Allegorithmic 的文件夹，其中包含了实现插件功能所需的脚本，但是作为使用者，不需要关心其中的内容。同时，在 Unity 编辑器的顶部出现一个名称为 Substance 的菜单，如图 4-4 所示。

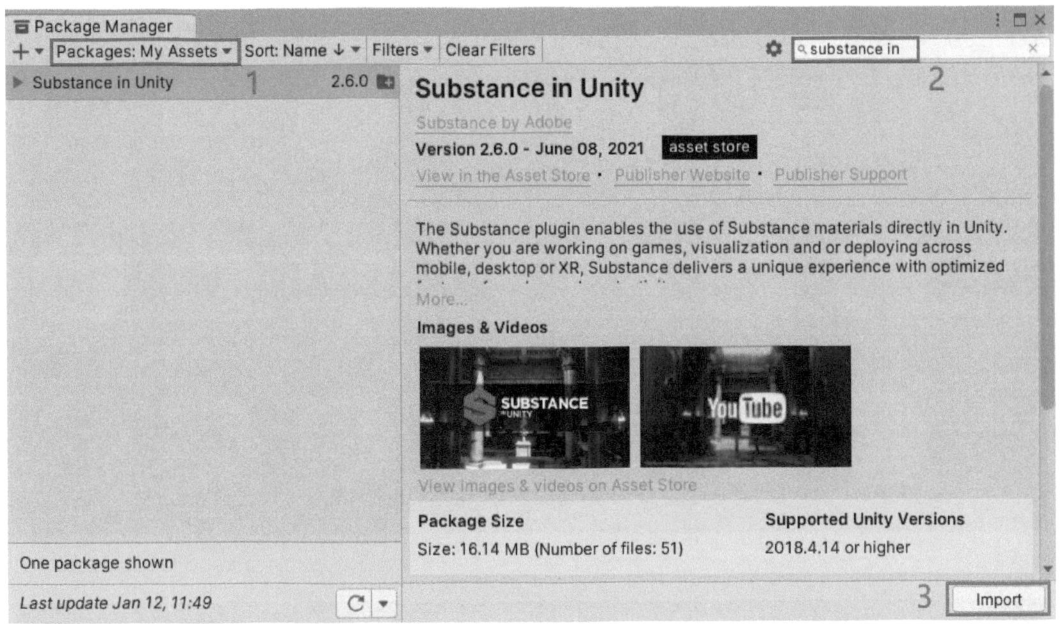

图 4-3

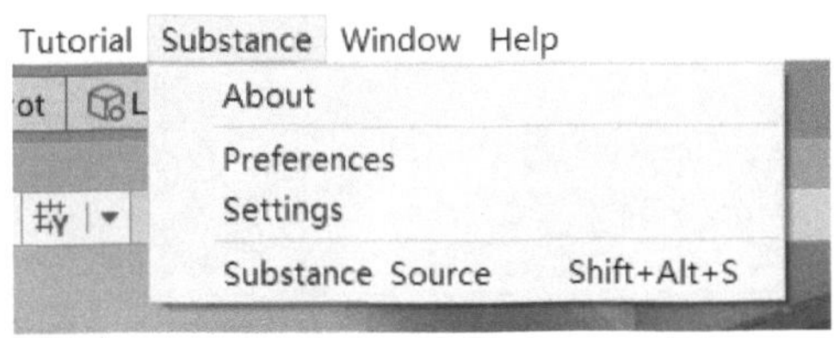

图 4-4

4.1.3　在 Unity 中使用 Substance 材质

对于 Substance 菜单中 Substance Source 命令的使用，需要首先安装 Substance Launcher——一个类似于 Unity Hub 的软件，用于管理所有 Substance 系列软件。如未安装此软件，将不能在 Unity 编辑器中使用 Substance Source 命令，但是读者可以在浏览器中访问与之对应的 Substance Source 在线材质资源库，如图 4-5 所示。

由于 Substance 已经被 Adobe 公司收购，因此现在名称为 Adobe Substance 3D Assets。在资源库中包含一系列免费和收费的资源，下载之前需要注册并登录 Adobe 账户。

1．下载项目所需资源

在 VR 博物馆项目中，我们将用到一个名称为 Bull Leather 的 Substance 材质，将其应用到场景中 4 个代表了座位的游戏对象上。在界面顶部的搜索栏中输入关键词“Bull Leather”进行搜索，选择搜索结果中的第一个选项，进入材质的详情页进行查看。在详情页的“网页播放器”视图中，可以对材质提供的参数进行调整，查看相对应的作用效果，如图 4-6 所示。

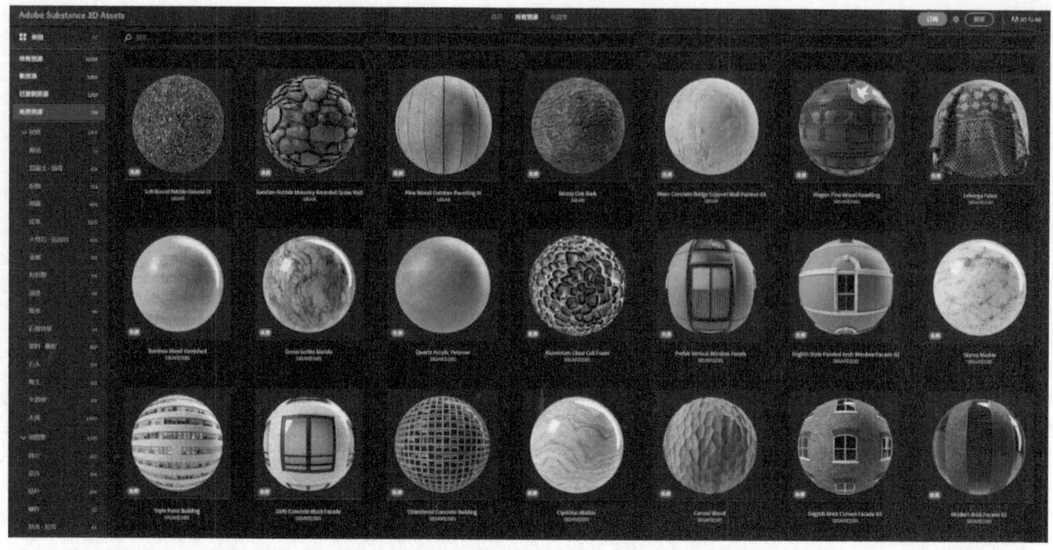

图 4-5

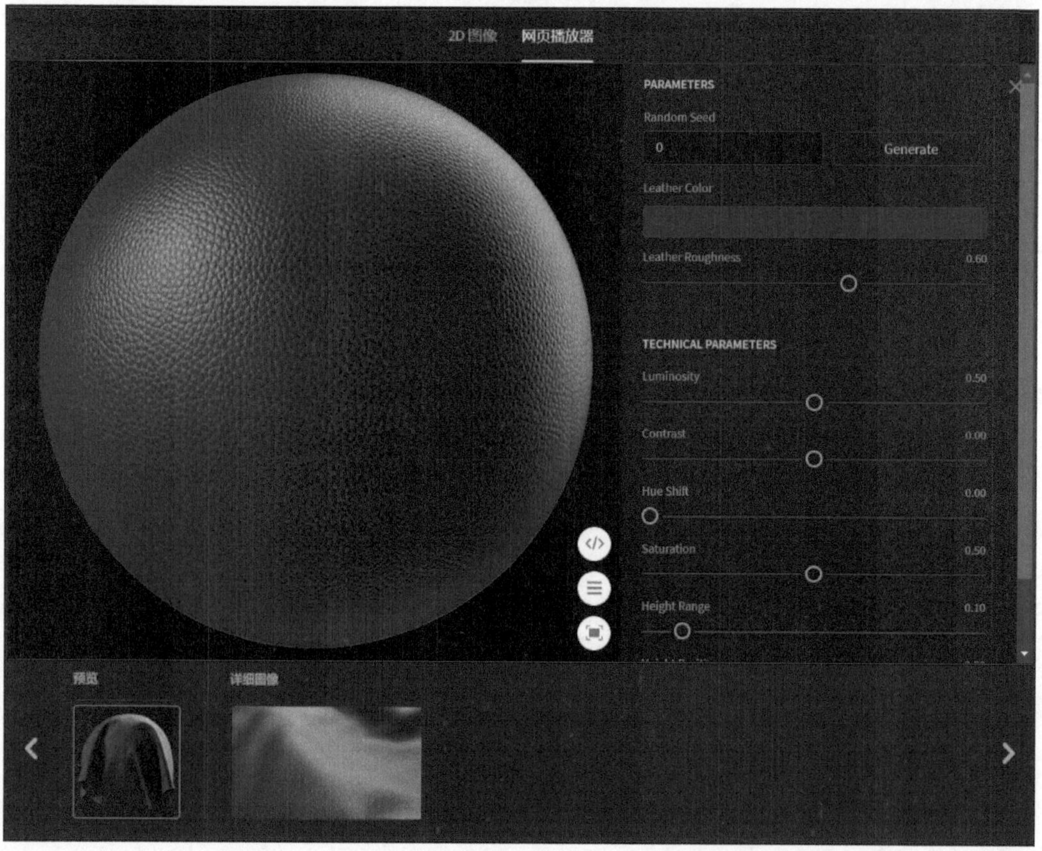

图 4-6

单击详情页右上角的“下载（SBSAR）”按钮，将材质文件下载到本地，也可以在随书资源中找到名称为 BullLeather.sbsar 的文件，将其导入项目，放置在 Project 窗口的_Materials 文件夹下，如图 4-7 所示。

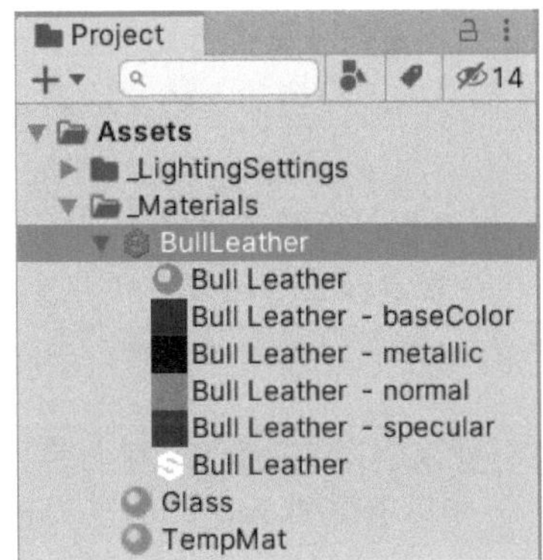

图 4-7

2. 设置材质文件

与 Unity 材质资源不同的地方在于，Substance 材质文件更像是一个资源包，其中包含了材质、贴图、Substance Graph。单击其左侧箭头按钮展开资源包，顶部材质球样式文件为可以赋予到游戏对象上的材质，使用方法与 Unity 材质资源相同；其下罗列 Substance 材质使用到的物体贴图；底部为 Substance Graph，相当于 Substance 材质的配置文件，以白色 Substance Logo 标识，对材质的参数设置更多的是在此进行，如图 4-8 所示。

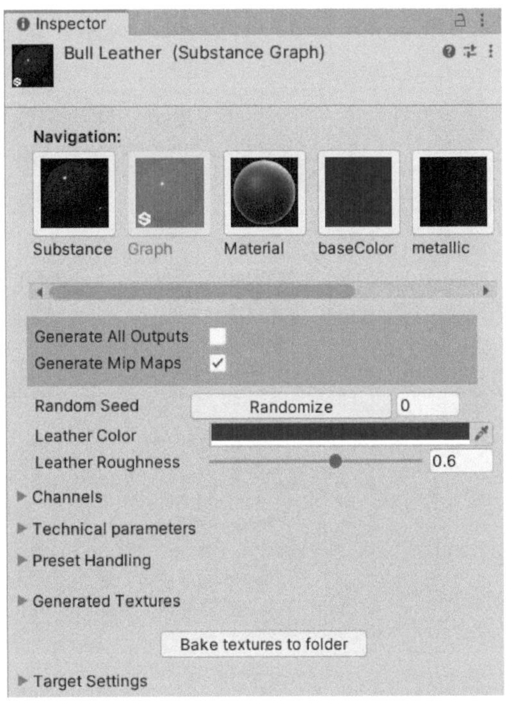

图 4-8

在 Substance Graph 中，提供了众多 Unity 默认材质所不具备的个性化的参数，如 Leather Color、Luminosity、Height Position 等，这些参数均为在 Substance Designer 中进行材质创作时

被设置为暴露的参数。在 VR 博物馆项目中，可以将 Leather Color 设置为黑色，将 Leather Roughness 设置为 0.4。至于其他参数，读者可将材质导入项目后自行调节体会。需要注意的是，在每次调整参数后，Unity 编辑器都会出现短暂的卡顿，这是因为此时 Substance 材质在基于节点设置重新进行计算。

在 Target Settings 选区中，可以设置材质整体品质。在 VR 博物馆项目中，将 Target Width 与 Target Height 均设置为 2048，以便提高纹理分辨率，单击底部的 Apply 按钮，应用设置效果。

3. 应用 Substance 材质

要将材质应用到游戏对象上，可以选择 Substance 材质包含的材质球 Bull Leather，将其赋予到游戏对象上，在 VR 博物馆项目中，使用此材质的游戏对象为 Seat1～Seat4。在应用此材质之前，将材质球的 Tiling 参数设置为（3,3），以便呈现比较紧凑的纹理效果，如图 4-9 所示。

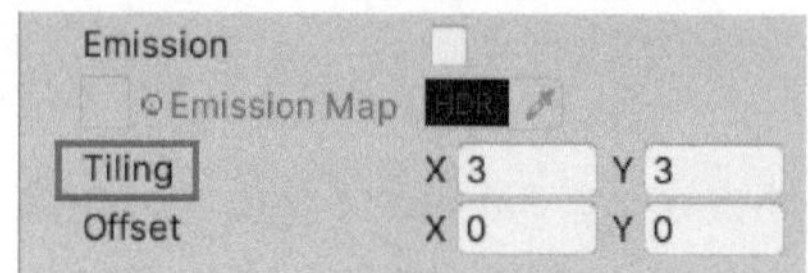

图 4-9

在 Bull Leather 材质的 Inspector 窗口中，虽然材质的 Smoothness 参数已经为 1，但是我们可以在材质配置文件中继续提高 Leather Roughness 参数，从而进一步提高材质的光泽度，在本实例中，将该数值设置为 0.45，同时将 Leather Color 参数设置为深灰色，参考颜色值为（53,53,53），如图 4-10 所示。

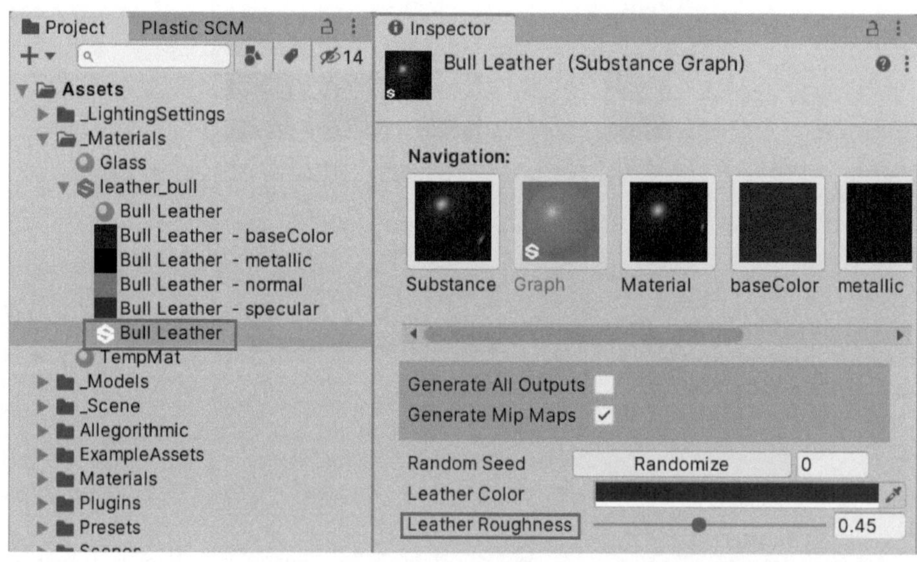

图 4-10

在调节材质配置文件（Substance Graph）参数的过程中，总是短暂等待后才能将调整结果呈现在场景的材质上，这是因为 Substance 材质通过节点计算呈现材质表现。对于每一次的参数调整，所有节点都要重新进行计算。

为了进一步提高材质品质，可以在材质配置文件（Substance Graph）的 Target Settings 选区中将 Target Width 和 Target Height 参数值均设置为 2048，单击右下角的 Apply 按钮。

经过以上参数设置后，使用此材质的游戏对象在场景中的效果，如图 4-11 所示。

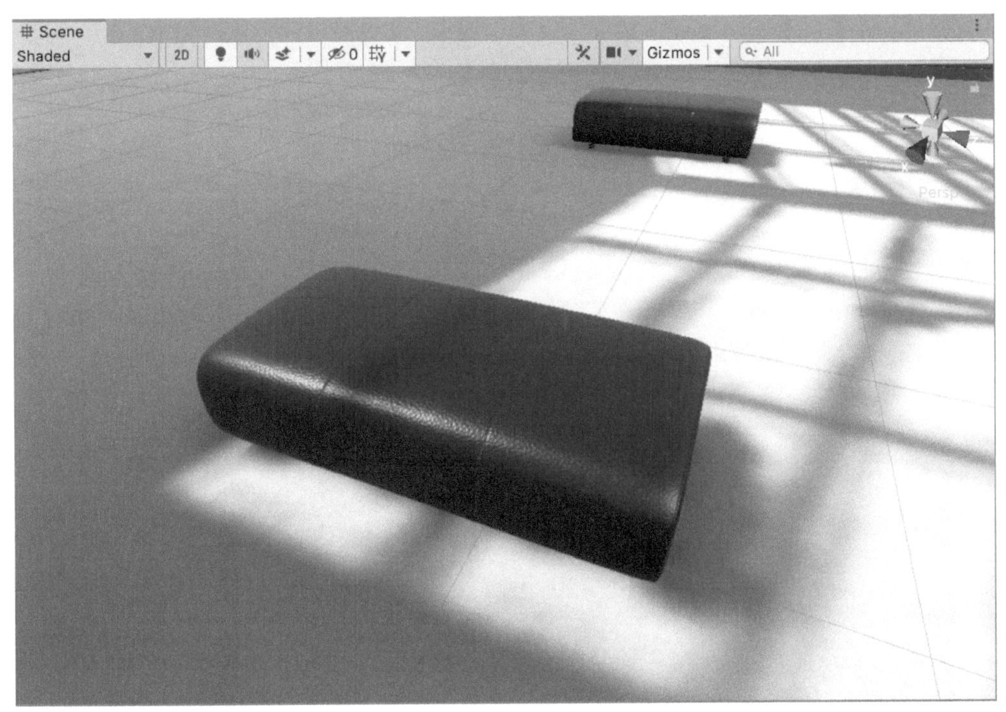

图 4-11

4.2 使用 Substance 3D Designer 制作墙面材质

在虚拟现实项目中，材质的细节是非常重要的，因为在 VR 虚拟场景中，摄像机完全由体验者控制，所以体验者有机会近距离查看模型的细节。这些细节并不仅限于模型的结构，更多的是体现在模型的材质上。没有细节的材质在 VR 体验中会直接影响体验者的沉浸感。

以墙面材质为例，对应在现实世界中，在近距离观察时会看到很多细节，如使用乳胶漆装饰的墙面，在近距离观察时会发现实际上并不是平整的，表面会有一些细小的凹凸。即使是看上去非常光滑的刮瓷墙面，从光滑度的层面来看，也并不是每个区域都能保持相同的光滑程度，甚至某些位置会有细微的划痕，此为材质要呈现的细节。在虚拟场景中，如果能将这些细节呈现在体验者面前，就能有效提高物体的真实度。

本节将使用 Substance 3D Designer 制作场景中的墙面材质，通过对墙面材质细节的塑造，使读者可以体会塑造材质细节的重要性。

4.2.1 Substance 3D Designer 简介

Substance 3D Designer（以下简称 Designer）目前是 Adobe 旗下的一款基于节点的 PBR 材

质创作工具。作为学习使用，读者可以下载其试用版进行跟随练习。之所以选择使用 Designer 创建墙面材质，是因为相比与 Substance 3D Painter，前者更适用于创建平铺类型的材质，如墙面、地面等。

鉴于本书主题，对于 Designer 的界面及基本操作，读者可以通过观看随书资源中附赠的视频课程《程序材质的魅力：Substance Designer 简介》与《Substance Designer 的界面和快捷键》进行详细了解，虽然课程中介绍使用的软件版本与当前不同，但是界面和操作基本相同。

4.2.2　在 Substance 3D Designer 中制作墙面材质

要创建墙面材质，首先需要在 Designer 中创建一个 Graph，一个 Graph 对应一种材质，多个 Graph 被包含在一个 Package 中。在菜单栏中选择 File→New Package→Substance Graph 命令，创建一个 Graph。此时将弹出 New Substance Graph 对话框，如图 4-12 所示。

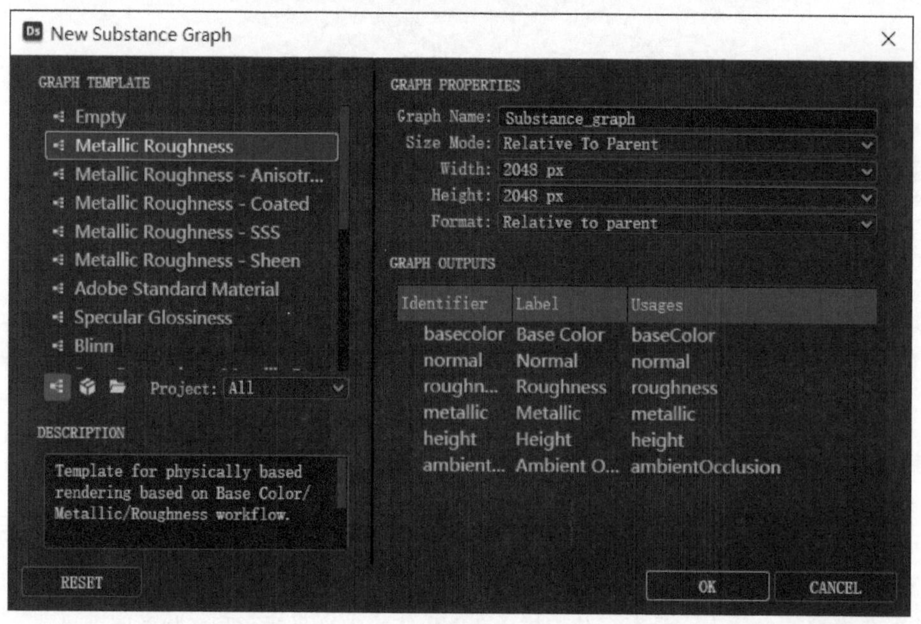

图 4-12

在对话框右侧的 GRAPH TEMPLATE 选区中选择 Metallic Roughness 选项作为模板，即对应的 PBR 制作流程符合 Metallic Roughness 标准。在右侧的 GRAPH PROPERTIES 选区中，将 Graph Name 设置为 Wall，单击右下角的 OK 按钮，完成一个空 Substance Graph 的创建，如图 4-13 所示。

在 Wall-GRAPH 窗口中，按照 Metallic Roughness 工作流程默认放置 12 个节点，其中右侧垂直方向的 6 个节点为输出节点，分别对应 Base Color（颜色）、Normal（法线）、Roughness（粗糙度)、Metallic（是否金属）、AO（环境光遮蔽）、Height（高度）6 个物理通道；左侧分别与之连接的 6 个节点为各个物理通道的默认值。在 VR 博物馆项目中，因为不会用到 Height 物理通道，所以可直接将底部的两个节点删除，即按住鼠标左键对其进行框选，按 Delete 键将其删除。

在输出节点的左侧进行节点的组织，为不同材质的物理通道制作内容，这个制作过程与

Unity Shader Graph 着色器创作工具类似。

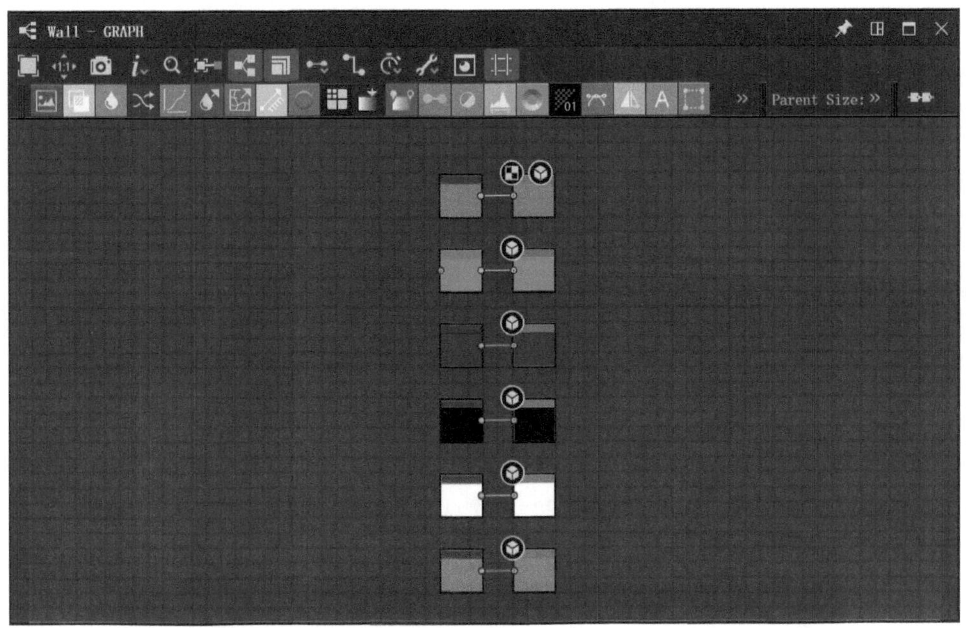

图 4-13

首先为 Base Color 输出节点提供输入内容。选择与之连接的 Uniform Color 节点，在右侧的属性窗口中，将其 Output Color 设置为（235,235,235,255），如图 4-14 所示。

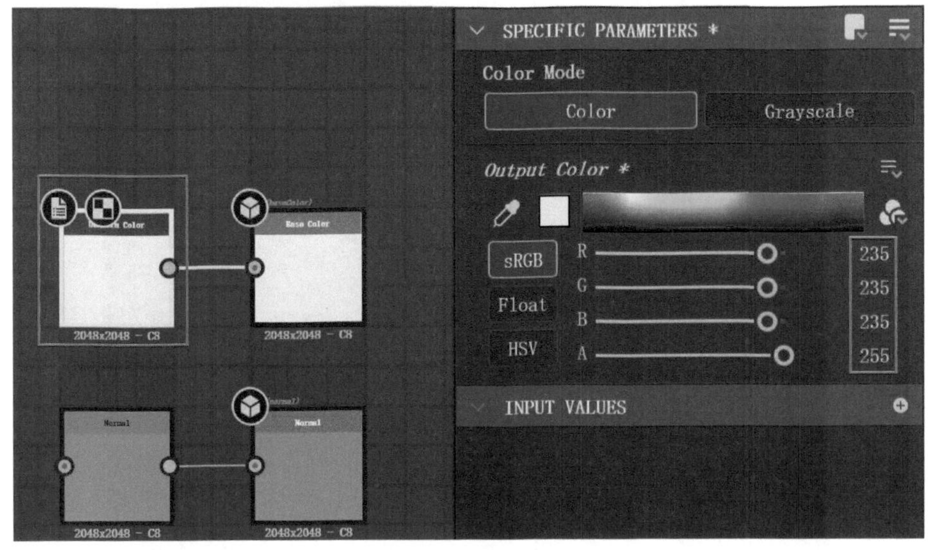

图 4-14

对于 Roughness 输出节点，鉴于我们要塑造的是一个乳胶漆墙面，因为此类墙面的光滑度变化并不明显，所以可继续使用左侧与之连接的 Uniform Color 节点，但是需要将其光滑度适当降低。因为贴图不仅是简单的图片，还是带有不同物理数值的数据集合，所以对于 Roughness 这个物理通道，如果贴图上某一位置越白，则像素灰度值越高，对应的粗糙程度就越大。基于以上分析，选择 Roughness 输出节点左侧连接的 Uniform Color 节点，在其属性窗口中，将 Output Color 设置为 245，如图 4-15 所示。

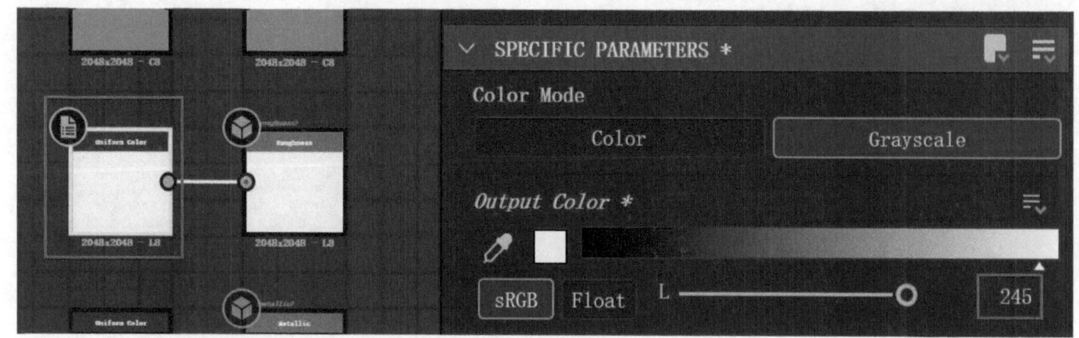

图 4-15

下面重点塑造材质的法线，以及 AO 输出通道的信息。对于节点的添加，可以按 Space 键，在弹出的对话框中，输入“Dirt 3”，添加一个噪点节点，用于提供法线及 AO 信息。双击此节点，可以在 Designer 底部的 Dirt_3-2D VIEW 窗口中对其进行预览，如图 4-16 所示。

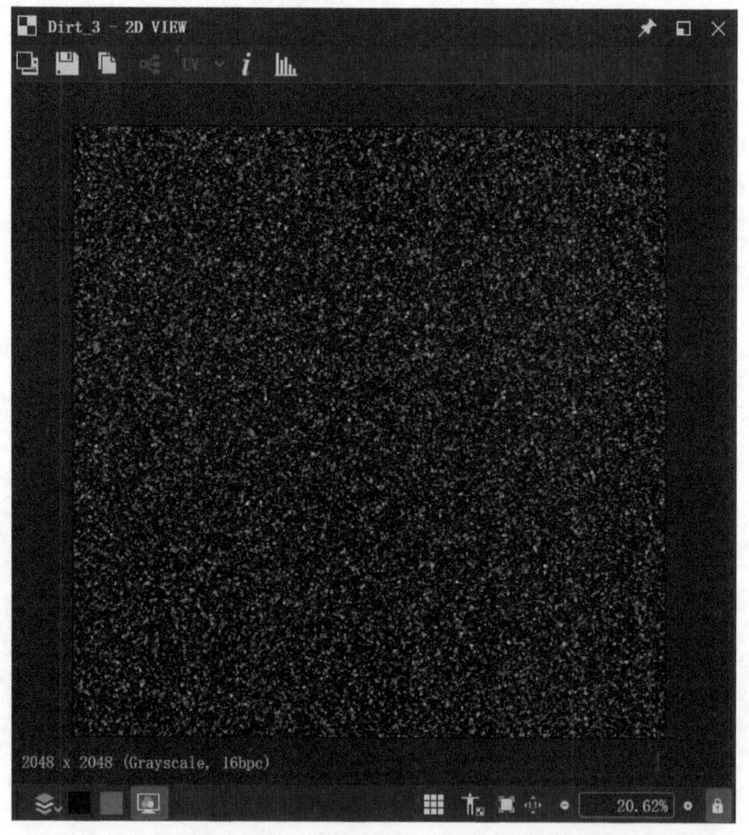

图 4-16

通过观察，如果节点包含的白色噪点较多，且白色噪点的灰度值较高，则节点中白色区域与黑色区域灰度值落差明显。综上所述，该节点体现在法线信息上则是物体表面的凹凸程度比较明显且颗粒度较大。对于节点颗粒度较大的问题，我们可以选择 Dirt 3 节点，在其属性窗口中，将 Scale 参数值设置为 4；对于凹凸程度较大的问题，则需要借助另外的节点对其进行调整。选择 Dirt 3 节点，按 Space 键，在弹出的对话框中输入“levels”，创建一个色阶节点，用于调整图像的灰度值分布。色阶技术在 Photoshop 中较为常见。

选择 Levels 节点，在右侧的属性窗口中，可以使用可视化的色阶直方图（Levels Histogram）将原图像的灰度重新映射为新的输出。直方图顶部的 3 个滑块用于控制输入数据，底部两个滑块用于控制输出数据。直方图从左至右为图像暗部到亮部的过渡。在本实例中，将直方图设置为如图 4-17 所示的状态，即降低节点中亮部灰度值，适当提高节点中暗部的灰度值。

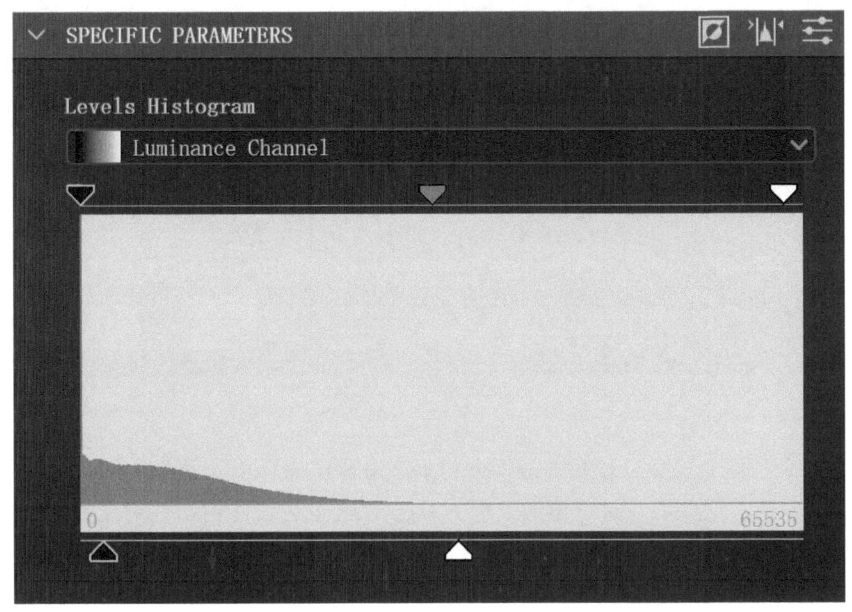

图 4-17

继续对噪点表现进行优化。选择 Levels 节点，按 Space 键，在弹出的对话框中添加一个 Blur HQ Grayscale 节点，用于对噪点进行模糊处理，使其过渡更加自然。选中此节点，在其属性窗口中，将 Intensity 参数值设置为 0.11。

此时，对于 Dirt 3 节点的处理已经足够为材质的法线通道提供信息，所以选择 Blur HQ Grayscale 节点，按 Space 键，在弹出的对话框中输入“Normal”，创建一个 Normal 节点，将塑造的灰度信息转换为法线信息。删除 Normal 输出节点左侧默认连接的 Normal 节点，将创建的 Normal 节点与之相连，如图 4-18 所示。

鉴于材质表面已经存在细微的随机起伏的颗粒细节，那么必然会在物体表面呈现因为凹凸对环境光遮蔽而产生的阴影。下面是基于噪点信息创建环境光遮蔽信息，即塑造 AO 通道的表现。

当然当前的这个噪点的表现并不是我们希望的，由于这个节点提供的噪点的密度非常大，因此需要将其做一些稀疏的处理。

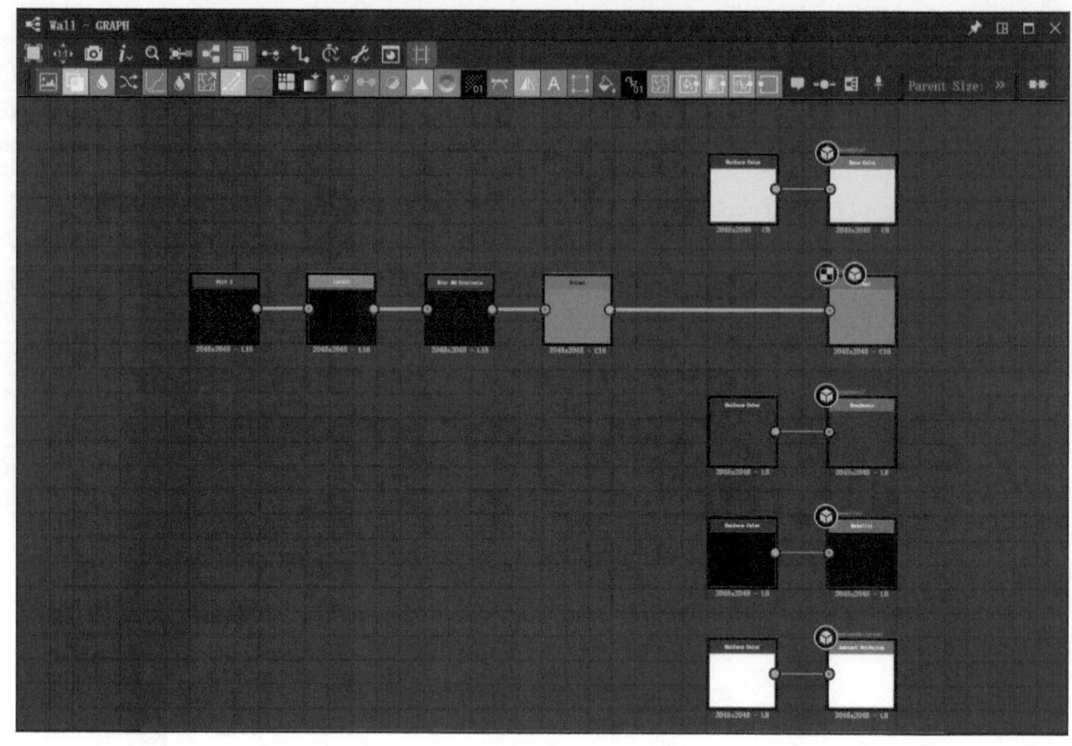

图 4-18

鉴于 Dirt 3 节点上的噪点较为细密，不利于产生合理的环境光遮蔽阴影，所以需要继续使用调整色阶的方法对这些噪点进行离散处理。单击 Wall-GRAPH 窗口的空白处，按 Space 键，在弹出的对话框中输入“Levels”创建一个 Levels 节点，将与 Dirt 3 节点连接的 Levels 节点和此次创建的 Levels 节点相连，选择此节点，在其属性窗口中调整色阶直方图，如图 4-19 所示。

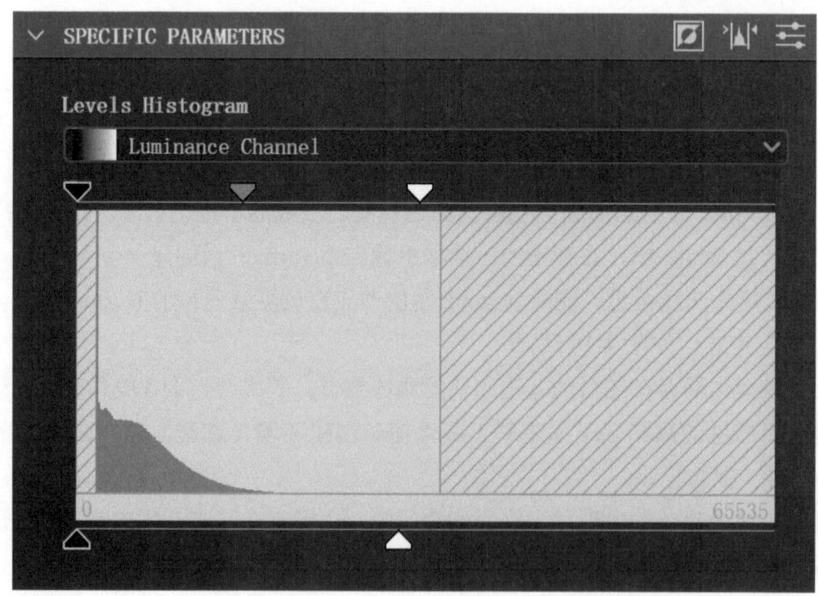

图 4-19

保持当前 Levels 节点的选中状态，按 Space 键，在弹出的对话框中添加一个 Ambient Occlusion（HBAO）节点，选中此节点，在其属性窗口中将 Height Depth 参数值设置为 0.001，Radius 参数值设置为 0.04。此时，材质的 AO 表现便符合真实世界中的材质阴影效果。

删除与 AO 输出节点相连的 Uniform Color 节点，将 Ambient Occlusion（HBAO）节点与 AO 输出节点相连，如图 4-20 所示。

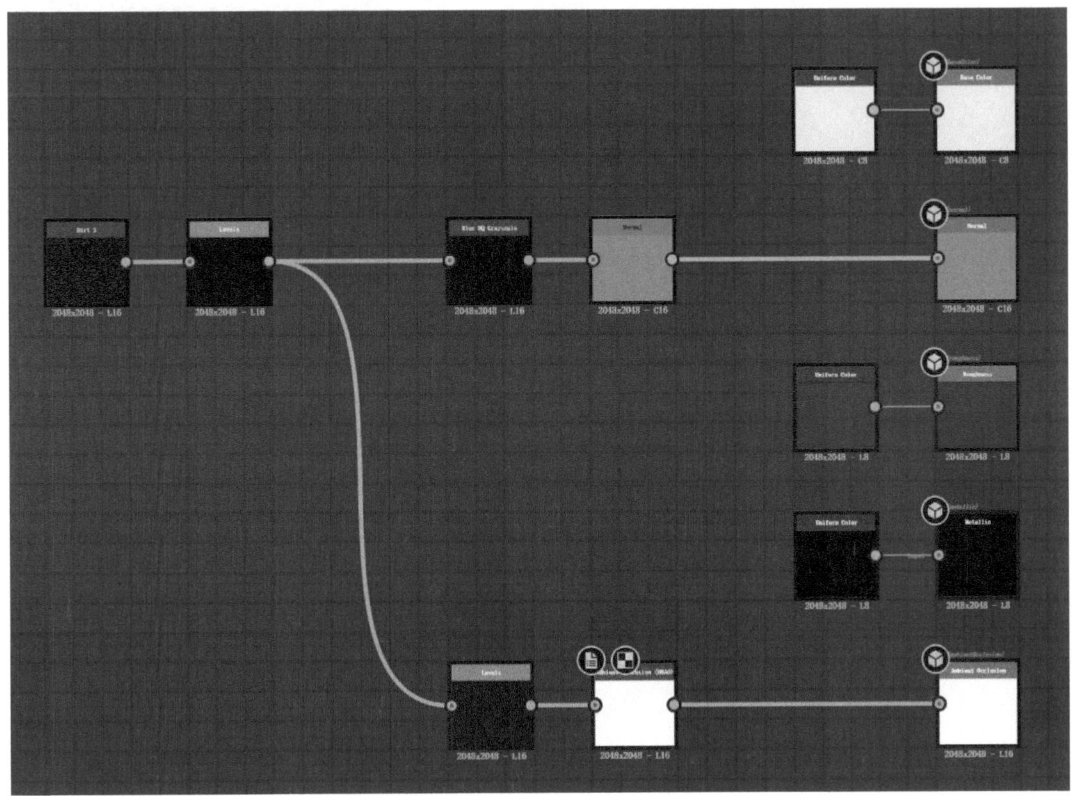

图 4-20

此时便完成了一个墙面材质的制作，在编辑区域的空白处右击，在弹出的快捷菜单中选择 View Outputs In 3D View 命令，即可在 Designer 底部的 Rounded Cube−OpenGL−3D View 窗口中查看材质的表现效果，如图 4-21 所示。

按 Ctrl+S 组合键对 Package 进行保存，并命名为 Wall.sbs。此时，制作的材质仅限于在 Designer 中查看，要使其能够应用到各引擎（如 Unity、Unreal、3DS Max 等）中，则需要将材质导出。在 Designer 的 Explorer 窗口中，右击 Wall.sbs，在弹出的快捷菜单中选择 Publish.sbsar File 命令，将材质导出为后缀为.sbsar 的文件。在弹出的 Substance 3D asset publish option 对话框中，设置 File Path 参数，为导出的文件指定一个磁盘上的存储路径，并将文件命名为 Wall.sbsar，单击 Publish 按钮，完成文件的导出。

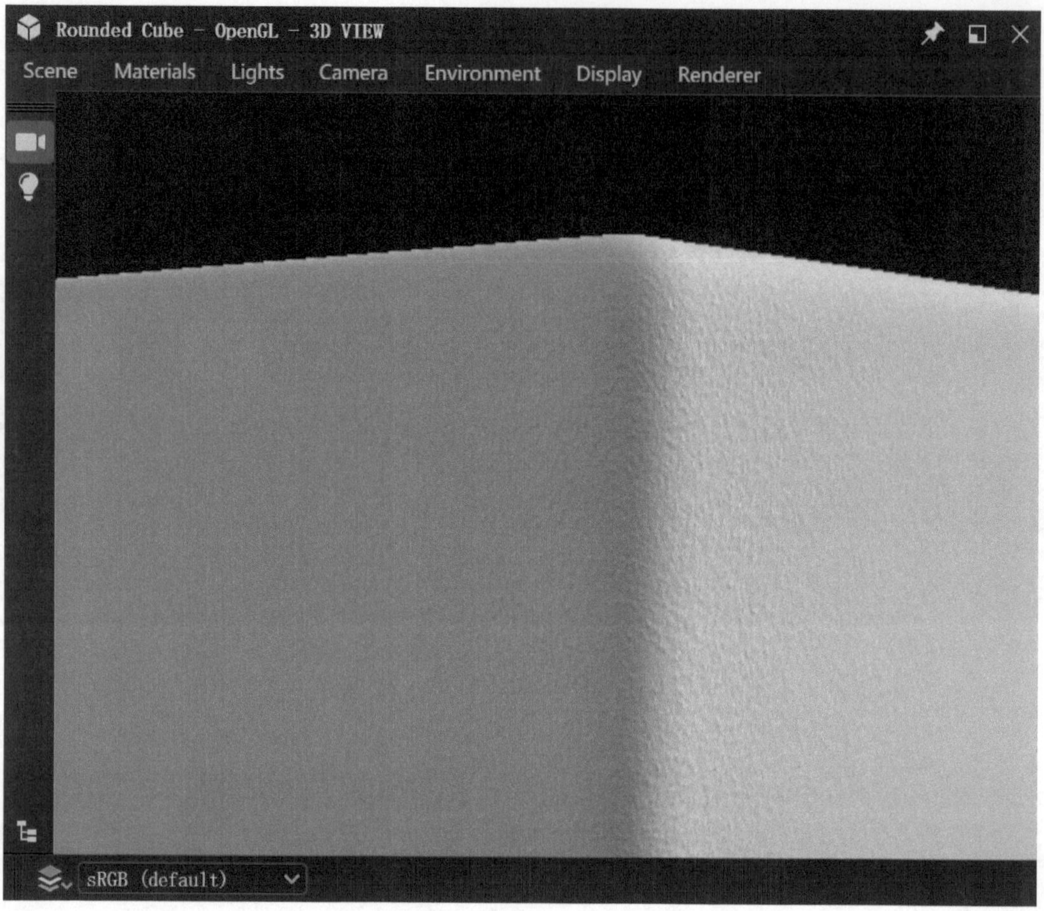

图 4-21

4.2.3 在场景中使用墙面材质

返回 MuseumVR 项目，将导出的 Wall.sbsar 文件拖入 Unity 编辑器 Project 窗口的_Materials 文件夹中。展开 Wall.sbsar 文件，选择 Wall 材质，在 Inspector 窗口中，将 Surface Detail 选区中的 Tiling 参数值设置为（50,50），Normal Map 右侧的强度值设置为 3。

在 Project 窗口中，选择 Wall.sbsar 文件包含的 Substance Graph 配置文件，在 Inspector 窗口中，将 Target Width 与 Target Height 的参数值均设置为 2048，以便进一步提高材质的呈现品质，单击 Apply 按钮，应用参数设置。

将 Wall 材质指定到场景中的墙面上，观察材质表现细节，此时墙面便具有了更加符合现实的视觉呈现，如图 4-22 所示。

至此，我们就完成了一个 Substance 材质从制作到应用的过程。虽然用户在进入场景后并不一定会立即看到这些材质细节，但是当他们接近这些区域时，足够且真实的细节表现能够有力地保障体验者的沉浸感。

对于完成后的 Wall.sbs 材质源文件及发布后的 Wall.sbsar 文件，读者都可以从随书资源中获取。

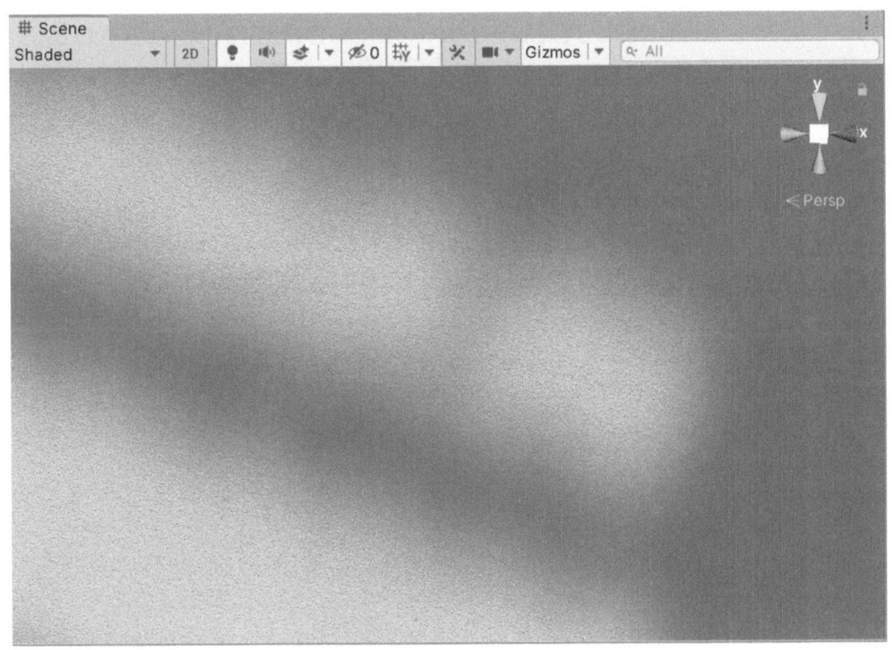

图 4-22

4.3 制作并应用木地板材质

Substance 3D Sampler（以下简称 Sampler）同样是 Adobe 公司旗下的产品。区别于 Designer，Sampler 是一款基于人工智能技术的 PBR 材质制作软件，可以根据一张采样的图片制作出细节丰富的 PBR 材质，如图 4-23 所示。

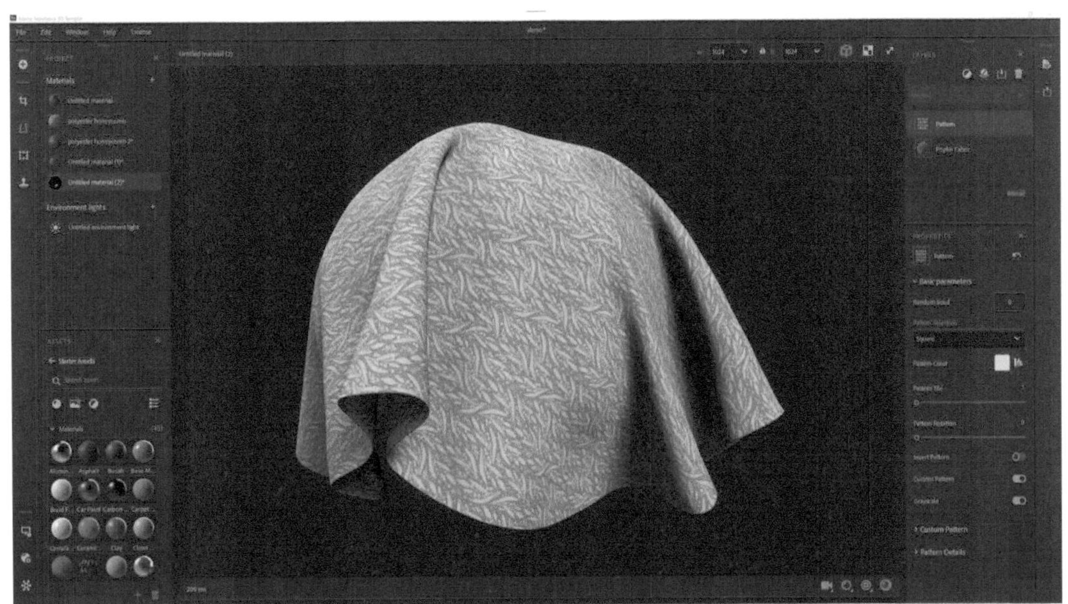

图 4-23

Sampler 的前身是 Alchemist，其背后的设计思路和操作流程为，通过读取位图的 R、G、B 通道信息，结合人工智能技术，初步将颜色通道信息映射为 PBR 材质各物理通道的信息，使用户只需调节提供的参数，就能决定材质的最终呈现效果。作为学习使用，读者可以访问其官方网站，下载并安装 Sampler 的试用版本。

本节将使用 Sampler 制作场景中地面上的木地板材质。

4.3.1 在 Substance 3D Sampler 中制作木地板材质

在随书资源中找到 WoodFloor_BaeColor.jpg 素材图片，并基于此位图创建场景的木地板材质，如图 4-24 所示。

图 4-24

在 Sampler 中，要创建一个材质，需要新建一个项目，在菜单栏中选择“文件”→“新项目”命令，创建新项目。此时在左侧项目窗口的材质栏中将显示一个名称为“无标题材质”的材质球，按 Ctrl+S 组合键，首先对项目进行保存，并将项目命名为 Floor.ssa，同时右击“无标题材质”，在弹出的快捷菜单中选择“重命名”命令，将材质名称设置为 Floor。

将 WoodFloor_BaeColor.jpg 素材图片拖入 Sampler 的“图层”窗口中，如图 4-25 所示。

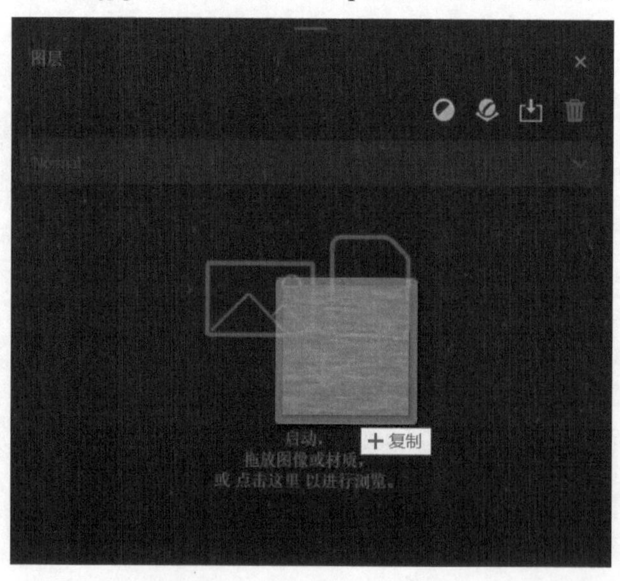

图 4-25

在“材质创建模板”窗口中，选择默认的“图像转材质（AI 智能）”模板，单击窗口右下角的 OK 按钮，如图 4-26 所示。

图 4-26

此时位图被导入项目中，Sampler 在对位图进行分析后，将在“图层”窗口中创建 3 个默认图层，选择其中任一图层，均可在下方的属性窗口中对相应参数进行调整。顶部的 Image to Material（AI Powered）图层便是通过人工智能技术控制材质表现的图层。

在初始状态下，材质表现凹凸较为明显，结合项目需求，在 MuseumVR 项目中，不需要如此明显的表现效果，所以在 3D 视图窗口的底部单击“置换”按钮，将“高度比例”参数值设置为 0，如图 4-27 所示。

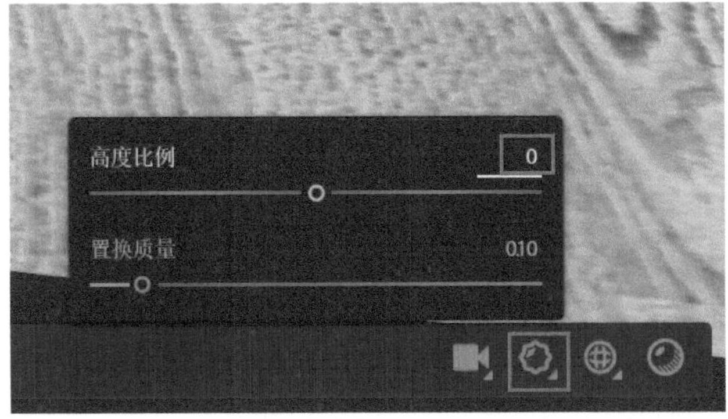

图 4-27

在“图层”窗口中，选择 Image to Material（AI Powered）图层，在下方属性窗口中，单击 Roughness 下拉按钮，在此选区中包含了对与 Roughness 相关的物理参数的调整。将 Base Value（基础光滑度）参数值设置为 0.3，将 Variations（光滑度变化）参数值设置为 0.38。在“基本参数”选区中，将 Ambient Occlusion Strength 参数值设置为 0.1，降低环境光遮蔽阴影的表现，因为默认参数值将 AO 阴影呈现得较为明显，尤其在木纹凹陷比较明显的夹角处。依次降低 Micro Details、Medium Details、Large Details 参数值，从而降低法线的力度。关于以上 3 个参数的调整，读者可以根据具体表现效果进行调整，参考数值依次为 0.09、0.05、0.04。

为材质纹理添加拼接效果。在“图层”窗口中，单击右上方的“添加图层”按钮，在弹出的对话框中输入关键词“floor tile”，按 Enter 键，创建一个 Floor Tiles 图层。默认呈现效果为正方形阵列。选择 Floor Tiles 图层，在其属性窗口中将 Rotation Mode（旋转模式）设置为 Aligned，使每个阵列成员中包含的纹理保持相同的朝向，将 Rotation 参数值设置为 90；在 Pattern 选区中，将 Tile Amount 的 X 值设置为 1，Y 值保持默认设置，此处用于设置纹理在 X 轴方向与 Y 轴方向的平铺比例；将 Tile Offset 参数值设置为 0.5，此处用于设置相邻每行（或每列）间的相对位移；将 Pattern 选区上方的 Material Scale 参数值设置为 2，此处用于设置每个“单元格”中包含的纹理缩放比例。

在 Gap 选区中，Gap Color 参数用于调整每个“单元格”之间缝隙的颜色，此处读者可自行指定相对较深的颜色；Gap Size 参数用于调整缝隙的宽度及深度；Bevel Profile 参数用于设置接缝处倒角的样式，此处将其设置为 Round Thin，结合此样式，读者可自行降低 Gap Size 参数的 Width 值与 Height 值，参考值均为 0.06。

Age 选区用于调整材质更加风格化的表现，即做旧效果。对于 Floor Tilt 参数，数值越高，每个“单元格”之间的光滑度差别越大，此处将其设置为 0.04；对于 Rotate Random 参数，数值越高，则每个“单元格”的随机旋转角度越大（参考现实世界——随着时间的推移，每片木地板发生松动的可能性和程度越大），此处将其设置为 0.02；对于 Dirt 参数，数值越大，材质表面呈现的污渍（污渍本质上是相对材质本身光滑度较低的区域）越多，此处将其设置为 0.05。

材质在应用 Floor Tiles 图层并进行参数调整后的表现效果如图 4-28 所示。

对于材质表面的凹凸程度，可做进一步调整。在“图层”窗口的右上角单击“添加图层”按钮，在弹出的对话框中输入关键词“normal”，在搜索结果中选择 Normal/Height Adjustment 选项，添加一个法线/高度调整图层。选中创建的图层，在其属性窗口中，降低 Normal-Intensity 参数值，将其设置为-0.6，

通过观察，由于图片素材的缘故，当前材质颜色的饱和度较低时，可通过添加相应图层对材质饱和度进行调整。在“图层”窗口中，单击右上角的“添加图层”按钮，在弹出的对话框中输入关键词“hue”，选择 Hue/Saturation 选项，创建一个用于调整材质色调与饱和度的图层。选择此图层，在其属性窗口中首先对色调进行调整，将 Hue 参数值设置为 0.01；然后提高材质的饱和度，将 Saturation 参数值设置为 0.1。

至此，我们便完成了一个木地板材质的制作。在 Sampler 左侧的工具栏中，可以选择用于承载材质进行预览的几何体，以便在不同的表面结构中进行查看。单击“查看者设置”按钮，在弹出的面板中选择“圆角正方体”模型，如图 4-29 所示。

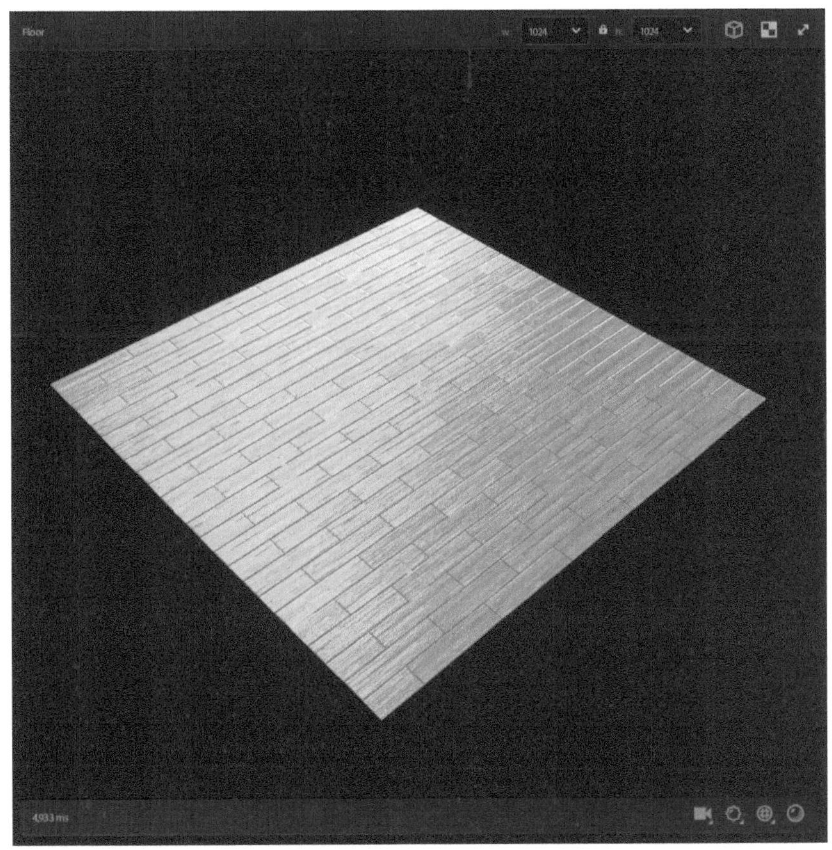
Floor
1024
1024

图 4-28

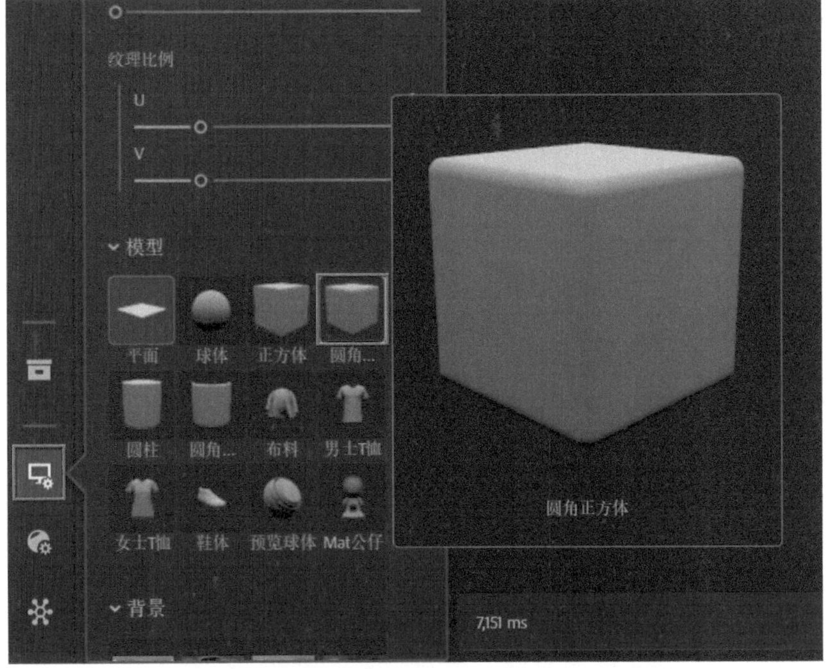
纹理比例
U
V
模型
平面
球体
正方体
圆角...
圆柱
圆角...
布料
男士T恤
女士T恤
鞋体
预览球体
Mat公仔
背景
圆角正方体
7,151 ms

图 4-29

此时，材质在 Sampler 的 3D 视图中将呈现应用到一个圆角正方体上预览的效果，如图 4-30 所示。

图 4-30

4.3.2 将材质导出为 Substance

在 Sampler 中制作完材质后，需要将其导出才能在 Unity 中使用。在 Sampler 右侧工具栏中，单击“共享”按钮，在弹出的面板中单击“导出为”按钮，如图 4-31 所示。

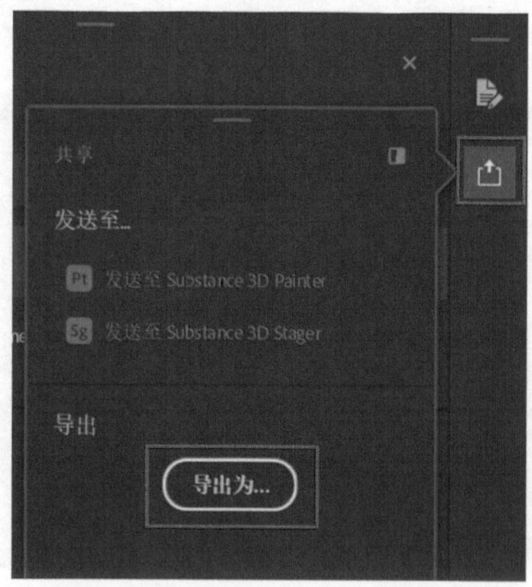

图 4-31

此时将弹出一个设置窗口，在导出之前做最后的配置。在“名称”参数中（如为空），将材质名称设置为 Floor；在“目标路径”参数中，为导出的材质指定一个磁盘上的存储路径；对于“格式”参数，Sampler 可以将材质整体导出为一个文件名后缀为.sbsar 的 Substance 材质，也可以根据右侧“通道”选区选定的物理通道，以位图形式分别导出对应的物理通道贴图，继而在 Unity 中完成材质的“组装”。在本实例中，我们可以选择将整体导出为一个 Substance 材质，所以选择格式为“Substance 3D 资源文件（.sbsar）”。设置完成后单击窗口右下角的“导出”按钮，此时将开启材质的导出流程。等待结束后，即可在指定的存储位置找到导出的 Substance 材质文件。

在进行材质制作过程中，多数参数在被设置以后，Sampler 都会基于人工智能技术对材质进行计算，所以该软件占用系统资源较高。鉴于此，读者可以直接使用随书资源提供的 Floor.sbsar 文件进行下一步的项目制作。

4.3.3　将木地板材质应用到项目场景中

关闭 Sampler，返回 MuseumVR 项目，将导出的 Floor.sbsar 文件拖入 Unity 编辑器的 Project 窗口的_Materials 文件夹中。展开 Substance 材质文件，选择包含的 Floor 材质，在 Inspector 窗口的 Surface Input 选区中将 Tiling 参数值设置为（30,30）。选择 Substance 材质文件包含的 Substance Graph 配置文件，在 Inspector 窗口的 Target Settings 选区中将 Target Width 与 Target Height 的参数值均设置为 2048，单击 Apply 按钮，应用设置。

将 Floor 材质指定到场景地面对应的 Floor 游戏对象上，其效果如图 4-32 所示。

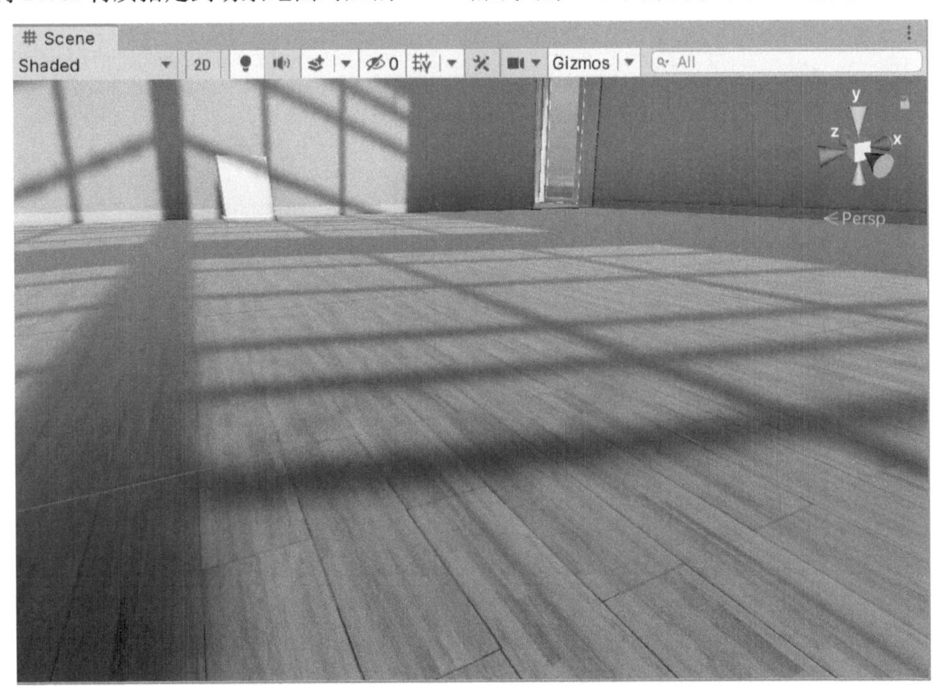

图 4-32

至此，我们便完成了一个使用 Sampler 制作材质并应用到项目场景中的工作流程。

4.4 下一步行动

鉴于视频具有更好的演示效果，同时考虑到在后续项目制作中存在反复操作的工序，所以读者可结合在随书资源中提供的教学视频完成接下来的场景搭建工作。按照学习顺序，视频名称依次为《为场景添加反射探针 Reflection Probe》《为场景应用后处理特效 Post Processing》《使用 Painter 处理从 Sketchfab 下载的模型材质》《使用 Sketchfab 插件下载使用模型资源》《导入所有模型并添加 Spotlight（上、下）》《设置场景的光照探针 Light Probe》《烘焙光照贴图常见问题（上、下）》。

在完成这些工作后，读者可以继续跟随下一章对项目进行制作。

第 5 章　实现项目的基本交互功能

从本章开始，VR 博物馆项目将进入另一个阶段的制作，即使用 SteamVR Unity 插件进行 VR 交互功能的开发。

5.1 实现基础 VR 交互

VR 博物馆项目采用的硬件开发平台为 HTC VIVE，所以作为所有 VR 交互开发的前提，首先需要获取并安装 SteamVR Unity 插件（以下简称 SteamVR）。本节将完成该插件的导入并实现查看场景和位置移动的基础交互功能。

5.1.1 导入 SteamVR 插件

根据前面章节介绍的内容，在 Unity 资源商店中获取 SteamVR 插件后，在 Unity 编辑器的 Package Manager 窗口中将其导入项目。VR 博物馆项目使用的 SteamVR 插件的版本为 2.7.3。

在导入完成后，在弹出的提示对话框中单击 OK 按钮，该对话框提示 OpenVR Unity XR 插件已被成功安装，如有必要将会重启 Unity 编辑器。在 XR Plugin Management 的插件供应商（Plug-in Providers）列表中，此插件对应的名称为 OpenVR Loader，在 SteamVR 安装完成后，需要检查并确认已经对其进行勾选，如图 5-1 所示。否则 Unity 将不能与 SteamVR 客户端通信，从而导致应用程序不能正常运行。

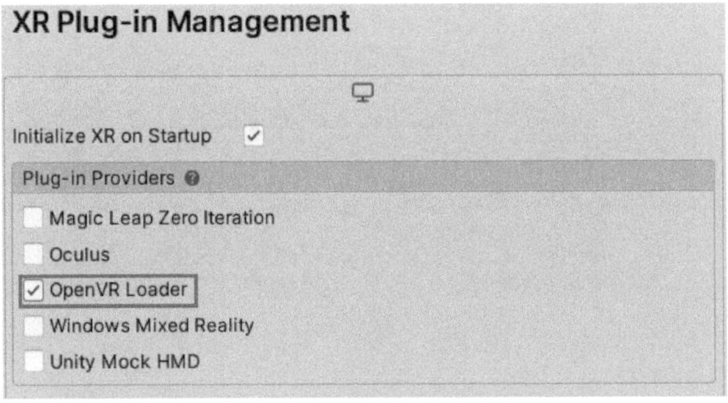

图 5-1

如果在导入 SteamVR 以后，即使是运行示例场景也不能在场景中查看内容，可以对此项设置进行检查。如果检查发现此选项已经勾选，但是依旧不能运行应用程序，则可以先对其取消勾选，然后再次进行勾选。

5.1.2 实现在 VR 头显中查看场景内容

因为 VR 博物馆项目将使用 SteamVR 的 Interaction System 进行交互功能的开发，所以用于对场景内容进行查看和交互的核心组件是 Player 预制体。

在 Unity 编辑器的 Project 窗口的 SteamVR\InteractionSystem\Core\Prefabs 路径下，将 Player 预制体拖入场景中。

在 Player 预制体中包含一个用于观察场景的 VRCamera 摄像机对象，如图 5-2 所示。此时场景中还留有创建项目时包含的 Main Camera 摄像机，如无须使用第二个摄像机实现的功能，如小地图等，则需要将此摄像机删除。

图 5-2

另外，该项目中还使用了 Post Processing（后处理）特效，为了能够在改为使用 VRCamera 游戏对象作为主摄像机后继续呈现特效，需要在 VRCamera 游戏对象的 Camera 组件中勾选 Post Processing 复选框，如图 5-3 所示。

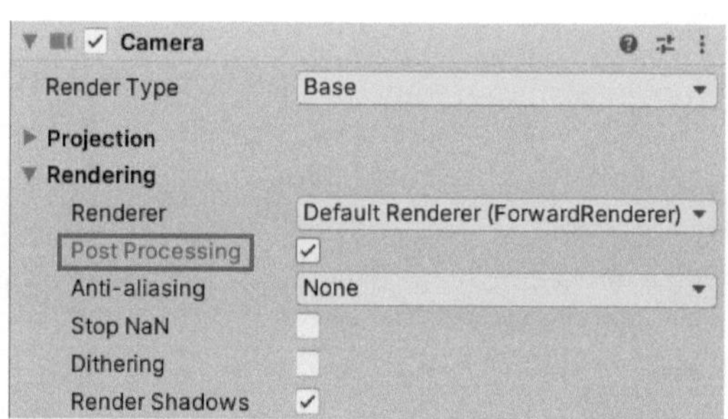

图 5-3

在场景中移动 Player 游戏对象，对初始位置进行设置。选择 Player 游戏对象，在 Inspector 窗口中将 Position 属性值设置为（0,0,16），Rotation 属性值设置为（0,180,0）。当程序运行时，体验者将出现在设定的位置并面朝《蒙娜丽莎》画作。

在程序运行时，对于 Player 游戏对象中的 VRCamera 子物体，其实际位置由体验者决定，要使体验者在虚拟世界中感受到与现实世界中相匹配的身高，需要保证 Player 游戏对象在虚拟世界中贴近地面。

添加默认动作配置

在位置和朝向设置完成后，单击 Unity 编辑器的 Play 按钮，运行应用程序。初次导入插件，将弹出对话框，提示发现在项目中没有为 SteamVR 输入任何创建的动作（Actions），此时单击 Yes 按钮，准备打开 SteamVR Input 窗口。在窗口打开的过程中，SteamVR 检测到在项目中没有发现动作与按键的 actions.json 绑定配置文件，询问是否使用示例文件，此时同样单击 Yes 按钮。经过少许编译时间后，SteamVR Input 窗口将呈现示例文件提供的动作列表。由于本节不涉及动作创建和按键绑定等工作，因此直接关闭 SteamVR Input 窗口即可。此步骤实现的是确保项目中有可用的基本动作。

此时，单击 Play 按钮，能够正常运行应用程序并对场景中的内容进行查看。

5.1.3　将必要材质适配 URP

在项目运行时，打开两个手柄控制器，在场景中对其进行观察，发现用于呈现手柄控制器的手部模型的材质显示异常，如图 5-4 所示。

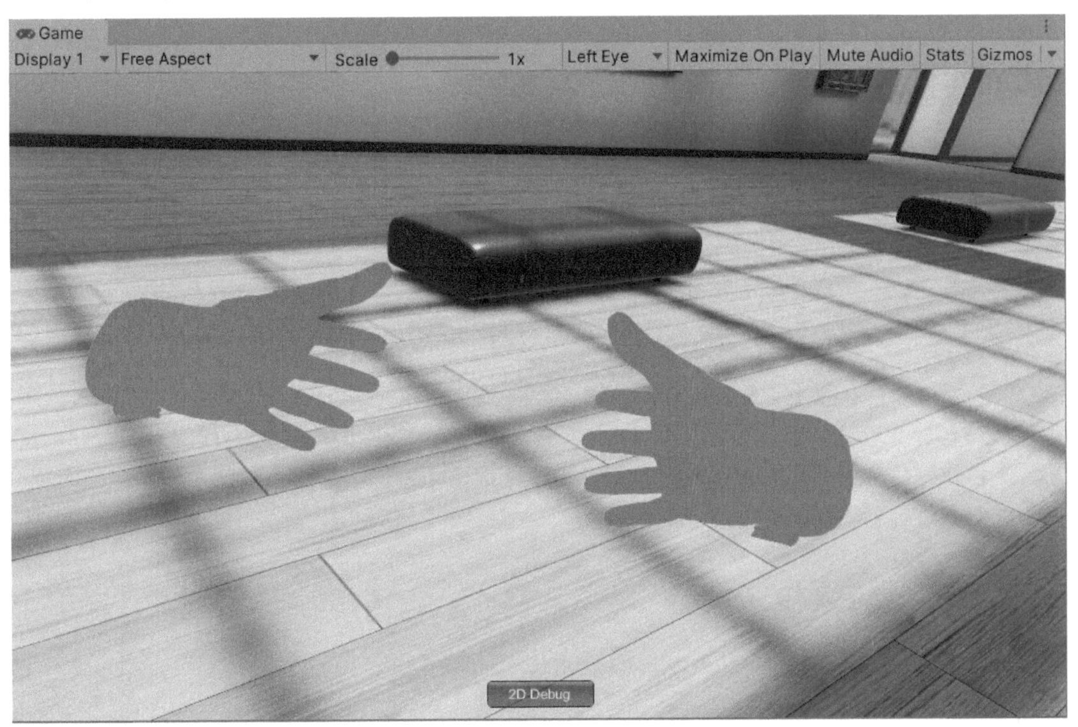

图 5-4

这是因为手部模型的材质默认使用支持 Unity 内置渲染管线的 Standard 着色器，所以需要对其进行 URP 渲染管线的适配。

在 Project 窗口的 SteamVR\Models\Materials 路径下，选择手部模型使用的 vr_glove_color_red 材质资源，在 Unity 编辑器的菜单栏中选择 Edit→Render Pipeline→Universal Render Pipeline→Upgrade Selected Materials to UniversalRP Materials 命令，将材质转换为 URP

支持的材质，即将材质着色器切换为使用 Lit Shader。此时，再次运行应用程序，手部模型均能正常呈现。

在未来实现位置传送后，程序开始运行，如果手柄控制器没有任何输入，则在手柄处显示关于位置传送的按键提示。其中，连接文字标签的线段也会呈现此类材质异常，如图 5-5 所示。

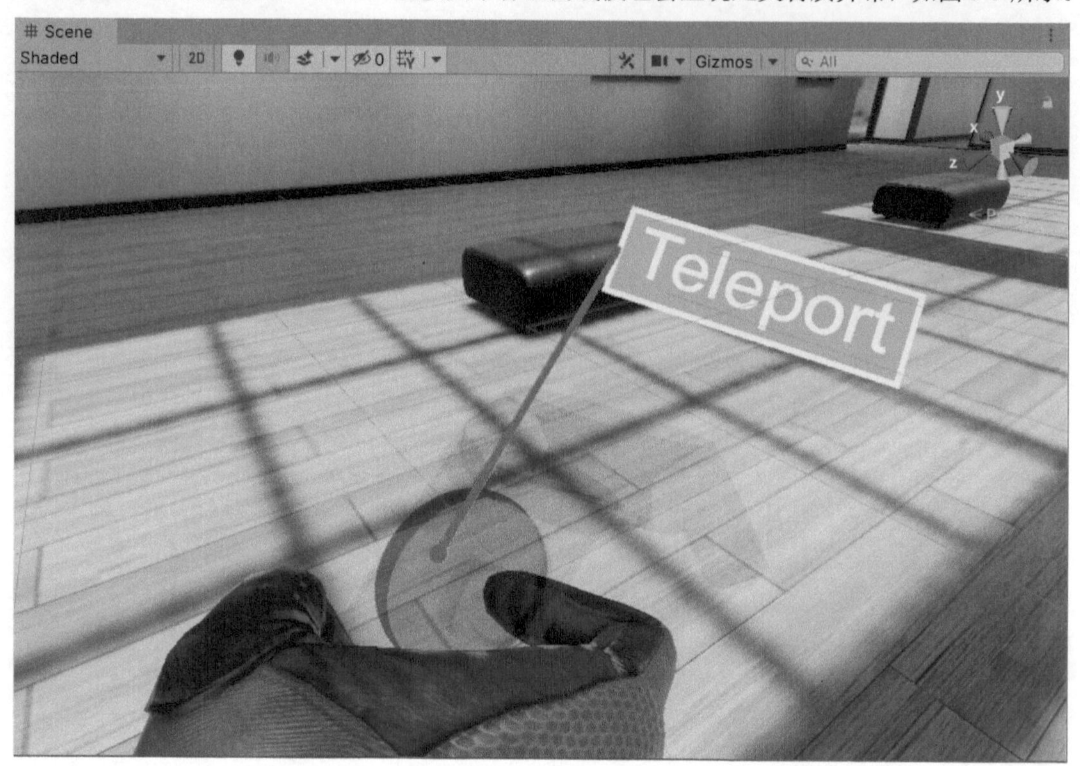

图 5-5

所以在此一并进行材质转换，在 Project 窗口的 SteamVR\InteractionSystem\Hints\Materials 路径下，找到名称为 ControllerTextHintAnchor 和 ControllerTextHintLine 的两个材质，使用相同的方法对其进行材质转换。

5.1.4 实现位置传送功能

体验者能够在场景中移动，是 VR 体验中最为基本的交互。SteamVR 的 Interaction System 提供了一种使用手柄控制器选择目标位置进行快速定位的交互方式。具体交互过程为：体验者在场景中按下 Touchpad 键，此时从手柄控制器前端发送曲线用于选择目标位置；当选定位置后，松开 Touchpad 键，头显中会出现短暂的闪屏；在闪屏过后，体验者即被传送到选定的目标位置。

在 Project 窗口的 SteamVR\InteractionSystem\Teleport\Prefabs 路径下，将 Teleporting 预制体拖入场景中，该预制体用于实现位置传送的机制。

对于移动范围的设定，Interaction System 提供了两种形式：一种是在设定的区域范围内的任一位置进行移动；另一种是提供多个固定的位置点供体验者选择。对于前者，使用 Teleport Area 组件实现；对于后者，则使用 Teleport Point 预制体实现。

VR 博物馆项目将使用第一种方式实现在场景中的移动。具体步骤如下。

（1）在 Hierarchy 窗口中右击，在弹出的快捷菜单中选择 3D Object→Plane 命令，创建一个平面几何体，并将其命名为 TeleportArea。

（2）选择该游戏对象，在 Inspector 窗口的底部单击 Add Component 按钮，为其挂载 Teleport Area 组件。

（3）调整 TeleportArea 游戏对象的位置和缩放，使其覆盖放置画作房间的地面并保持在地面以上，调整位置和缩放，即 Position 和 Scale 的参数值，如图 5-6 所示。

（4）选择 TeleportArea 游戏对象，按 Ctrl+D 组合键，创建关于此游戏对象的副本并将其命名为 TeleportArea，将其放置在放置雕塑作品的房间中，调整位置和缩放，即 Position 和 Scale 的参数值，如图 5-7 所示。

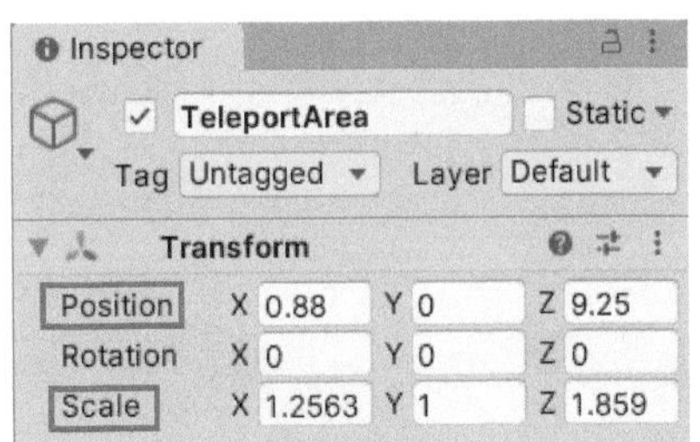

图 5-6

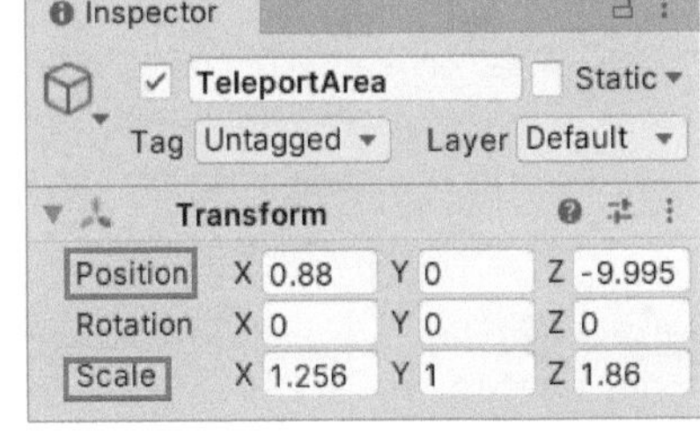

图 5-7

设置完成后，保存场景并运行应用程序，此时能够实现体验者的位置传送，如图 5-8 所示。

图 5-8

5.1.5 优化位置传送体验

在位置传送体验过程中，当体验者处于两个房间之间的分隔墙附近时，使用手柄控制器指向分隔墙，选择隔壁房间的位置。用于选择位置的曲线能够穿过墙面，从而实现类似“穿墙”的位置移动，如图 5-9 所示。

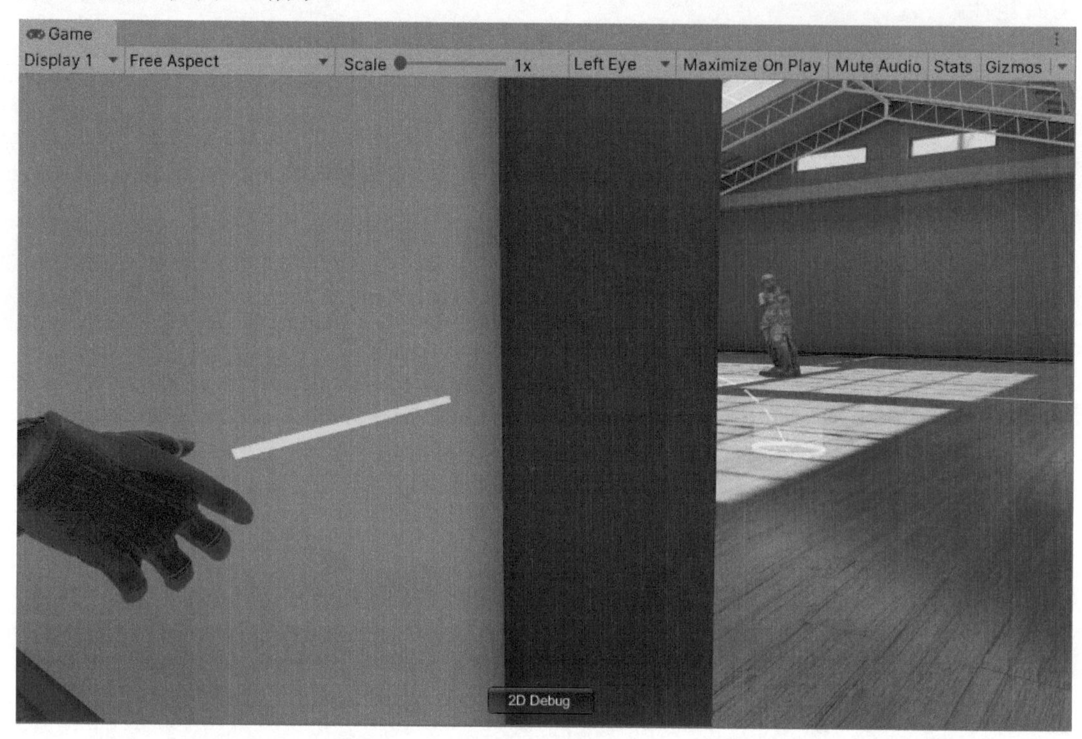

图 5-9

这种现象显然与现实世界不符，所以需要采取以下方式对其进行规避。本节将介绍通过使用碰撞体阻挡曲线的方式对传送体验进行优化。

Interaction System 的 Teleporting 功能模块基于射线碰撞的原理对位置进行选择，当游戏对象上存在碰撞体时，用于选择位置的曲线将被阻挡。所以，我们可以通过为间隔墙添加 BoxCollider 组件的方式来阻挡用于位置选择的曲线。具体步骤如下。

（1）选择场景中的 Wall2 游戏对象，在 Inspector 窗口中，单击底部的 Add Component 按钮，为其添加一个 BoxCollider 组件。

（2）单击 BoxCollider 组件顶部的 Edit Collider 按钮，对碰撞体覆盖范围进行调整，使其覆盖两个入口以上的范围，如图 5-10 中 1 处所示。如果将入口区域覆盖，则体验者将不能通过位置选择进入另外一个房间。

（3）再次为游戏对象添加一个 BoxCollider 组件，调整其覆盖范围，使其覆盖间隔墙剩余部分，如图 5-10 中 2 处所示。

图 5-10

设置完成后，保存场景并运行应用程序进行测试，如图 5-11 所示。此时用于选择位置的曲线将不能穿过墙面，从而避免了“穿墙”现象的发生。

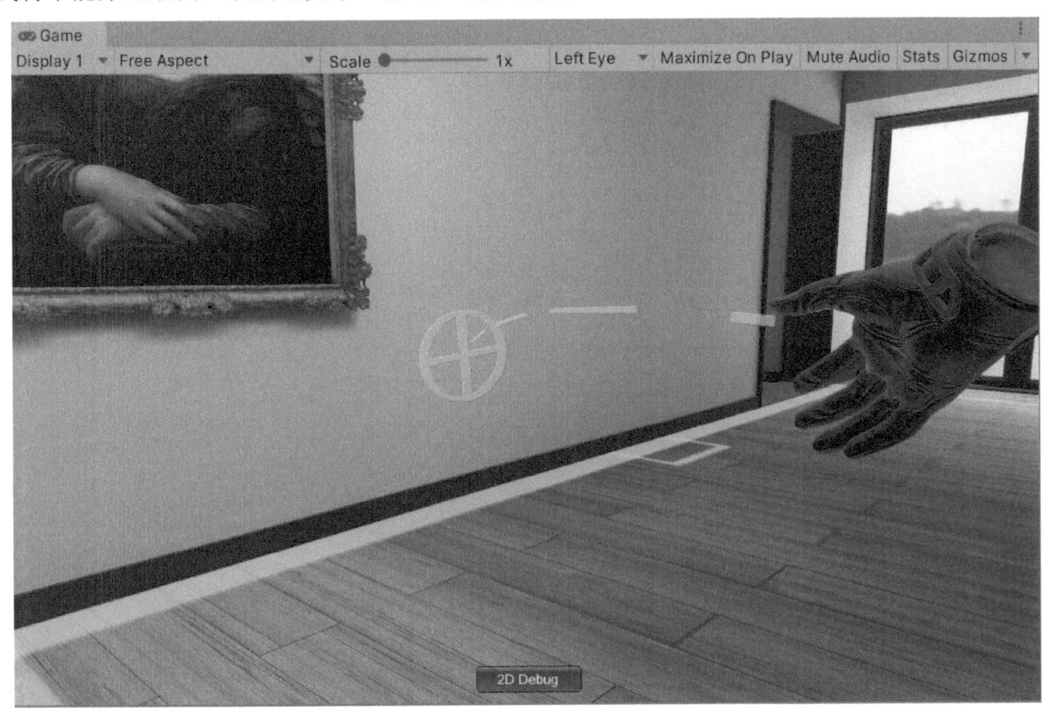

图 5-11

5.1.6 整理场景游戏对象

在实现位置传送功能后，需要对游戏对象节点进行整理，以实现比较良好的场景结构。具体步骤如下。

（1）在 Hierarchy 窗口中右击，在弹出的快捷菜单中选择 Create Empty 命令，创建一个空游戏对象并将其命名为 Teleport，作为所有与位置传送相关的游戏对象的父容器。

（2）将 Teleporting 游戏对象节点和两个 TeleportArea 游戏对象节点放置在创建的 Teleport 游戏对象的节点下，如图 5-12 所示。

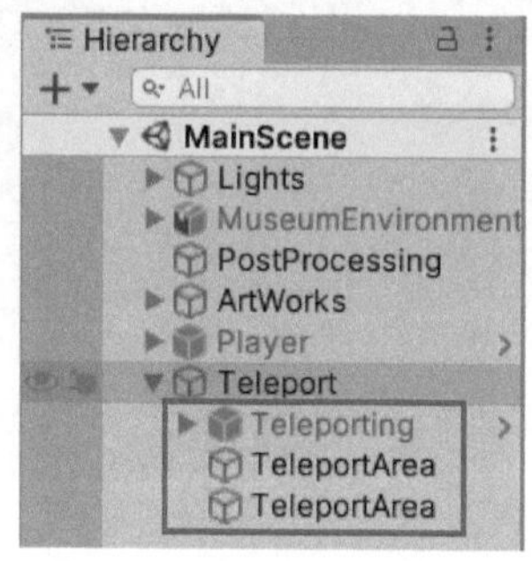

图 5-12

（3）保存场景。

同时，为了使 SteamVR 设置窗口在后续开发中不再弹出，在接受其所有推荐设置以后，在 Project 窗口的 SteamVR\Editor 路径下，找到 SteamVR_UnitySettingsWindow.cs 脚本，在脚本的第 118 行处插入如下代码，此后该窗口将不再弹出。

```
show = false;
```

5.2 实现对象的抓取

在 SteamVR Interaction System 中，可以使用 Throwable 组件实现对游戏对象的抓取和释放。具体的交互过程为：当手柄控制器与可交互游戏对象发生接触时，游戏对象呈现高亮效果，只需在手柄控制器上按下能够发出抓取动作的按键（默认为 Trigger 键），游戏对象就能够随手柄控制器进行移动；当松开 Trigger 键后，游戏对象脱离手柄控制器，在重力影响下将自然下落。同时，如果手柄控制器在释放过程中具有一定的运动速度，则游戏对象还将因为惯性，实现被抛出的运动效果。本节将以场景中的 Mexico_Jug 游戏对象为例，介绍如何实现这种类型的交互。

5.2.1 为游戏对象添加合适的碰撞体组件

要使游戏对象能够感应手柄控制器的接触，需要为游戏对象添加用于感应的不同类型的碰撞体。具体步骤如下。

（1）选择 Mexico_Jug 游戏对象，在 Inspector 窗口中单击 Add Component 按钮，添加一个 Box Collider 组件。

（2）单击组件顶部的 Edit Collider 按钮，对感应区域进行编辑，使其覆盖游戏对象的可视范围，如图 5-13 所示。

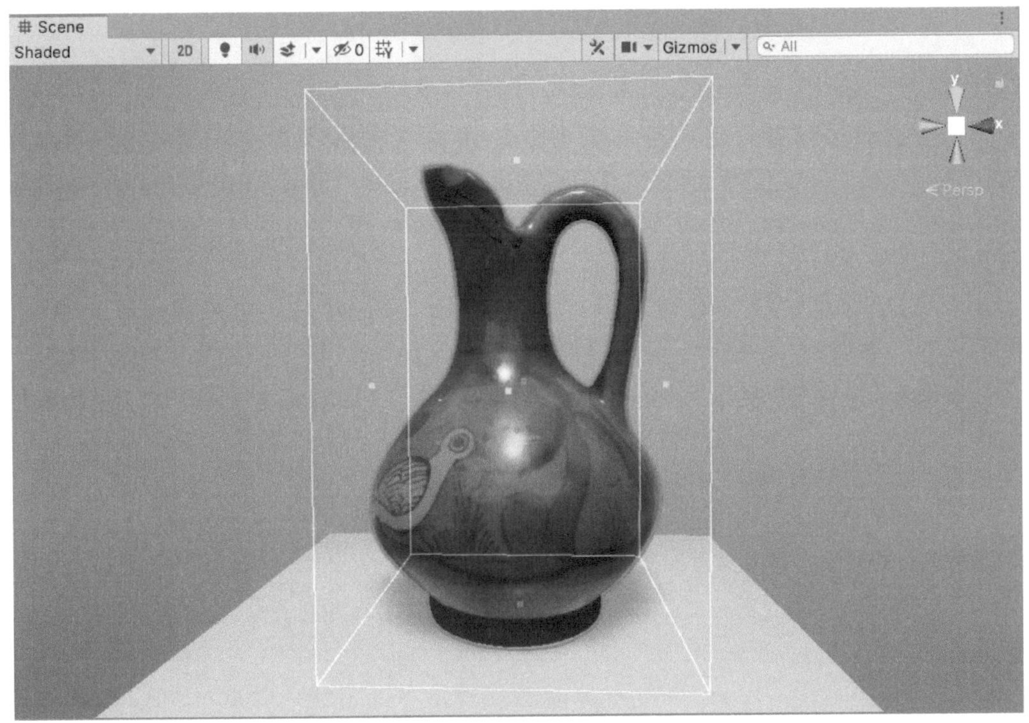

图 5-13

5.2.2　为游戏对象添加 Throwable 组件

Throwable 组件可以实现对游戏对象具体的抓取和释放机制。

选择 Mexico_Jug 游戏对象，在 Inspector 窗口中单击 Add Component 按钮，为其添加 Throwable 组件。在添加 Throwable 组件的同时，还会自动添加 Interactable 和 Rigidbody 组件，如图 5-14 所示。

图 5-14

这是因为在 Throwable 组件对应的脚本中，声明了对这两个组件的依赖，代码如下。

```
[RequireComponent( typeof( Interactable )
[RequireComponent( typeof( Rigidbody ) )]
public class Throwable : MonoBehaviour
{
...
}
```

其中，Interactable 组件用于将游戏对象转换为可交互游戏对象，当手柄控制器与碰撞体接触时，通过 Interactable 组件呈现和关闭高亮效果。Rigidbody 组件用于在交互过程中实现与碰撞和重力相关的物理机制，因为该组件默认勾选 Use Gravity 复选框，所以游戏对象在被释放后，能够自由下落。

由于可交互游戏对象默认使用重力，因此其周围如果没有能与之接触的碰撞体，则在程序开始运行时，该游戏对象将自动下落，甚至会降至“地面”以下。为了防止出现这种情况，需要为与之相关的游戏对象添加碰撞体。在本实例中，需要在初始状态下使 Mexico_Jug 游戏对象停留在展台上，并且在程序运行时，体验者有可能将游戏对象释放到地面上，所以与 Mexico_Jug 相关的两个游戏对象为 Stand 和 Floor。具体步骤如下。

（1）同时选择 Stand 和 Floor 游戏对象，在 Inspector 窗口中单击 Add Component 按钮，为它们添加 Box Collider 组件。

（2）分别对两个游戏对象上的 Box Collider 组件的响应范围进行微调，使其覆盖各自游戏对象的可视范围。

保存场景，运行应用程序，其交互效果如图 5-15 所示。当接触到游戏对象时，按下 Trigger 键，此时能够实现对游戏对象的抓取。此后，松开 Trigger 键，游戏对象被释放，同时能够自然下落到地面或展台上。

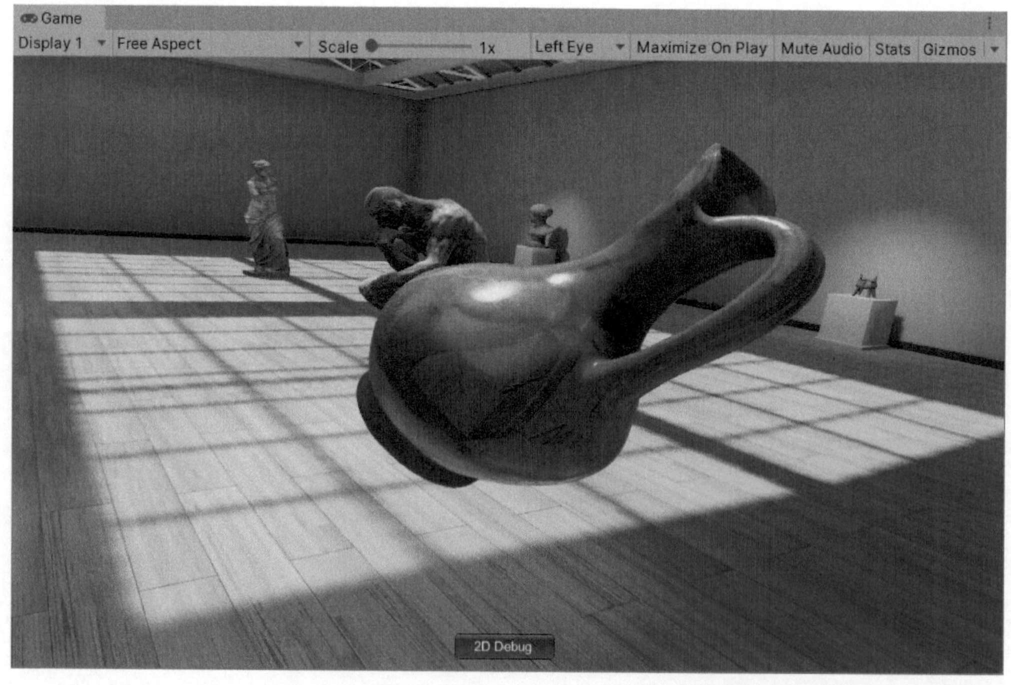

图 5-15

5.3 解决高亮轮廓在 URP 下的显示问题

我们在上一节对项目的测试过程中能够发现，当手柄控制器与游戏对象接触时，游戏对象会呈现白色高亮效果，类似将鼠标指针移到按钮上的表现，在 VR 中用于提示用户该游戏对象可以进行交互。虽然 SteamVR 对高亮材质进行了 URP 渲染管线的适配，但是其呈现效果并不理想，高亮区域并不连续，并在交互过程中伴随闪烁，如图 5-16 所示。下面将使用另外一种方案来替换这种高亮效果。

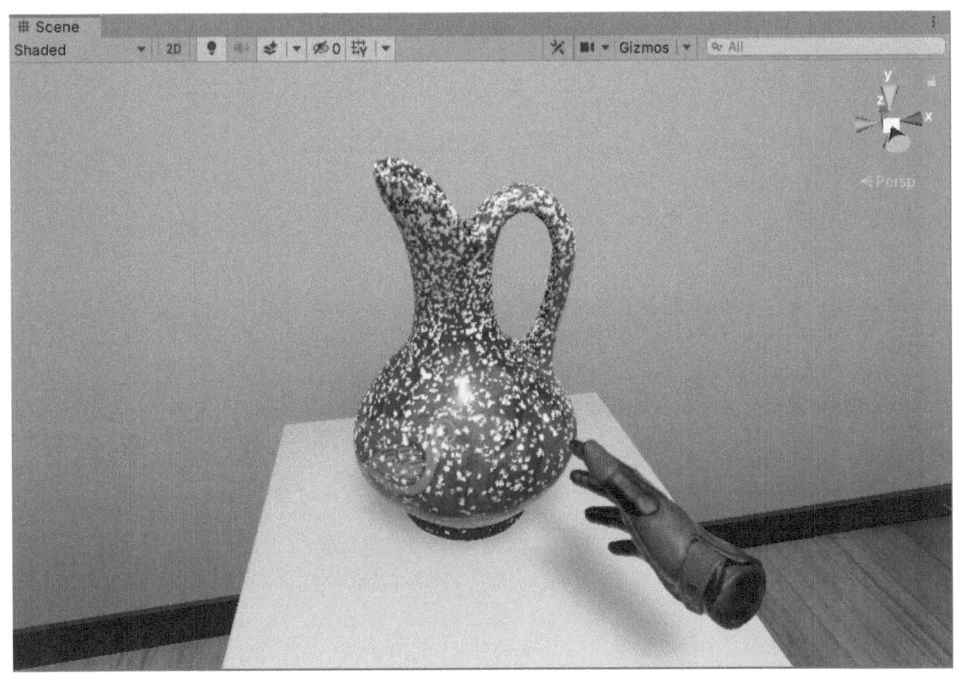

图 5-16

5.3.1 SteamVR 实现高亮效果的机制

我们将在现有方案的架构下对高亮效果进行替换，因此有必要先对 SteamVR 当前实现高亮效果的机制进行理解。

SteamVR Interaction System 使用 Interactable 组件实现高亮效果，在 Project 窗口顶部的搜索栏中输入关键词“Interactable”，找到该组件对应的脚本并双击，使用 Visual Studio 将其打开。

在 Interactable.cs 脚本的 Start()函数中，使用 Resources.Load()方法在程序初始化时载入名称为 SteamVR_HoverHighlight_URP 的外部材质资源作为高亮效果材质，代码如下。

```
highlightMat = (Material)Resources.Load("SteamVR_HoverHighlight_URP",
typeof(Material));
```

在脚本第 139 行处，声明了一个名称为 CreateHighlightRenderers()的函数，用于实现呈现高亮效果的功能。基本过程为：在两个 for 循环中，分别针对两种不同类型的几何体（SkinnedMeshRenderer 和 MeshFilter）叠加以上载入的高亮材质。代码片段如下。

```
protected virtual void CreateHighlightRenderers()
{
    // 在可交互游戏对象上获取所有 SkinnedMeshRenderer 组件
    existingSkinnedRenderers =
this.GetComponentsInChildren<SkinnedMeshRenderer>(true);
    // 创建使用高亮材质的游戏对象的容器
    highlightHolder = new GameObject("Highlighter");
    // 遍历每一个 SkinnedMeshRenderer 类型的几何体，为游戏对象叠加高亮材质
    for (int skinnedIndex = 0; skinnedIndex < existingSkinnedRenderers.Length;
skinnedIndex++)
    {
        ...
        // 创建空游戏对象，用于使用 highlightMat 高亮材质
        GameObject newSkinnedHolder = new GameObject("SkinnedHolder");
        // 将 newSkinnedHolder 游戏对象作为高亮容器的子物体
        newSkinnedHolder.transform.parent = highlightHolder.transform;
        // 为 highlightMat 高亮材质添加 SkinnedMeshRenderer“宿主”
        SkinnedMeshRenderer newSkinned =
newSkinnedHolder.AddComponent<SkinnedMeshRenderer>();
        // 根据 SkinnedMeshRenderer 中使用的材质数量创建材质数组
        Material[] materials = new
Material[existingSkinned.sharedMaterials.Length];
        // 根据材质数量，在 for 循环中为 materials 数组元素赋值
        for (int materialIndex = 0; materialIndex < materials.Length;
materialIndex++)
        {
            // 为材质数组元素赋值，均为载入的外部高亮材质资源
            materials[materialIndex] = highlightMat;
        }
        // 为高亮材质的“宿主”赋予 highlightMat 高亮材质
        newSkinned.sharedMaterials = materials;
        ...
    }

    // 在可交互游戏对象上获取所有 MeshFilter 组件，使用与以上相同的方法为游戏对象叠加高亮材质
    MeshFilter[] existingFilters =
this.GetComponentsInChildren<MeshFilter>(true);
    ...
    for (int filterIndex = 0; filterIndex < existingFilters.Length; filterIndex++)
    {
        ...
    }
}
```

该函数在手柄控制器与游戏对象接触时被 OnHandHoverBegin() 函数调用。OnHandHoverBegin()函数为：

```
protected virtual void OnHandHoverBegin(Hand hand)
{
    ...
```

```
    if (highlightOnHover == true && wasHovering == false)
    {
        CreateHighlightRenderers();
        ...
    }
}
```

5.3.2 Quick Outline 插件的使用

我们将使用 Quick Outline 插件并通过修改代码来实现一种新的高亮效果。Quick Outline 插件是一款高亮轮廓效果制作的工具，使用 Quick Outline 插件实现的高亮轮廓效果，能够自动适 URP 且在 VR 中表现良好，使用方法也相对便捷。在 Unity 资源商店中搜索关键词“Quick Outline”，获取该插件，如图 5-17 所示。读者也可以在随书资源的 Plugins 文件夹中找到名称为 Quick Outline.unitypackage 的文件。

图 5-17

获取插件后，将其导入项目。要为游戏对象应用高亮轮廓效果，作为测试，可以执行如下步骤。

（1）在场景中创建一个 Cube 立方体。

（2）选择立方体，在 Inspector 窗口中单击 Add Component 按钮，为其添加 Outline 组件，如图 5-18 所示。

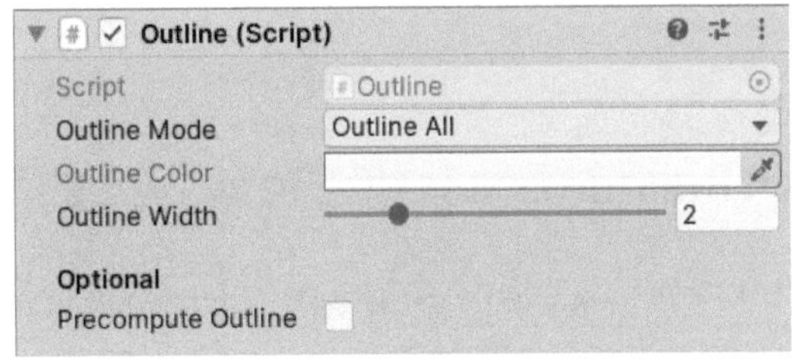

图 5-18

（3）设置 Outline 组件参数。其中，Outline Mode 为轮廓模式，Outline Color 为轮廓颜色，Outline Width 为轮廓线宽度。在本例中，将 Outline Color 设置为一个相对容易辨识的颜色，如黄色；将 Outline Width 设置为 5。

（4）保存场景，运行应用程序，实现的测试效果如图 5-19 所示。

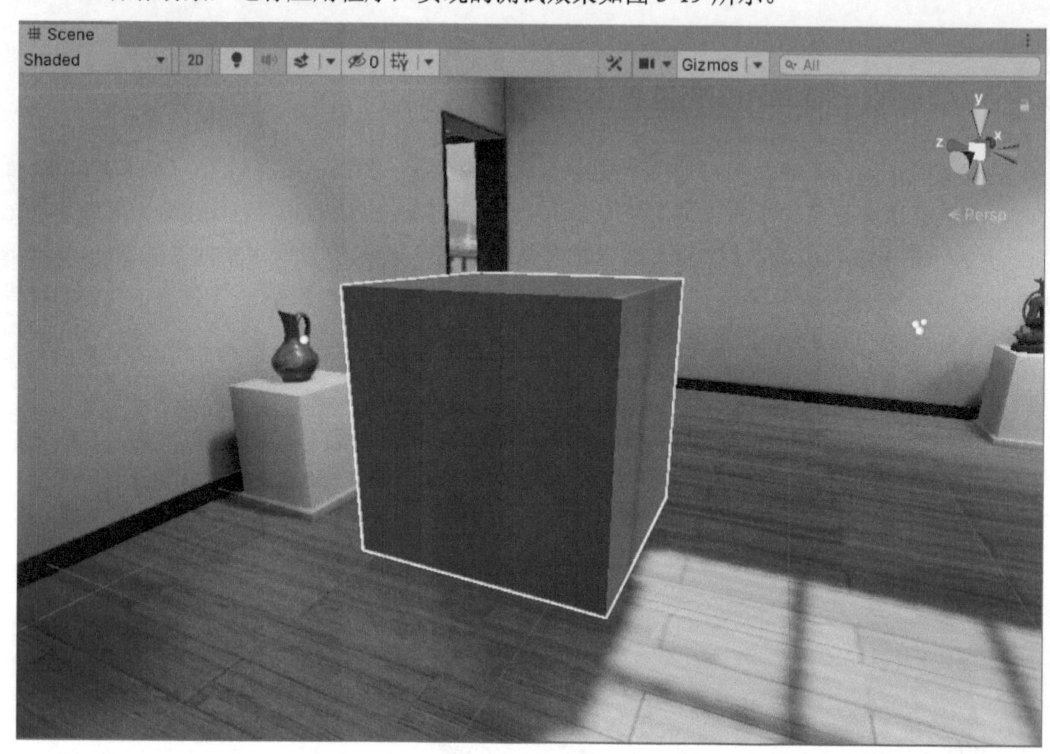

图 5-19

但是在 SteamVR 中，高亮效果需要在交互过程中动态呈现，Quick Outline 插件也提供了使用脚本动态呈现高亮轮廓效果的方法，其具体步骤可以查看 Project 窗口中 QuickOutline 文件夹下的 Readme 文本文件，示例代码如下。

```
// 添加 Outline 组件
var outline = gameObject.AddComponent<Outline>();
// 设置轮廓模式
outline.OutlineMode = Outline.Mode.OutlineAll;
// 设置轮廓颜色
outline.OutlineColor = Color.yellow;
// 设置轮廓线宽度
outline.OutlineWidth = 5f;
```

5.3.3 使用 Quick Outline 插件替换 SteamVR 的高亮效果

基于以上介绍，我们可以在 Interactable.cs 脚本的 CreateHighlightRenderers()函数中添加动态呈现高亮轮廓的代码，从而实现新的高亮效果。具体步骤如下。

（1）将 Outline.cs 脚本移到 SteamVR 文件夹下。在 Visual Studio 中，Quick Outline 插件的

核心为 Outline 脚本，.cs 为文件扩展名与 SteamVR 提供的脚本不在同一个 C#项目中，并且 Interactable 类存在于 Valve.VR.InteractionSystem 命名空间中，所以在 Interactable 类中将无法找到 Outline 脚本。要解决这个问题，需要在 Project 窗口的 QuickOutline\Scripts 路径下，将核心脚本 Outline，.cs 为文件扩展名移到 SteamVR 文件夹下，如图 5-20 所示。此时，在 Interactable.cs 脚本中能够正常访问到 Outline 类。

图 5-20

（2）双击 Quick Outline 插件的 Readme 文本文件，复制其提供的示例代码。

（3）在 Interactable.cs 脚本的 CreateHighlightRenderers()函数中，在第一个 for 循环的最后一行（该脚本的第 167 行）的后面添加复制的示例代码并进行修改，将 Outline 组件挂载到的对象由默认的 gameobject 改为 newSkinnedHolder，以便符合当前项目的需求，代码如下。

```
// 在 newSkinnedHolder 上挂载 Outline 组件
var outline = newSkinnedHolder.AddComponent<Outline>();
outline.OutlineMode = Outline.Mode.OutlineAll;
outline.OutlineColor = Color.yellow;
outline.OutlineWidth = 5f;
// 启用特效
outline.enabled = true;
```

（4）复制以上代码，在第二个 for 循环的最后一行添加代码，将 Outline 组件挂载到的对象改为 newFilterHolder，代码如下。

```
// 在 newFilterHolder 上挂载 Outline 组件
var outline = newFilterHolder.AddComponent<Outline>();
outline.OutlineMode = Outline.Mode.OutlineAll;
outline.OutlineColor = Color.yellow;
outline.OutlineWidth = 5f;
// 启用特效
outline.enabled = true;
```

（5）将脚本中初始化时载入的材质改为使用 Quick Outline 插件提供的 OutlineFill 材质，在 Interactable.cs 脚本第 105 行处进行修改，代码如下。

```
highlightMat = (Material)Resources.Load("OutlineFill", typeof(Material));
```

（6）鉴于 Resources.Load()方法的特性，外部载入的材质资源需要被放置在项目的 Resources 文件夹中。所以在 Project 窗口中，将 QuickOutline\Resources\Materials 路径中的材质资源移至 SteamVR\Resources 路径下。

（7）当在 Outline.cs 脚本中进行初始化时，同样使用了 Resources.Load()方法载入使用到的材质资源，而此时两个材质文件的存放位置已经发生了改变，所以材质按照远路径将不能正常载入，但是在该脚本第 89～90 行处修改代码，调整材质资源的载入路径，代码如下。

```
// 载入外部材质
outlineMaskMaterial = Instantiate(Resources.Load<Material>(@"OutlineMask"));
outlineFillMaterial = Instantiate(Resources.Load<Material>(@"OutlineFill"));
```

完成以上步骤后，返回 Unity 编辑器，保存场景，运行应用程序进行初步测试，交互效果如图 5-21 所示。

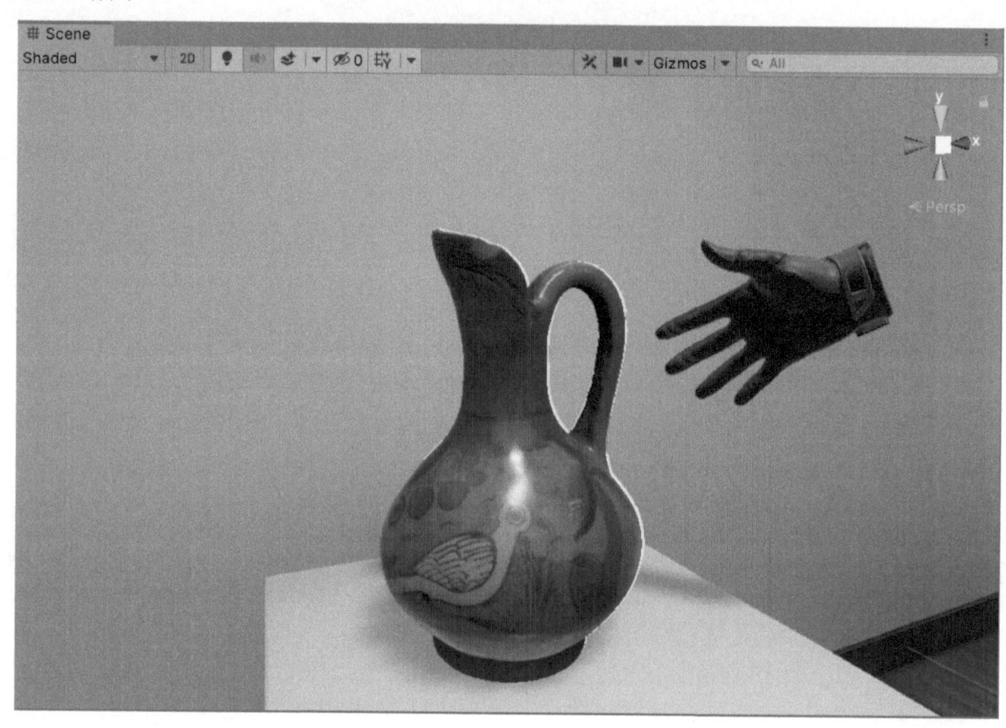

图 5-21

在测试中发现轮廓效果显示并不完整，同时伴随在 Unity 编辑器底部的 Console 窗口中报错，如图 5-22 所示。

[12:53:44] Not allowed to access uv4 on mesh 'default' (isReadable is false; Read/Write must be enabled in import settings)
UnityEngine.Mesh:SetUVs (int,System.Collections.Generic.List`1<UnityEngine.Vector3>)

Not allowed to access uv4 on mesh 'default' (isReadable is false; Read/Write must be enabled in import settings
UnityEngine.Mesh:SetUVs (int,System.Collections.Generic.List`1<UnityEngine.Vector3>)

图 5-22

该报错信息提示脚本不能访问模型的第四套 UV 信息（UV4）并建议将模型设置为可读/写状态。在 Project 窗口中，找到该游戏对象对应的 Mexico_Jug 模型，并在 Inspector 窗口中勾选 Read/Write Enabled 复选框，单击窗口右下角的 Apply 按钮。再次测试应用程序，在交互过程中，高亮轮廓效果能够正常呈现并且不再报错，如图 5-23 所示。

本节使用 Quick Outline 插件结合 Interactable 组件实现了新的高亮效果的呈现，此后对于其他游戏对象的交互，均能应用该类型的呈现效果。同时，在 Unity 资源商店中还存在很多能实现高亮效果的插件，读者可以自行探索。

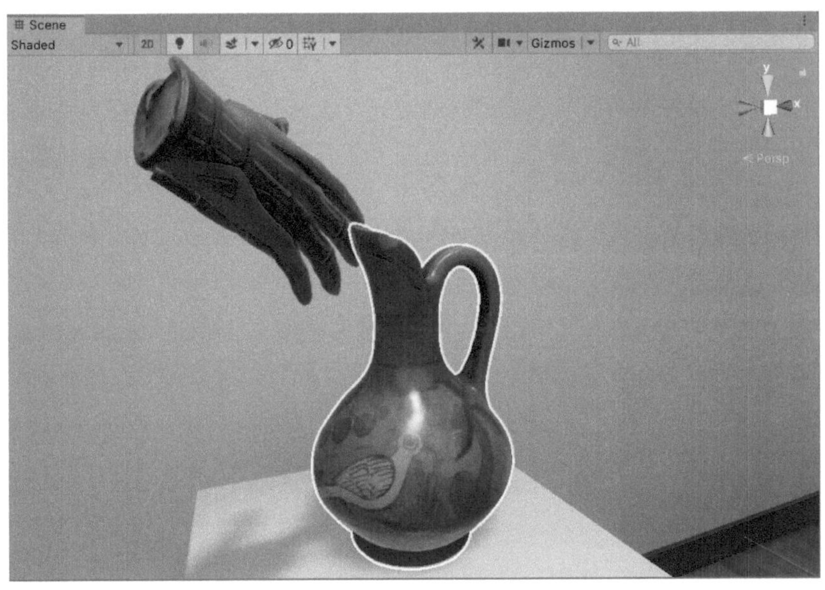

图 5-23

5.4 使用 Skeleton Poser 组件设计抓取手形

在当前项目中，虽然能够对游戏对象进行抓取和释放，但是游戏对象在被抓取以后，手柄控制器会立即隐藏。我们希望在项目中实现更为自然、真实的交互效果，就像在现实世界中一样，使手部模型保持显示，并且能够根据不同游戏对象的结构呈现出不同的手形。要实现这种效果，需要使用 SteamVR 的 SteamVR_Skeleton_Poser（以下简称 Skeleton Poser）组件。本节将使用该组件为场景中的 Mexico_Jug 可交互游戏对象设计和制作在被抓取时手部呈现的姿态。

在进行实际设计制作之前，需要检查 SteamVR_Settings 配置文件，确保已经在 Preview Hand Left 和 Preview Hand Right 选项中指定了用于预览的手部模型，如图 5-24 所示。

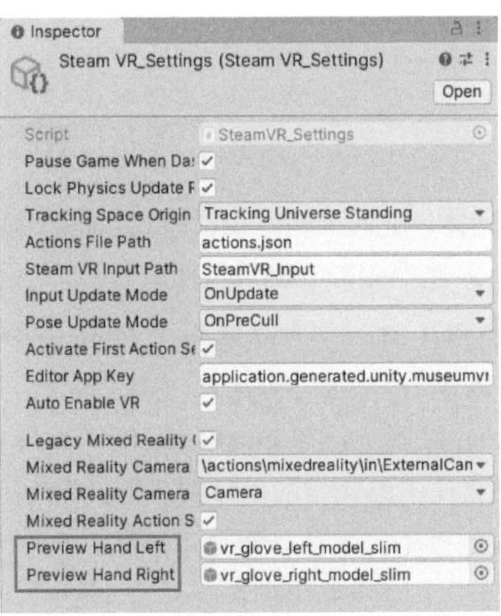

图 5-24

5.4.1 为可交互游戏对象添加 Skeleton Poser 组件

程序运行时，手柄控制器会与不同形状的游戏对象进行交互，所以需要将 Skeleton Poser 组件添加到不同的可交互游戏对象上，而不是某一个手柄控制器对应的手部模型上，如 Right Hand 或 Left Hand。

在对相应的游戏对象进行了组件的添加和设置后，当使用手柄控制器抓取对应游戏对象时，代表控制器的手部模型就会做出相应的姿态。

在为游戏对象添加 Skeleton Poser 组件之前，需要在可交互游戏对象的 Interactable 组件中取消勾选 Hide Hand On Attach 复选框，如图 5-25 所示。此时在游戏对象被抓取以后，手部模型将会保持显示。

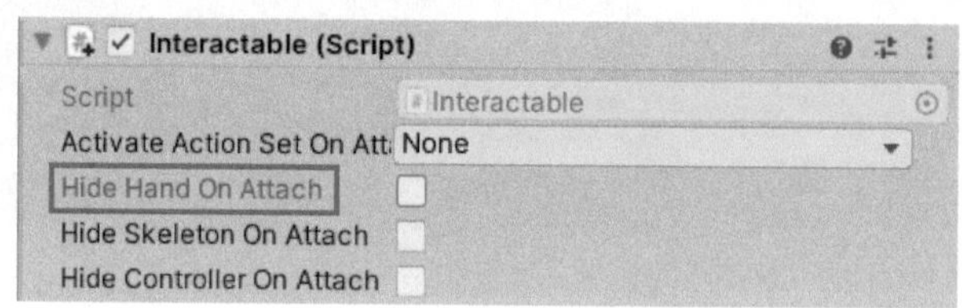

图 5-25

为了更好地进行手形编辑，可以将 Mexico_Jug 游戏对象转换为预制体。具体步骤如下。

（1）在 Project 窗口中，创建一个文件夹，并将其命名为_Prefabs。

（2）将 Mexico_Jug 游戏对象拖入该文件夹中，在弹出的对话框中单击 Original Prefab 按钮，将其转换为预制体，如图 5-26 所示。

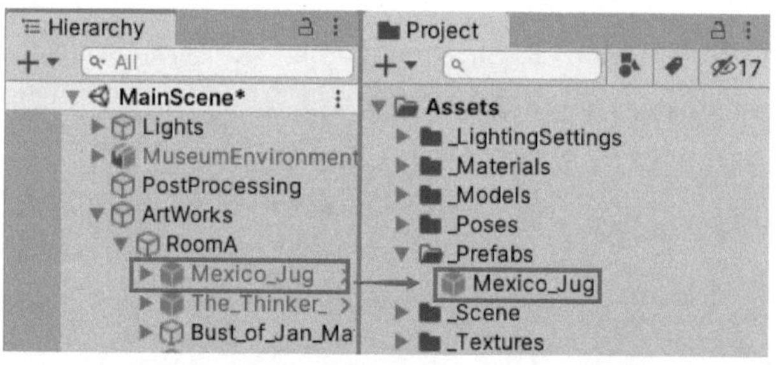

图 5-26

（3）双击 Mexico_Jug 预制体，进入预制体编辑模式，此时在进行手形编辑时，游戏对象和手部模型将不会被其他游戏对象遮挡而影响编辑工作。

（4）选择父节点，在 Inspector 窗口中为其添加 Skeleton Poser 组件。

在 SteamVR 插件中已经包含了一部分预制的手部姿态文件，它们被存放在 Project 窗口的 SteamVR\InteractionSystem\Poses 路径下，在 Interaction System 示例场景中用于演示。所以，在通常情况下，可以在这些姿态文件中选择合适的预制手形，并在此基础上对各关节点进行调整，以便快速设计出符合项目需求的手形。具体步骤如下。

（1）在 Project 窗口中创建一个文件夹并将其命名为_Poses，将创建的 newPose 姿态文件放置到此文件夹中，如图 5-27 所示。

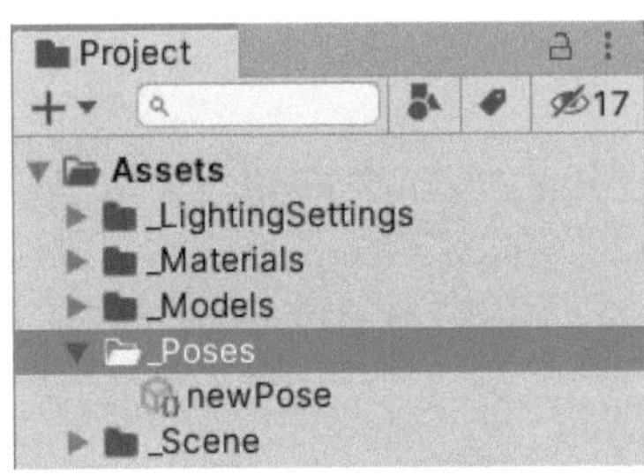

图 5-27

（2）在 Project 窗口的 SteamVR\InteractionSystem 路径下，选择 Poses 文件夹，按 Ctrl+D 组合键，创建此文件夹的副本并将其命名为_Poses，将其移到项目根目录下，如图 5-28 所示。

（3）将_Poses 文件夹下的 fallback_relaxed 姿态文件指定到 SteamVR_Skeleton_Poser 组件的 Current Pose 参数中，如图 5-29 所示。

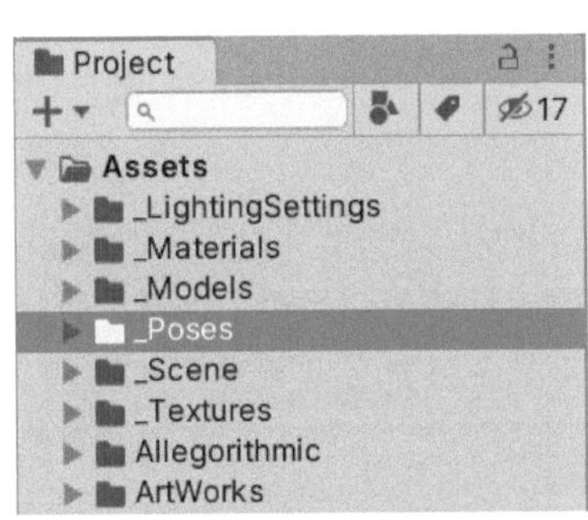

图 5-28

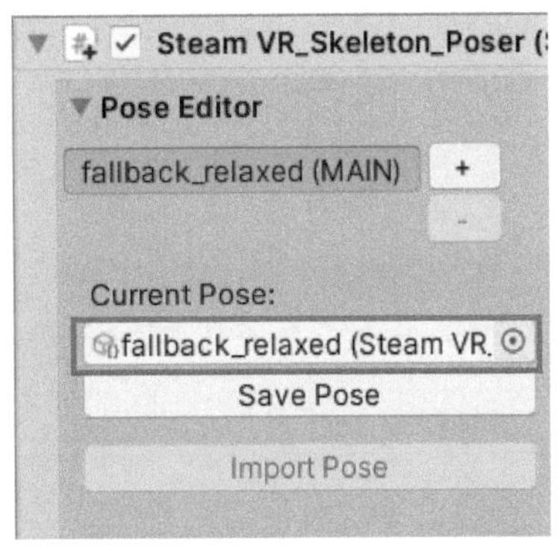

图 5-29

5.4.2　编辑左手手形

在默认情况下，在场景中会显示左手手部模型的预览，在 Hierarchy 窗口中存在对应的 vr_glove_left_model_slim(Clone)节点。如未显示，可以在 Skeleton Poser 组件中单击 Left Hand 选区的“预览”按钮将其呈现。

手部模型是一个经过骨骼绑定的 Skined Mesh 类型的几何体，编辑手型的一般思路为：首先确定手部模型在游戏对象上的抓取位置，然后对 5 个手指包含的相关骨骼节点进行旋转，从而确定最终的抓取手型。基于此思路，执行如下步骤。

（1）在 Hierarchy 窗口中选择 vr_glove_left_model_slim(Clone)节点，在场景中调整其位置和旋转角度，使其符合左手抓取时的位置和角度，位置的 Position 参数值可参考（0.0141，0.379，0.0274），旋转角度的 Rotation 参数可参考（-45.371，50.52，0），设置完成后，在 Hierarchy 窗口中选择顶部的 Mexico_Jug 节点，在 Skeleton Poser 组件中单击 Save Pose 按钮，保存编辑信息。初步效果如图 5-30 所示。

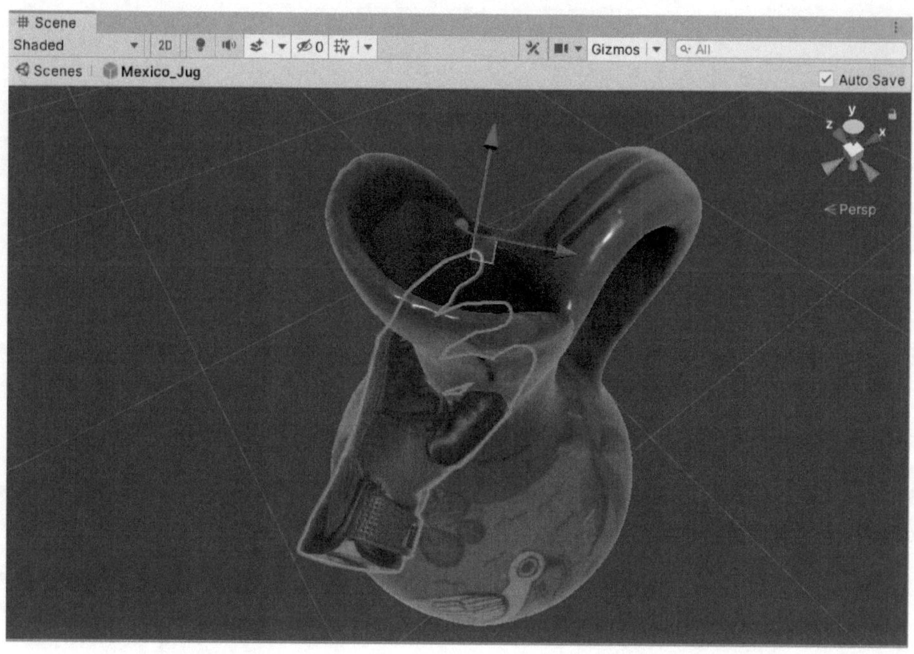

图 5-30

（2）在 Hierarchy 窗口中，展开 vr_glove_left_model_slim(Clone)节点，在 wrist_r 子节点下包含了代表手指的 5 个子节点，继续展开这些子节点，在场景中使用旋转工具对手指包含的关节进行旋转编辑，使其符合实际的抓取姿态，最终效果如图 5-31 所示。

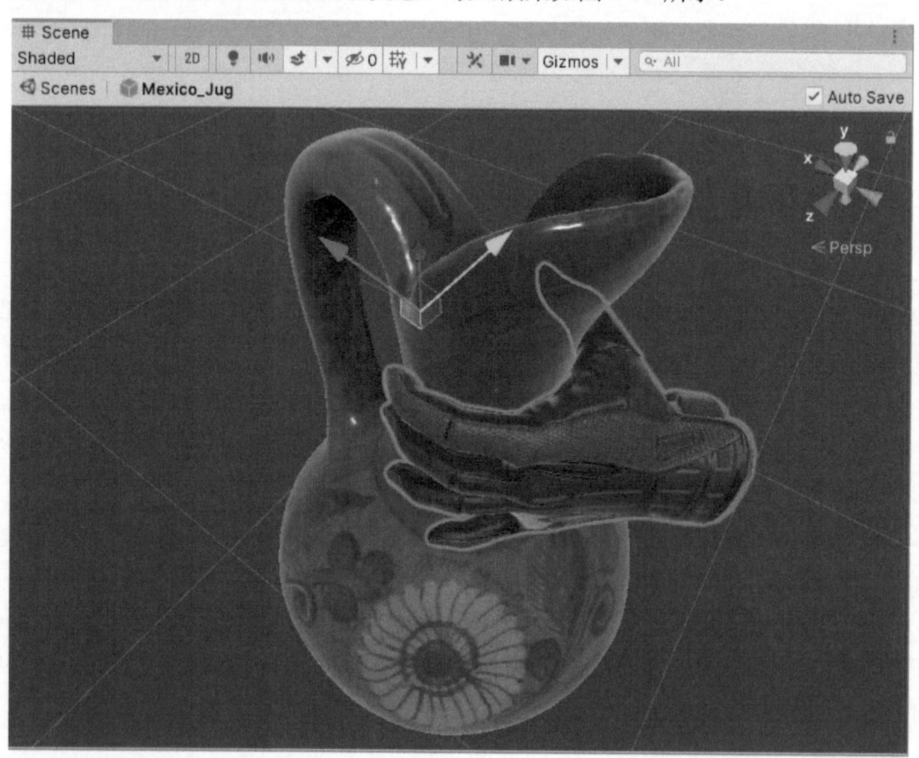

图 5-31

由于涉及的关节较多，本节将不提供所有关节的旋转角度信息，读者可以参考随书资源中提供的 fallback_relaxed 姿态文件。同时，在编辑过程中注意对编辑信息进行及时保存。

5.4.3 编辑右手手形

基于被抓取游戏对象的外观，我们希望在使用右手对其抓取时，右手呈现不同的姿态。Skeleton Poser 组件提供了快速复制手部姿态信息的功能，可以将已编辑的左手姿态信息复制到右手上，只需在此基础上进行微调即可完成右手手形的编辑。

在 Skeleton Poser 组件的 Pose Editor 选区中，勾选 Show Left Preview 和 Show Right Preview 两个复选框。此时只需单击下方的 Copy Left pose to Right hand 或 Copy Right pose to Left hand 按钮，即可将已经编辑完成的手部姿态信息复制到另外一只手上。

VR 博物馆项目需要将左手姿态信息复制到右手上，所以单击 Copy Left pose to Right hand 按钮，在弹出的对话框中，单击 Overwrite 按钮。此时，右手呈现与左手相同的手形，且两者呈镜像对称显示，如图 5-32 所示。

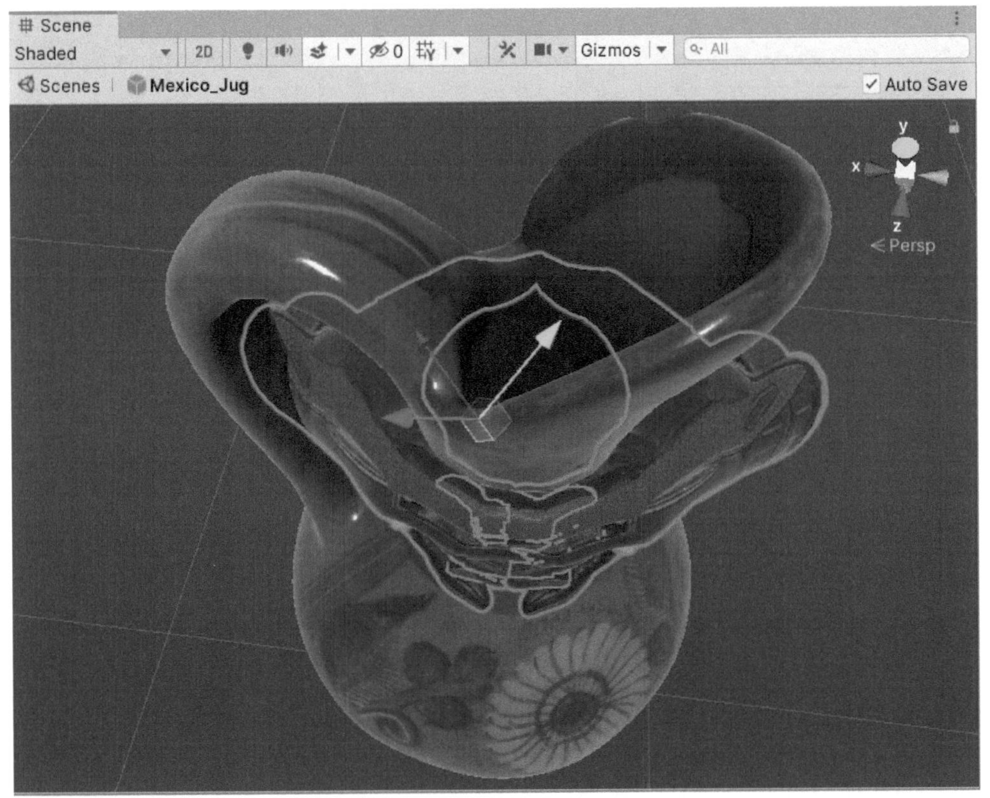

图 5-32

关闭左手姿态预览，使用相同的方式——首先调整右手整体的位置和旋转，然后对各手指关节进行旋转编辑。此处不再赘述，读者可以参考随书资源中提供的 fallback_relaxed 姿态文件。左、右两只手部的姿态效果最终如图 5-33 所示。

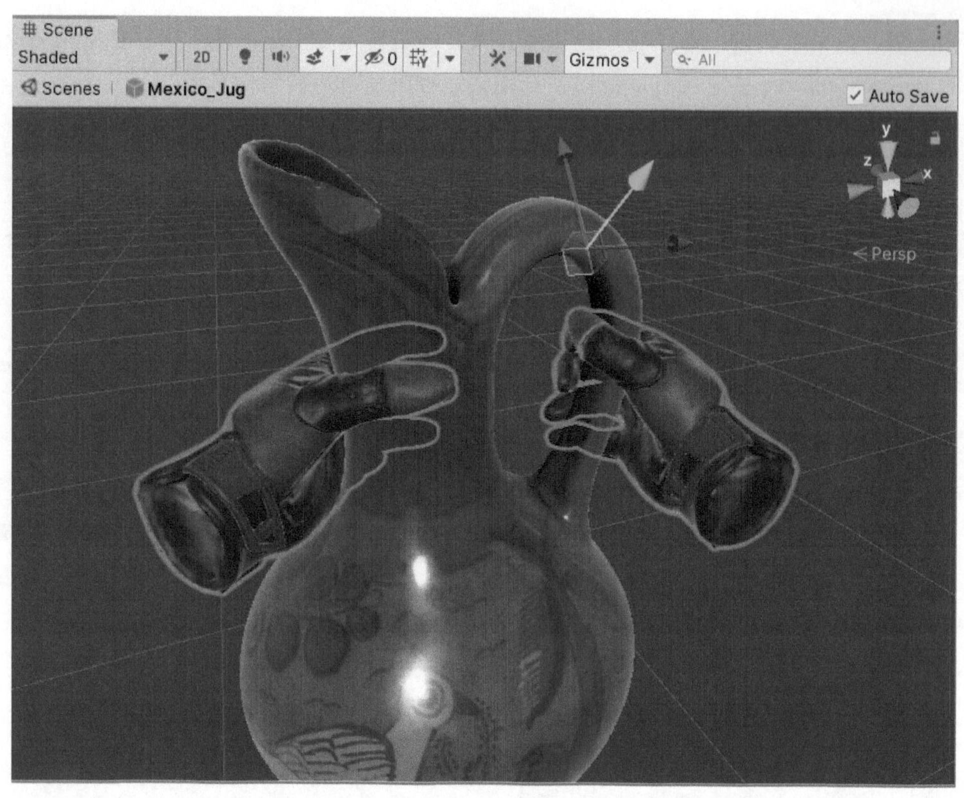

图 5-33

调整完成后，关闭左、右手姿态预览，单击预制体在 Hierarchy 窗口左上角的箭头按钮，返回场景，运行应用程序进行测试。当先后使用左右手柄控制器对游戏对象进行抓取时，手部模型分别呈现了不同的抓取姿态。

5.5 使用 DOTween 插件实现佛像的浮动特效

使用虚拟现实技术的意义之一在于，可以给人们在现实世界中无法体验到的经历。所以，在制作一个虚拟现实项目时，可以不用一味地还原现实中的体验，可以充分发挥自己的想象力，为用户提供一些未曾经历过的体验。

以场景中的佛像为例，可以为其制作缓慢浮动的特效，从而塑造出它栩栩如生的一面。本节将使用 DOTween 插件来实现这种动效。

5.5.1 获取 DOTween 插件

DOTween 插件是一个能够快速、高效地为游戏对象制作各种缓动特效的引擎，通过编写 C#代码，只需提供少量参数，如最终属性值、持续时间、缓动类型等，即可由 DOTween 插件实现该游戏对象的补间动画，同时呈现非常自然的过渡效果。在资源商店中搜索关键词“DoTween”，获取该插件。VR 博物馆项目将使用其免费版本，如图 5-34 所示。

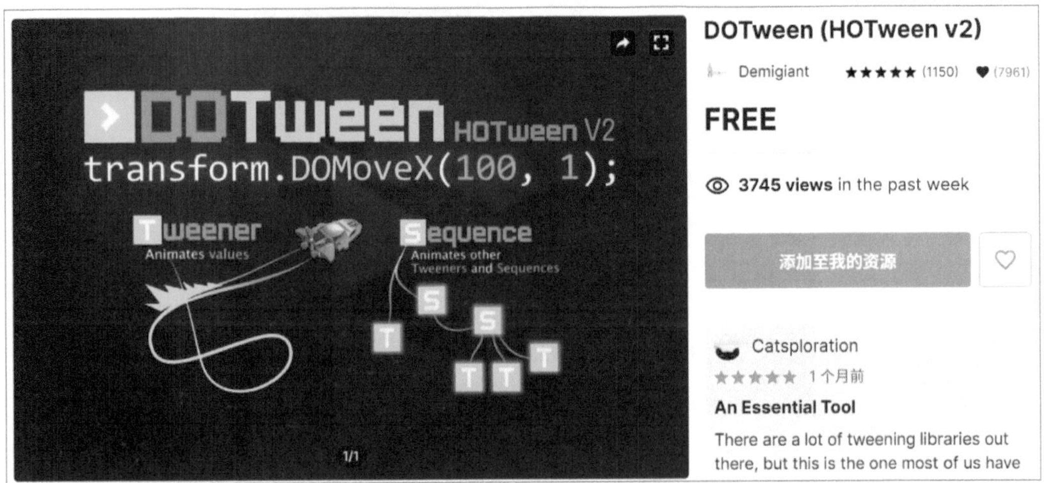

图 5-34

DOTween 插件提供了丰富的 API 脚本，能够对游戏对象的位置、缩放、角度、颜色等属性进行操作。使用脚本编写 DOTween 插件的特效，示例代码如下。

```
// 游戏对象移到（1，2，3）处，用时 1 秒钟
transform.DOMove(new Vector3(1,2,3), 1);
// 游戏对象的 Y 轴进行 3 倍缩放，用时 1 秒钟
transform.DOScaleY(3, 1);
```

更多关于该插件的使用介绍，读者可参考其官方文档。

5.5.2　导入 DoTween 插件

在 Unity 资源商店中获取到 DoTween 插件，并在 Package Manager 窗口中将其导入项目。导入后会在 Unity 编辑器底部的 Console 窗口中出现一条报错信息，提示发生类名冲突。这是因为在 VR 博物馆项目中，DoTween 插件与此前使用的 Quick Outline 插件中同时包含了一个名称为 Outline 的类。要解决这个问题，可以找到 Quick Outline 插件的 Outline.cs 脚本，此时该脚本被存放在 SteamVR 文件夹中，双击将其打开。在类声明之前添加一个命名空间，代码如下。

```
namespace Valve.VR.InteractionSystem
{
    [DisallowMultipleComponent]
    public class Outline : MonoBehaviour
    {
        ...
    }
}
```

保存脚本后返回 Unity 编辑器，此时报错信息消失，如果再次出现报错信息，则可以尝试重启 Unity 编辑器。

经过短暂编译后，会弹出提示 DOTween 插件需要设置的对话框，如图 5-35 所示。

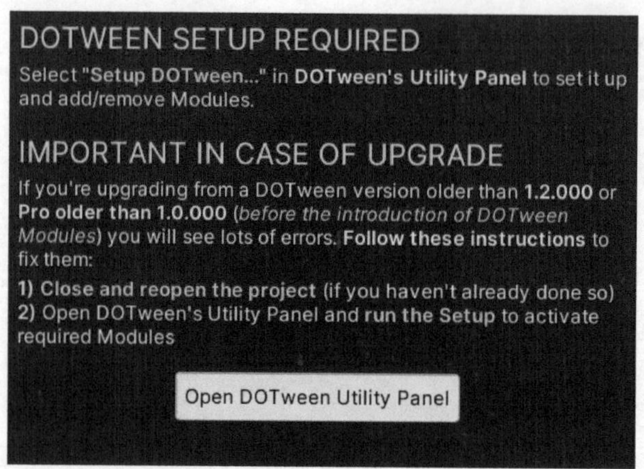

图 5-35

单击 Open DOTween Utility Panel 按钮，在弹出的设置对话框中，可以对 DOTween 插件的模块进行添加或移除，单击 Setup DOTween 按钮完成对 DOTween 引擎的初始化。脚本编译完成后，关闭对话框，即可开始使用 DoTween 插件。

5.5.3 编写脚本实现浮动特效

游戏对象上下浮动的效果，其实质是游戏对象在 *Y* 轴的一个给定的距离范围内循环移动。

在 Unity 编辑器的 Project 窗口中创建一个文件夹，并将其命名为_Scripts，用于存放创建的所有 C#脚本。选择此文件夹并右击，在弹出的快捷菜单中选择 Create→C# Script 命令，创建一个 C#脚本并将其命名为 Sculpture，双击该脚本并使用 VS 将其打开。

我们将不会在自动创建的 Update()函数中编写任何代码。作为良好的项目管理习惯，为了减少不必要的程序调用带来的性能消耗，可以将 Update()函数删除。即使该函数中没有任何代码，Unity 在执行脚本时也会对其产生调用。

在 Sculpture.cs 脚本中编写如下代码。

```
using UnityEngine;
using DG.Tweening;

public class Sculpture : MonoBehaviour
{
    // 对 Transform 游戏对象的引用
    private Transform _transform;
    void Start()
    {
        // 获取 transform 的引用
        _transform = transform;
        // 调用 MoveUpAndDown()函数
        MoveUpAndDown();
    }

    private void MoveUpAndDown()
```

```
    {
        // 设定物体向上移动的最大位置
        Vector3 upDestination = _transform.position + Vector3.up * 0.1f;
        // 为游戏对象添加缓动：向上移动，过程持续 3 秒钟，无限循环，缓动类型为 InOutSine
        _transform.DOMove(upDestination, 3.0f).SetLoops(-1, 
LoopType.Yoyo).SetEase(Ease.InOutSine);
    }
}
```

MoveUpAndDown()函数用于实现具体的浮动效果，声明游戏对象向上移动的最终位置 upDestination，即在游戏对象所处位置沿 Y 轴向上 0.1 米处。调用 DOTween 插件提供的 DOMove()函数实现位置移动的缓动效果，且每次缓动持续时间为 3 秒。SetLoops()函数用于指定缓动循环次数和类型，如果第一个参数为-1，表示无限循环，则第二个参数用于指定循环类型。LoopType.Yoyo 类型为悠悠球模式——游戏对象在到达最终位置后原路返回初始位置继续执行缓动，而不是直接定位到初始位置重新开始。SetEase()函数用于设置缓动类型，DOTween 插件提供了多种缓动模式，InOutSine 模式实现的效果是游戏对象在到达目标位置（本示例中也包括回到起始位置）时逐渐减速。

保存编写完成后的脚本，返回 Unity 编辑器，将其挂载到场景中的 Tibetan_Amoghasiddhi_Buddha_13th_C_CE 游戏对象上，运行应用程序进行测试，效果如图 5-36 所示，佛像会在垂直方向 0.1 米范围内进行缓慢浮动。

图 5-36

5.5.4 调整附加光源的阴影分辨率

为了更好地呈现游戏对象被射灯照射后投射在墙面上的阴影，可以适当提高阴影的分辨率。在 URP 中，Spot Light、Point Light 等光源被认为是附加光源（Additional Lights）。要对它们投射的阴影进行分辨率的设置，可以选择 URP 配置文件（在 VR 博物馆项目中为 UniversalRP-HighQuality），在属性窗口的 Additional Lights 选区中，将 Shadow Resolution 调整为 2048。此时，佛像投射在墙面上的阴影品质有了一定的提升，如图 5-37 所示。

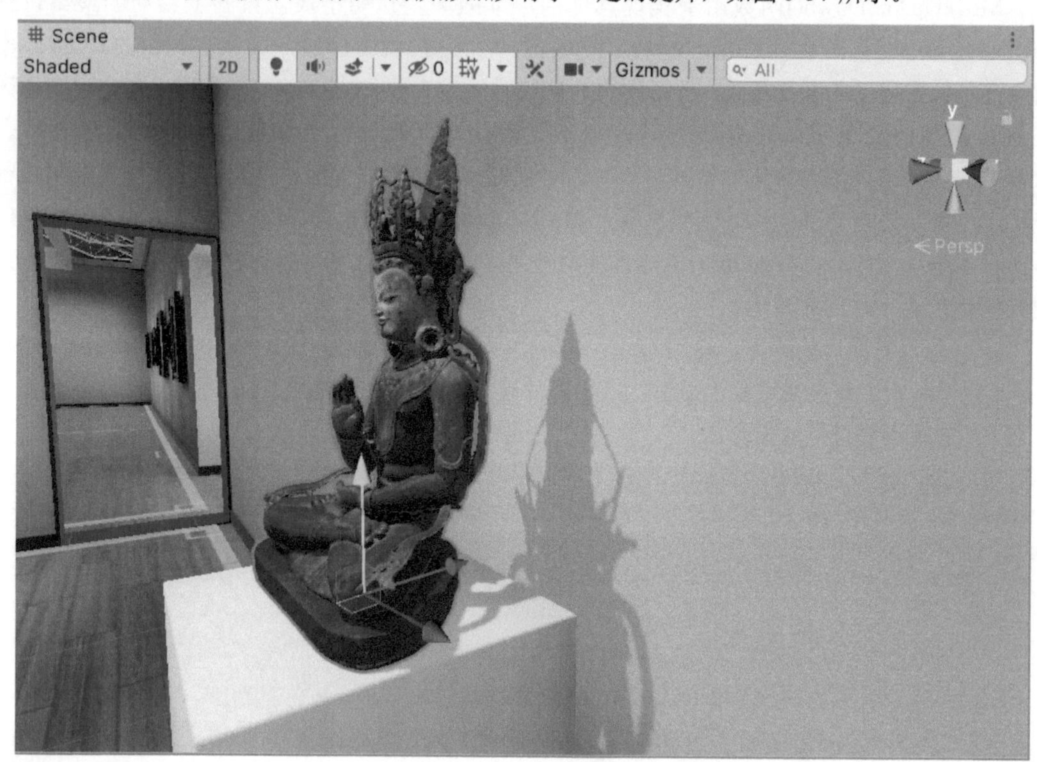

图 5-37

第 6 章　VR 中的 UI 技术

VR 应用程序中的 UI 与主机或移动应用中的 UI 最大的区别在于，VR 中的 UI 并不存在"屏幕"的概念，所有的 UI 都需要在 3D 空间中呈现，即 UI 元素拥有了 Z 轴信息，可以在场景中像其他 3D 游戏对象一样进行位置的摆放。在主机或移动端应用中，所有的 UI 均以 2D 形式呈现在屏幕上。至于 UI 的编辑、为 UI 控件添加交互相应的事件处理函数等工作，均符合 UGUI 的流程标准。

本章将介绍如何制作 VR 环境中使用到的 UI 元素，并借助第三方插件设计和制作 VR 博物馆中使用到的系统菜单。

6.1 制作文字介绍 UI

本节以最基础的文字介绍 UI 作为开始，介绍如何将基于屏幕的 UI 界面转换为在 VR 三维虚拟环境中呈现的 UI。

6.1.1 制作 VR 中的 UI 的一般流程

Unity 中的 UI 控件需要被放置在一个 Canvas 容器中，可以在 Hierarchy 窗口中右击，在弹出的快捷菜单中选择 UI→Canvas 命令，对 Canvas 容器进行创建。Canvas 容器在被创建以后，默认是基于屏幕的渲染模式，如图 6-1 所示。

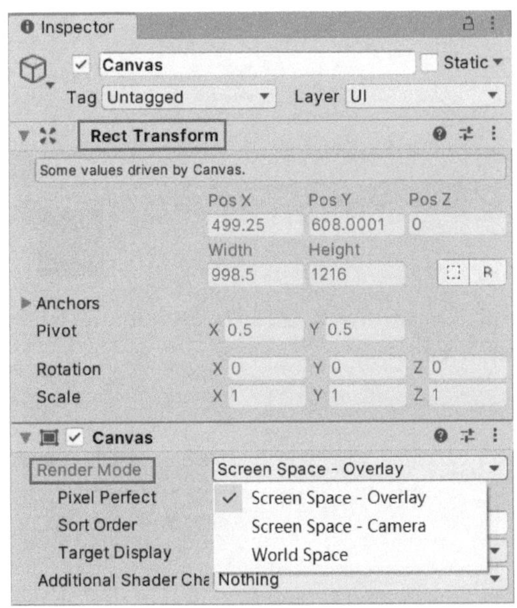

图 6-1

在这种渲染模式下，Canvas 游戏对象仅能在一个二维平面内移动。同时，Canvas 游戏对象上的 Rect Transform 组件处于不可编辑状态。而在 VR 应用程序中，UI 需要出现在体验者能够观察到的三维空间中。

我们需要将 Canvas 组件的 Render Mode 参数设置为 World Space。设置完成后，便可以使用移动工具对其进行任意位置的移动。同时，Canvas 游戏对象上的 Rect Transform 组件变为可编辑状态。

此时 Canvas 游戏对象默认缩放比例为 1，相对于场景，这个缩放比例是比较大的。在通常情况下，需要将 Canvas 的缩放比例调整为原来的百分之几或千分之几，具体数值需要参考 Canvas 与场景的比例。

在将 Canvas 修改为世界空间（World Space）渲染模式并调整到合适的缩放比例后，可以在场景中对其移动，定位到需要呈现的位置。在 Canvas 中添加一些带有文字内容的 UI 控件（如 Text、Button 等）后，文字内容在场景中通常显示得比较模糊，如图 6-2 所示。

图 6-2

在 Canvas 游戏对象上的 Canvas Scaler 组件中，Dynamic Pixel Per Unity 参数表示 UI 中每单位包含的像素数量，如图 6-3 所示。

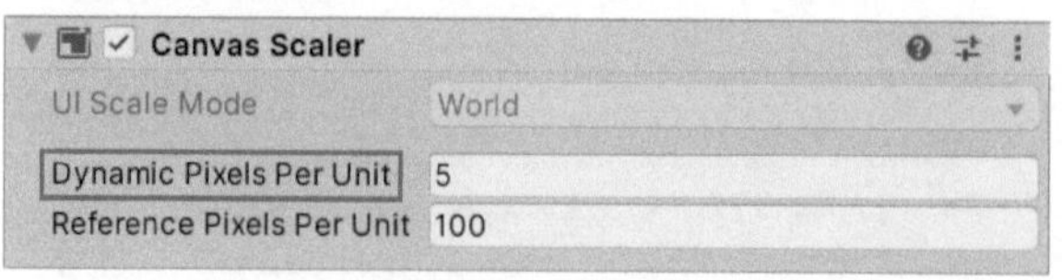

图 6-3

通常只需将此参数值设置为 3～5，即可呈现比较清晰的文字效果。本书不建议为其设定比较高的数值，否则将因填充像素数量过多而导致在文字边缘出现明显的锯齿。将参数值设置为 5 以后的文字呈现效果，如图 6-4 所示。

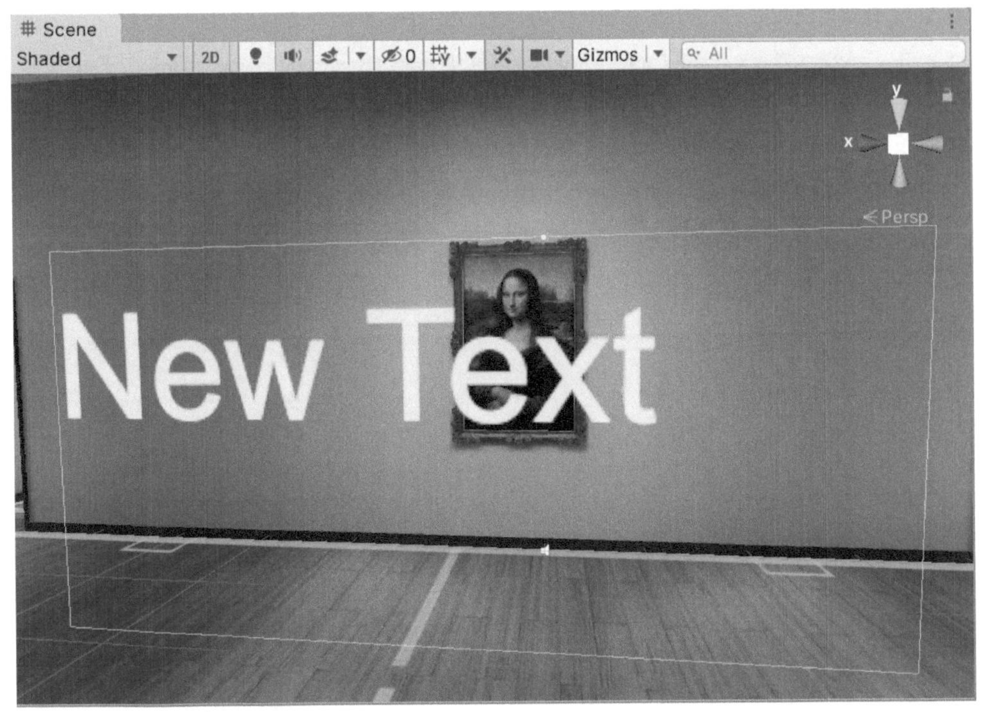

图 6-4

关于文字清晰度改善的方法，也可以使用 Unity 的 TextMeshPro 来实现，但是对于中文内容的呈现，需要做一些额外工作，我们将在 6.6.5 节中进行介绍。

另外，在 UI 编辑过程中，如果 UI 控件的大小不符合要求，则建议不要调整其 Scale 参数值，而是调整其 Height 和 Width 参数值。如果多个 UI 控件均有调整缩放比例的需要，则建议保持其各自缩放为 1，并调整其所在 Canvas 容器的缩放。

6.1.2　为《蒙娜丽莎》画像添加文字介绍

本书将以《蒙娜丽莎》画像的文字介绍 UI 为例，介绍具体的 VR 中 UI 的基本制作过程。

在本实例中，将使用 Unity 的 Text 控件进行文字的展示。执行以下步骤完成 UI 的基础设置。

（1）在 Hierarchy 窗口中右击，在弹出的快捷菜单中选择 UI→Text 命令，创建一个 Text 控件。当场景中不存在用于承载 UI 控件的 Canvas 容器时，如果直接添加第一个 UI 控件，Unity 将自动创建一个 Canvas 游戏对象并将 UI 控件放置其中。

（2）选择 Canvas 游戏对象，在 Inspector 窗口中，将 Canvas 组件的 Render Mode 设置为 World Space。

（3）在 Canvas 游戏对象的 Rect Transform 组件中，单击窗口右上角的三点按钮，选择 Reset 命令，对各项参数进行重置，以确保能够定位到场景中的原点处，以便后续的位置调整。

（4）在 Rect Transform 组件中，将 Canvas 的 Scale 参数值设置为（0.01,0.01,0.01）。鉴于 UGUI 的特性，要使 UI 内容正面朝向体验者，需要将其 *Z* 轴负方向面向体验者，所以将 Rotation 参数的 Y 值设置为 180。

（5）在 Canvas 游戏对象的 Canvas Scaler 组件中，将 Dynamic Pixel Per Unit 参数值设置为 5。

（6）在场景中使用移动工具调整 Canvas 的位置，将其定位到《蒙娜丽莎》画像的左侧并贴近墙面。

（7）使用 Rect Tool 工具（快捷键为 T 键）调整 Canvas 的宽度和高度，初步效果如图 6-5 所示。

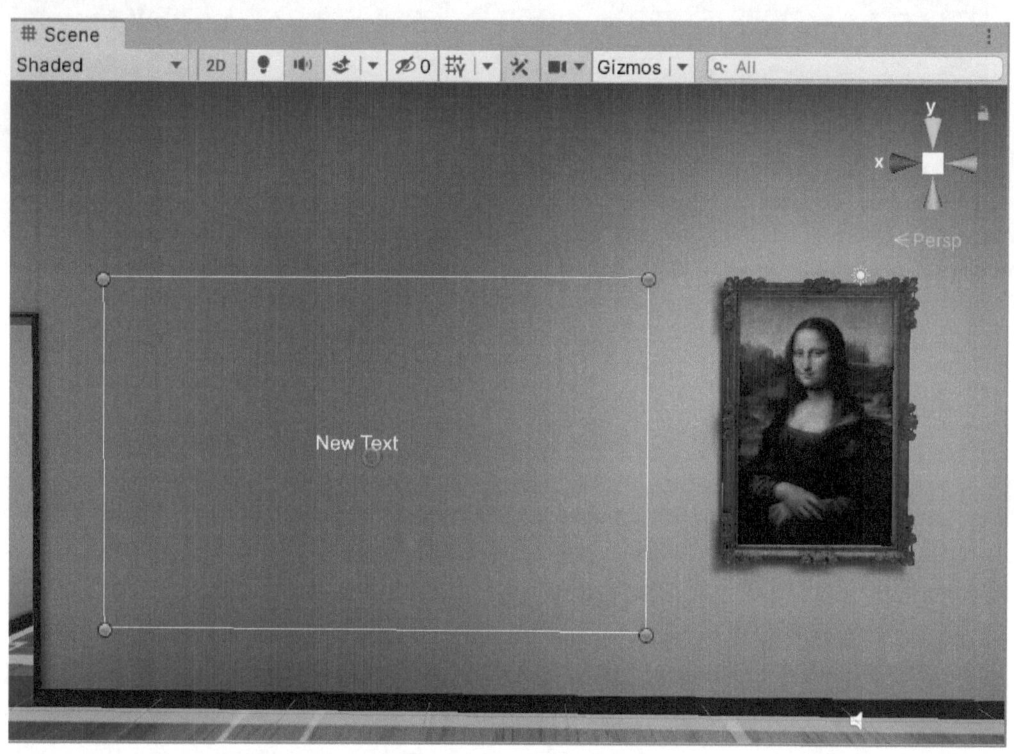

图 6-5

画像介绍内容分为作品名称和详情两部分，可以使用两个 Text 控件分别对其进行显示。在随书资源提供的 Art_Painting_Intrto_Text.xlsx 文件中，提供了 VR 博物馆需要用到的所有画像的文字介绍，《蒙娜丽莎》画像对应的文字内容可以按照游戏对象名称 Painting0 找到其对应的数据行。完成文字内容呈现的步骤如下。

（1）选择创建的 Text 控件，将其命名为 Title，用于显示画像的名称。

（2）调整文本的位置。在 Title 游戏对象的 Rect Transform 组件中，单击窗口左上角用于设置 UI 对齐方式和中心点的快捷按钮，如图 6-6 中 1 处所示。在弹出的选择列表中，按住 Shift 键可以设置 UI 中心点，按住 Alt 键可以设置 UI 对齐方式。同时按住 Shift 和 Alt 键，单击图 6-6 中 2 处的区域，将 Text 控件定位在 Canvas 容器的左上角。

（3）设置 Title 游戏对象上的 Text 组件。在提供的文字列表中，找到 Painting0 游戏对象对应的数据行，复制该行 Title 列中的文字内容，将其粘贴到 Text 组件的 Text 文本框中。将字体风格（Font Style）设置为粗体（Bold），将字号（Font Size）设置为 20。

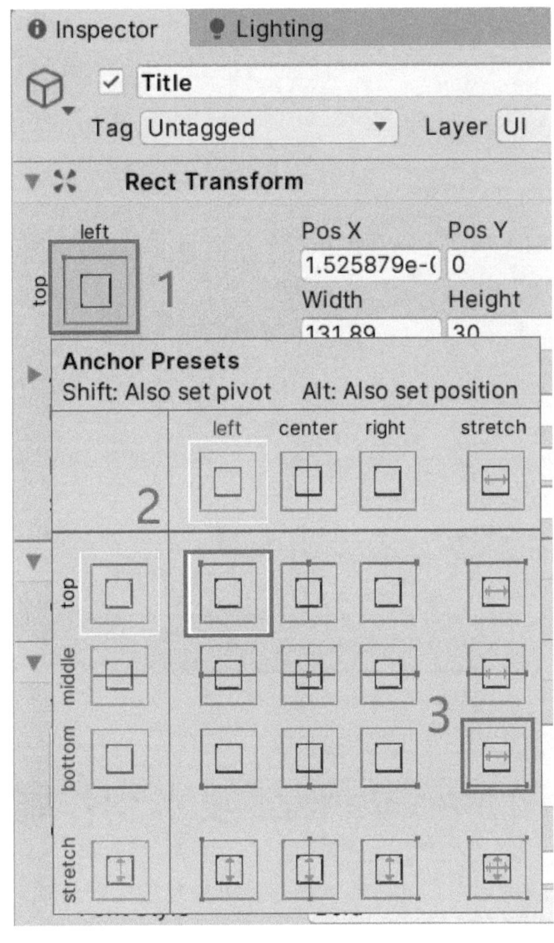

图 6-6

（4）选择 Title 游戏对象，按 Ctrl+D 组合键创建一个副本，并将其命名为 Intro。

（5）在 Intro 游戏对象的 React Transform 组件中，使用步骤（2）介绍的方法。同时按住 Shift 键和 Alt 键，单击图 6-6 中 3 处的区域，设置此控件在 Canvas 底部对齐并进行左右两端拉伸。

（6）设置 Intro 游戏对象的 Text 组件。在提供的文字列表中，找到 Painting0 游戏对象对应的数据行，复制该行 Intro 列中的文字内容，将其粘贴到 Text 组件的 Text 文本框中。将字体风格（Font Style）设置为 Normal，将字号（Font Size）设置为 12。

（7）在场景中对两个 Text 控件的显示范围进行调整，如果文字内容显示不全，则可以使用 Rect Tool 工具分别对其宽度和高度进行调整。

最终文字呈现效果如图 6-7 所示。

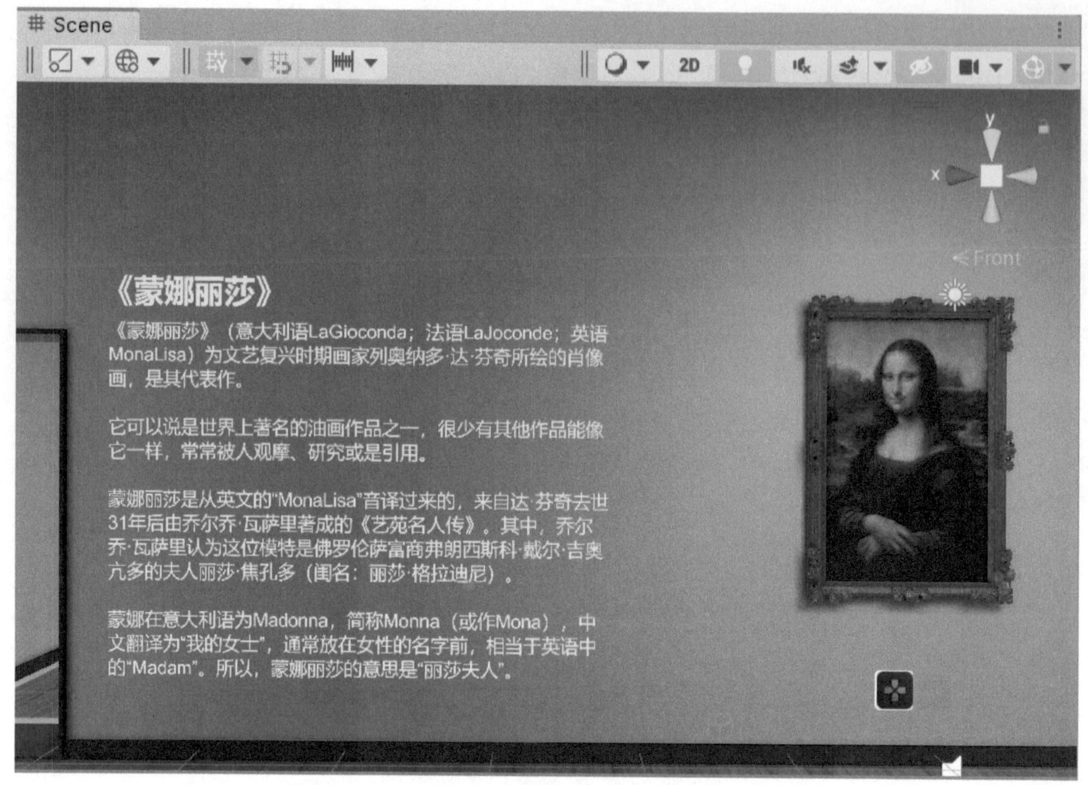

图 6-7

6.2 使用 Prefab Variant 技术制作雕塑介绍 UI

使用 Prefab Variant 技术可以创建、编辑和存储可重复使用的游戏对象。作为模板，可以通过预制体快速在场景中创建多个关于此预制体的实例。在对预制体资源进行修改后，场景中的所有实例都能得到相应的更新。

但是，如果项目中需要制作多种近似的预制体“模板”，如一个游戏项目中存在的多种类型相似的 NPC——人物主体相同，但是它们有的可以携带物品，有的可以发出声音，有的则带有粒子特效，在这种情况下，可以使用 Prefab Variant 技术来实现。

Prefab Variant 是一种在原预制体的基础上复制出来的子类，类似面向对象编程中的父子继承关系，即 Prefab Variant 会继承其父类（原预制体）的游戏对象和属性。同时，Prefab Variant 可以在此基础上进行内容扩展，而修改编辑后的 Prefab Variant 并不会影响到原预制体实例的呈现。

结合 VR 博物馆的需求，《蒙娜丽莎》画像附近的文字介绍已经具备了文字展示的基本框架，即有一个用于显示标题的 Text 控件和一个介绍详细内容的 Text 控件。此时，我们需要在几个雕塑作品附近放置另外一种风格的文字介绍 UI——Canvas 容器具有不同的宽度和高度，文字的字号也会不同，并且由于没有墙面背景的衬托，因此需要在容器中添加背景颜色。在这种情况下，我们没有必要制作一个全新的预制体，而是可以创建一个 Prefab Variant，在原有结构的基础上进行微调即可。

6.2.1 准备制作 Original Prefab 的游戏对象

我们需要先将《蒙娜丽莎》画像附近的文字介绍 UI 转换为一个预制体。在转换之前，需要对游戏对象进行必要的整理，从而实现良好的整洁性和可读性。具体步骤如下。

（1）在 Unity 编辑器的 Hierarchy 窗口中，选择 Canvas 游戏对象，按 Ctrl +Shift + N 组合键，在选定游戏对象的位置创建一个空游戏对象，并将其命名为 IntroTxtBasic。

（2）拖动 Canvas 游戏对象，将其作为 IntroTxtBasic 游戏对象的子节点，即子物体。

（3）选择 Canvas 游戏对象并右击，在弹出的快捷菜单中选择 UI→Panel 命令，创建一个用于承载两个 Text 控件的容器。其上挂载的 Image 组件用于提供 Prefab Variant 的背景颜色，但是在当前 UI 中并不需要，所以在 Inspector 窗口中禁用 Image 组件。

（4）拖动 Canvas 游戏对象下的 Title 和 Intro 两个节点，将其作为 Panel 的子节点，最终节点组织结构如图 6-8 所示。

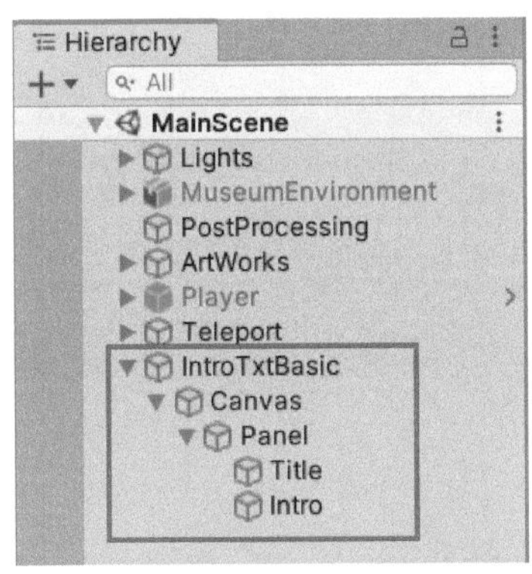

图 6-8

要将游戏对象转换为 Prefab 预制体，可以在 Hierarchy 窗口中选择 IntroTxtBasic 游戏对象，将其拖入 Project 窗口的_Prefabs 文件夹中。此时便完成了用于创建 Prefab Variant 的父类预制体（Original Prefab）。

6.2.2 创建 Prefab Variant

在 Project 窗口中，选择创建的 IntroTxtBasic 预制体并右击，在弹出的快捷菜单中选择 Create→Prefab Variant 命令，即可创建一个基于 IntroTxtBasic 原预制体的 Prefab Variant。因为在后续开发中，这类 UI 需要实现对体验者的位置进行跟踪且保持永远朝向体验者，所以将其命名为 IntroTxtRotate。双击该预制体，进入独立编辑模式，选择 Panel 节点，在 Inspector 窗口中将之前禁用的 Image 组件重新启用，将组件的 Color 修改为黑色。此时 Image 组件使用的图片呈现的是圆角边缘，可以将 Image 组件的 Pixel Per Unit Multiplier 参数值设置为 6，将图片改为直角呈现。

将新的预制体 IntroTxtRotate 拖入场景中，此时原预制体的实例在场景中并没有发生改变，而新的 Prefab Variant 呈现了新的风格，如图 6-9 所示。

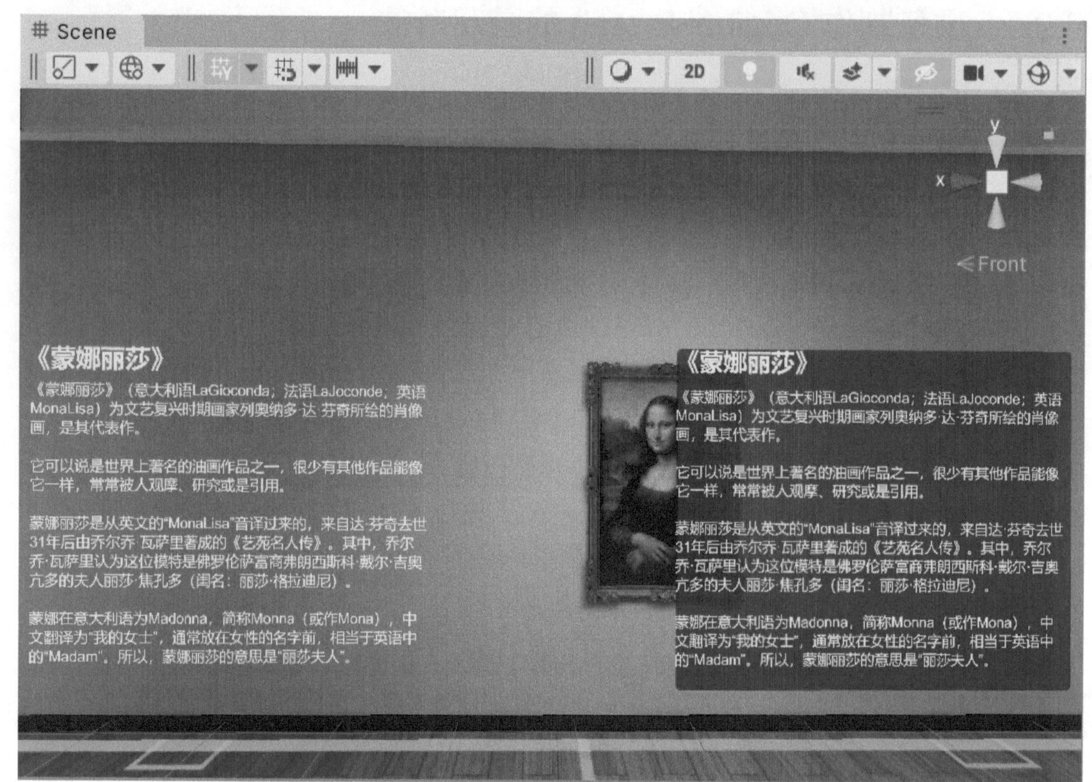

图 6-9

6.2.3 编辑 Prefab Variant

在场景中移动 IntroTxtRotate 游戏对象，将其放置在 The_Thinker_by_Auguste_Rodin 游戏对象附近，观察场景，此时 UI 需要在一个相对较小的空间内展示。

在 Hierarchy 窗口中，单击 IntroTxtRotate 预制体实例右侧的箭头，进入预制体编辑视图，此时其他游戏对象在场景中呈现灰度不可编辑状态。相较于在 Project 窗口中双击预制体资源进入独立编辑视图，在这种视图中可以参考游戏对象附近的物体，有利于对当前预制体的位置、宽、高等属性进行编辑，如图 6-10 所示。

编辑预制体的显示范围，使其符合当前空间的呈现需求。同时需要为两个 Text 组件分别设置关于当前作品的文字介绍。在随书资源提供的 Sculpture_Intro_Text.xlsx 文件中，提供了 VR 博物馆需要用到的所有文物作品的文字介绍。具体步骤如下。

（1）在 Hierarchy 窗口中选择 Canvas 节点，使用 Rect Tool 工具（快捷键为 T 键）在场景中调整其宽度和高度，数值可以参考 Width =155，Height = 190。

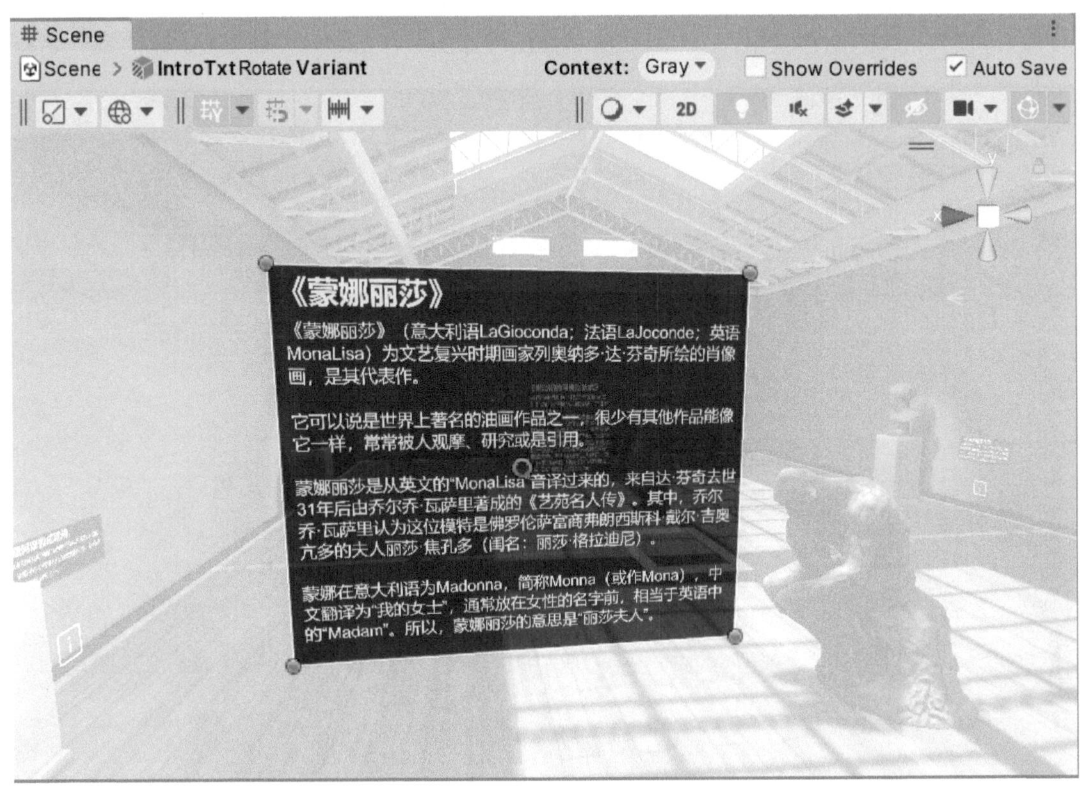

图 6-10

（2）选择 Title 节点，将其字号（Font Size）设置为 15，并在场景中调整其显示范围。因为当前已经存在用于标识显示范围的背景颜色，所以建议调整其与 Panel 容器之间的缩进。

（3）打开 Sculpture_Intro_Text.xlsx 文件，找到 The_Thinker_by_Auguste_Rodin 对应的数据行，复制 Title 列中的文字，将其粘贴到 Title 节点的 Text 组件的 Text 文本框中。

（4）选择 Intro 节点，将其字号（Font Size）设置为 9，Line Spacing 设置为 1.2。同时调整其显示范围，以显示所有文字内容。

在 VR 博物馆中，有两个雕塑作品需要使用此类 UI 呈现文字介绍，其中一个是《断臂维纳斯》。在 Hierarchy 窗口中选择 IntroTxtRotate 预制体实例，按 Ctrl + D 组合键创建一个副本，将其副本放置在场景中的 Aphrodite_of_Milos_a_plaster_cast 游戏对象附近。在 Sculpture_Intro_Text.xlsx 文件中，找到游戏对象名称 Aphrodite_of_Milos_a_plaster_cast 所在的数据行，分别将 Title 列和 Intro 列对应的文字内容粘贴到 UI 副本 Title 和 Intro 节点的 Text 组件的 Text 文本框中。必要时可以使用 Rect Tool 工具对 UI 及 Text 控件的显示范围进行调整。

由于不同的作品具有不同数量的介绍文字，各 UI 不需要具有相同的呈现范围，因此在以上操作中，并没有直接编辑 Prefab Variant 而是对创建的副本进行编辑。设置完成后，UI 最终呈现效果如图 6-11 所示。

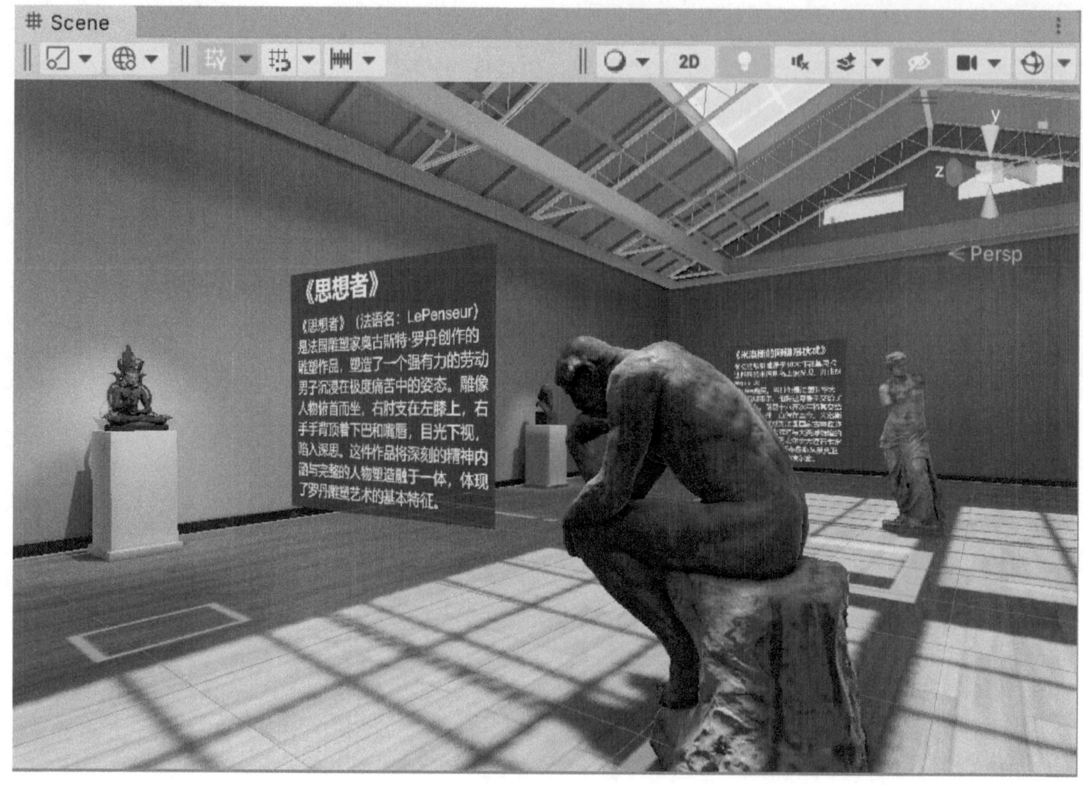

图 6-11

6.3 开发 UI 与体验者移动的动态交互

当前项目中的两种文字介绍 UI 均处于静止状态，并且在程序运行期间始终保持显示，这就会带来几个问题。首先，当体验者距离 UI 相对较远时，文字内容呈现品质伴随闪烁，如图 6-12 所示。

其次，雕塑作品的文字介绍 UI 在程序运行时始终处于编辑场景时给定的位置和朝向，这就导致当体验者在场景中移到某些区域时，容易出现作品和 UI 相互遮挡的情况，当体验者移到文字后方时，用户体验也并不友好。

再次，对于文字显示不清晰的问题，因为当前受 VR 头显屏幕的硬件条件限制，不能从根本上有效解决文字显示模糊的问题，所以可以从交互方式入手为其开发相应的功能。比如，只有当体验者移到作品附近时才显示 UI。

最后，对于雕塑作品的文字介绍 UI 静止呈现的问题，可以为其开发相应的功能。比如，在程序运行时根据体验者的位置，动态更新自身旋转角度，使其总是朝向体验者。

图 6-12

在开始之前，需要对场景内容进行整理。在 Hierarchy 窗口中右击，在弹出的快捷菜单中选择 Create Empty 命令，创建一个承载所有文字介绍 UI 的容器，将其命名为 IntroTxtUI 并重置位置。将场景中 3 个文字介绍 UI 节点移到此节点下，组织结构如图 6-13 所示。

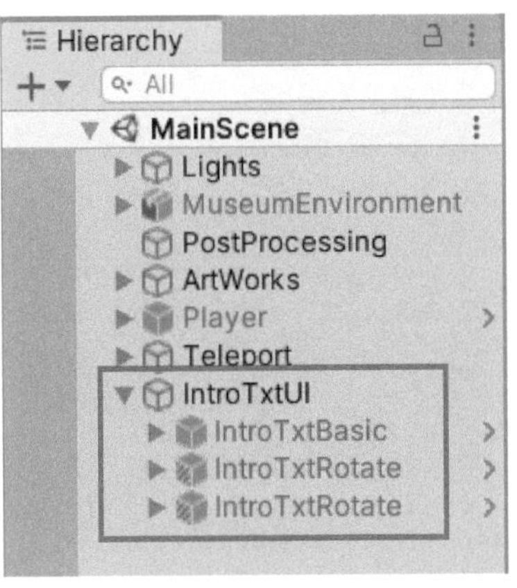

图 6-13

6.3.1　编写 IntroTxtBasic 父类实现 UI 的自动显示和隐藏

按照面向对象编程的父子继承思路，两种类型的文字介绍 UI 均具备同一种行为，即在初始状态下处于隐藏状态，只有当体验者移到其附近时才会显示出来。当体验者离开后，UI 会重新隐藏。对应用于介绍《蒙娜丽莎》画像的 IntroTxtBasic 游戏对象的类，可以认为是父类；而用于对雕塑作品进行介绍的 IntroTxtRotate 游戏对象，当处于显示状态时，会在以上行为的基础上，根据体验者的位置更新自身朝向，使其永远面对体验者，对应这种 UI 的类，可以认为是子类。

我们先为 IntroTxtBasic 游戏对象创建一个父类。在 Project 窗口中，选择_Scripts 文件夹并右击，在弹出的快捷菜单中选择 Create→C# Script 命令，在此文件夹下创建一个 C#脚本并将其命名为 IntroTxtBasic，双击在 VS 中将其打开。编写代码如下。

```
using System.Collections;
using System.Collections.Generic;
using UnityEngine;
// 引入命名空间
using Valve.VR.InteractionSystem;

public class IntroTxtBasic : MonoBehaviour
{
    // 可见距离小于此距离，则 UI 显示
    public float VisibleDistance;
    // 对 Player 的引用
    protected Player player;
    // 对游戏对象本身 Transform 的引用
    protected Transform _transform;
    // 承载 UI 控件的 Canvas 容器
    public GameObject IntroCanvas;
    // 初始化
    protected virtual void Start()
    {
        // 初始状态下隐藏 Canvas 容器
        IntroCanvas.SetActive(false);
        // 获取 Player 的实例引用
        player = Player.instance;
        // 获取游戏对象的 Transform 引用
        _transform = transform;
    }

    // 计算体验者与 UI 的距离
    // 当大于设定距离 VisibleDistance 时，UI 隐藏；
    // 当小于设定距离 VisibleDistance 时，UI 显示
    protected virtual void Update()
    {
        // 得到体验者与 UI 的距离
        float dis = Vector3.Distance(player.hmdTransform.position,
_transform.position);
        // 如果小于设定的可见距离，则显示 UI
```

```
        if (dis < VisibleDistance)
        {
            // 如果 Canvas 容器没有在场景中显示，则将其显示，防止重复设置
            if (!IntroCanvas.activeInHierarchy)
                IntroCanvas.SetActive(true);
        }
        // 如果大于设定的距离，则隐藏 UI
        else
        {
            // 如果 Canvas 容器已经在场景中显示，则将其隐藏，防止重复设置
            if (IntroCanvas.activeInHierarchy)
                IntroCanvas.SetActive(false);
        }
    }
}
```

在以上代码中，Vector3.Distance()函数用于计算 3D 空间中两点之间的距离；在 player 和 _transform 变量前使用 protected 关键词进行修饰，表明只有继承自 IntroTxtBasic 类的子类才能够访问它们。同时在 Start()和 Update()函数前使用 protected virtual 进行修饰，以便子类可以对这两个函数进行继承和覆写；在 SteamVR 的 Interaction System 中，Player 类以单例形式存在，需要使用 Player.instance 获取 Player 的实例引用，而不是每次对 Player 类进行实例化；在 VR 虚拟环境中，头显的运动由体验者决定，我们可以使用头显位置表示体验者的位置。在 SteamVR Interaction System 中，Player 包含的 VRCamera 游戏对象代表头显，可以使用 Player.hmdTransform 获取头显的 Transform 引用。

保存脚本，返回 Unity 编辑器，将脚本挂载到 IntroTxtBasic 游戏对象上，在 Inspector 窗口中设置脚本的两个公共参数。其中，将 Visible Distance 参数值为 5，将 IntroTxtBasic 游戏对象下的 Canvas 子节点指定到 Intro Canvas 参数中，如图 6-14 所示。

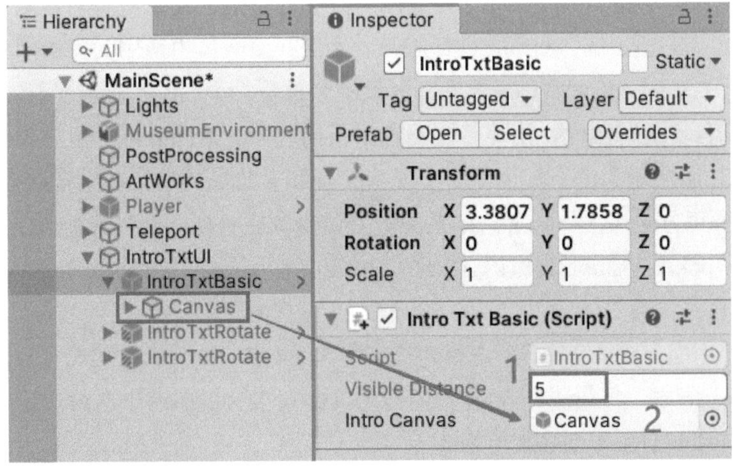

图 6-14

保存场景，运行应用程序进行测试，当体验者移到距离 UI 五米范围内时，文字介绍 UI 显示；当体验者移到距离 UI 五米范围以外时，文字介绍 UI 重新隐藏。

6.3.2 编写 IntroTxtRotate 子类实现 UI 永远朝向体验者

要使一个游戏对象总是朝向目标点，可以使用 Transform.LookAt()函数实现。

创建 IntroTxtRotate.cs 脚本，双击在 VS 中打开，在类声明处将其改为继承自 IntroTxtBasic，编写代码如下。

```
using UnityEngine;

public class IntroTxtRotate : IntroTxtBasic
{
    // 游戏对象"看向"的位置点
    private Vector3 lookAtPosition = Vector3.zero;

    protected override void Update()
    {
        base.Update();

        //获得目标点坐标，仅使用体验者的 x 和 z 坐标，y 坐标由自身提供，只从 Y 轴跟随体验者旋转
        lookAtPosition.x = player.hmdTransform.position.x;
        lookAtPosition.y = _transform.position.y;
        lookAtPosition.z = player.hmdTransform.position.z;
        //看向体验者
        _transform.LookAt(lookAtPosition);
    }
}
```

在以上代码中，由于 IntroTxtRotate 类继承了 IntroTxtBasic 父类，不需要重新编写代码来完成初始化工作，因此在脚本中将 Start()函数删除。另外，对于动态显示的功能，需要覆写父类的 Update()函数，首先使用 Override 进行声明，然后在函数体中调用父类的同名函数即可实现相同的功能。对于 LookAt()函数，需要为其提供的参数是一个三维目标点坐标，在程序运行时，游戏对象将改变自身旋转角度，使其 *Z* 轴正方向指向提供的跟踪目标。但是我们希望这种跟踪效果仅体现在 UI 游戏对象的 *Y* 轴上，而不影响 *X* 轴和 *Z* 轴的旋转，即实现的效果是 UI 仅在 *Y* 轴旋转，使 *Z* 轴正方向指向体验者。如果不考虑体验者的身高，则对目标点 lookAtPosition 变量进行处理——lookAtPosition 变量的 *X* 轴和 *Y* 轴坐标使用的是体验者的位置信息，但是 *Y* 轴坐标使用的是 UI 自身高度。

保存脚本，返回 Unity 编辑器，选择两个名称为 IntroTxtRotate 的游戏对象，为其挂载创建的 IntroTxtRotate 脚本，在 Inspector 窗口中显示其继承自父类的两个参数，使用相同的方法进行设置，其中 Visible Distance 参数值为 3。

保存脚本进行测试后会发现，虽然能够实现游戏对象的跟随效果，但是 UI 呈现的是其背面内容，如图 6-15 所示。

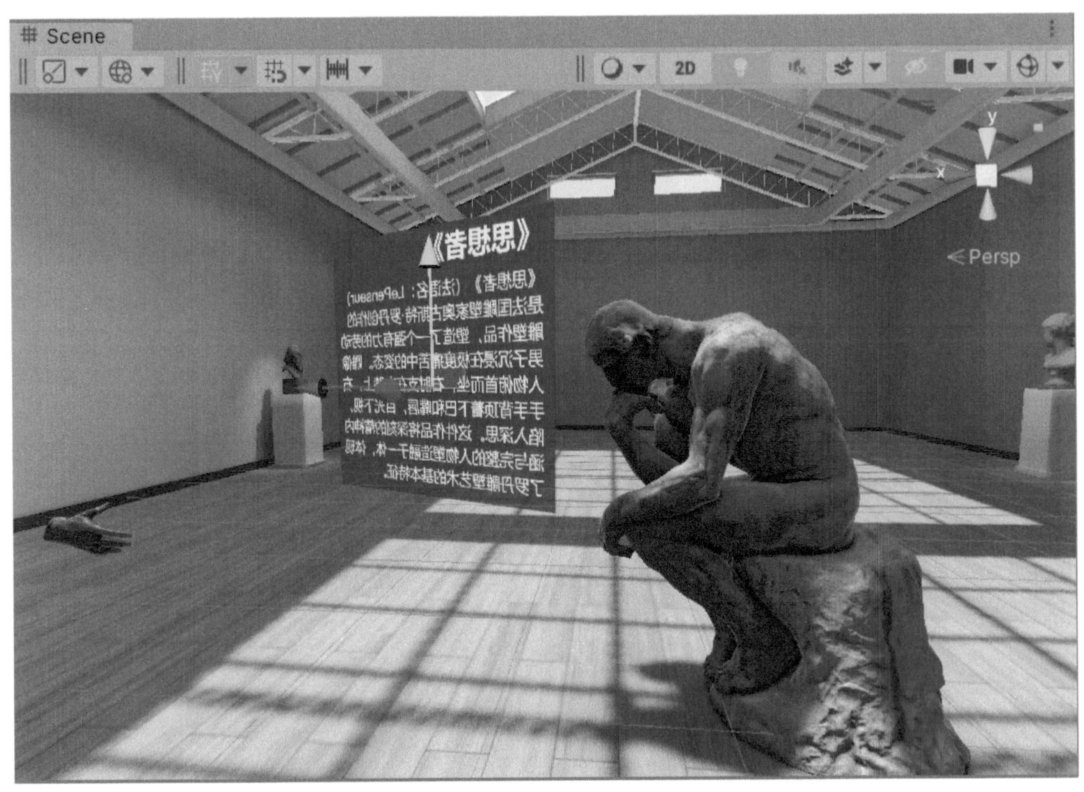

图 6-15

这是由 UGUI 的特性引起的。要看到文字内容的正面，需要使 Canvas 容器的 Z 轴负方向朝向体验者。要解决这个问题，可以将 Canvas 容器的 Y 轴旋转 180 度。具体步骤如下。

（1）在 Project 窗口的_Prefabs 文件夹中双击 IntroTxtRotate 预制体，进入独立编辑模式。

（2）在 Hierarchy 窗口中选择 Canvas 节点，将其 Rect Transform 组件的 Rotation 参数的 Y 值设置为 180。

设置完成后，保存场景并运行应用程序，此时，UI 内容能够保持正面朝向体验者。

目前 UI 仅在原地进行自身旋转，其位置并不会改变，所以当体验者移到一些特殊位置时，依然能够出现作品与 UI 相互遮挡的问题。为了进一步优化用户体验，我们可以调整 Canvas 容器与其父容器的相对位置，当父容器旋转时，承载 UI 控件的 Canvas 容器会实现围绕父容器中心点“公转”的效果。具体步骤如下。

（1）在 Hierarchy 窗口中选择 IntroTxtRotate 节点，在场景中沿水平方向将其移到雕塑作品的中心位置。

（2）选择 IntroTxtRotate 节点下的 Canvas 子节点，在场景中沿 X 轴方向与父容器适当拉开一段距离。

因为 IntroTxtRotate.cs 脚本控制的是 IntroTxtRotate 父容器的旋转角度，所以当父容器旋转时，其下包含的 Canvas 子物体将围绕父容器的中心点进行旋转，如图 6-16 所示。

图 6-16

6.4 使用 Curved UI 插件进行 UI 交互开发

在 VR 中与 UI 进行交互，目前存在两种主流的交互方式，一种是以“The Lab”为代表，也是 SteamVR 插件提供的交互方式，即手柄控制器首先与 UI 控件接触，通过单击控制器按键实现单击交互，如图 6-17 所示。

SteamVR 提供的 UI 交互方式存在一定的局限性——体验者只有近距离使用手柄控制器与 UI 接触才能够实现交互。因此，交互只能在“触手可及”的范围内进行，对于距离体验者较远的 UI，这种方式并不易于使用。

另一种交互方式是通过激光指针与 UI 进行交互。在虚拟场景中由手柄控制器前端位置开始，沿手柄指向方向发送一条可见的射线，当该射线与 UI 接触时按下控制器上某一按键，实现对 UI 控件的选择，如图 6-18 所示。

这种交互方式适用于 UI 距离体验者较远或者 UI 控件较多的情况，VR 博物馆也将使用这种交互方式实现与 UI 的交互。

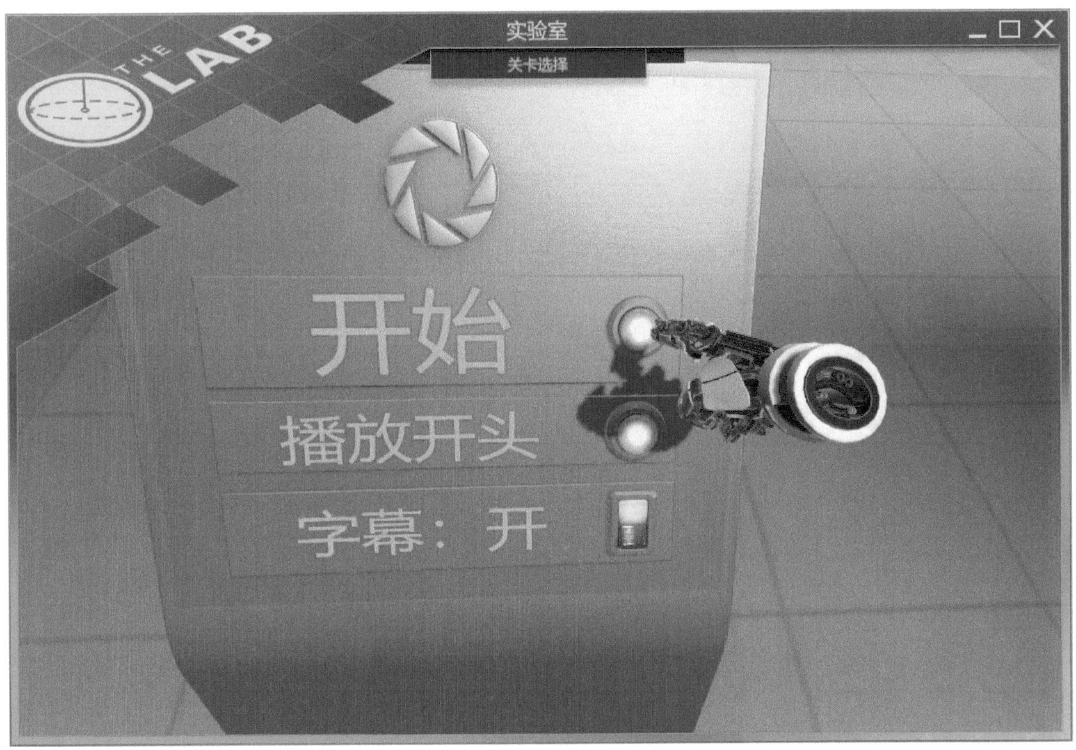

图 6-17

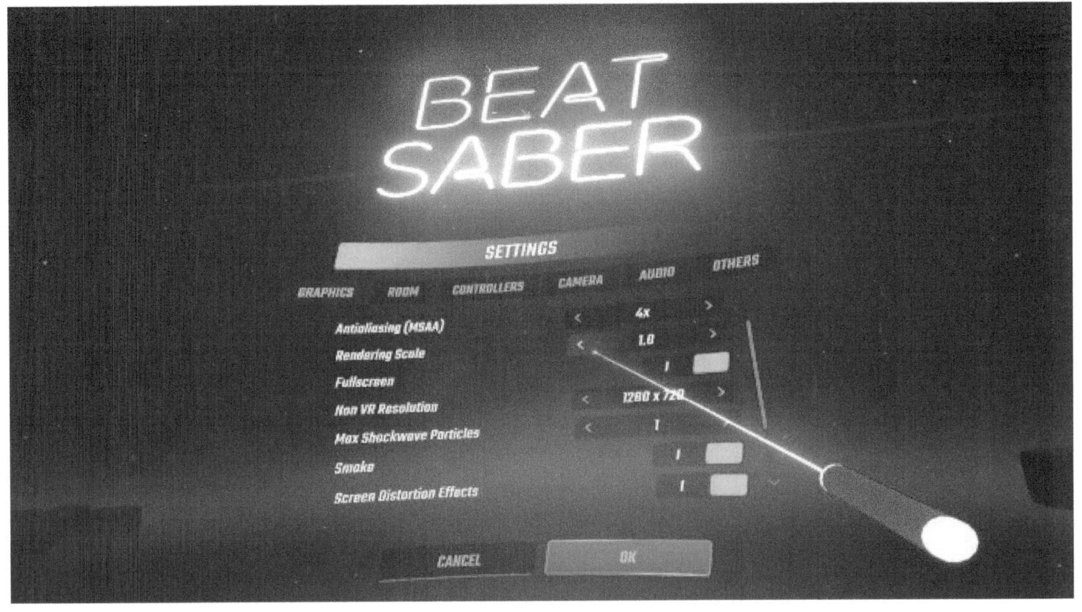

图 6-18

6.4.1　Curved UI 插件简介

Curved UI 插件能够将传统 UI 转换为以曲面形式呈现。同时，该插件能够与多种 VR 平台的 SDK 进行集成，实现使用射线与 UI 交互的功能。在 Unity 资源商店中搜索关键词“Curved UI”，找到并购买该插件，如图 6-19 所示。

图 6-19

对于一款刚接触到的工具，快速上手的关键是阅读其提供的用户手册或说明文档，因为好的工具一定有完善的文档支持。Curved UI 插件提供的文档需要在线查看，读者可以在随书资源中找到 CurvedUI 3.3 Documentation.pdf 文件，查看该插件的离线文档。该文档主要分为如下 3 个部分。

- 如何与主流 VR SDK 集成，包括 SteamVR、Oculus VR、Unity XR Interaction Toolkit 等。
- 常见问题解答。需要注意的是，此处关于如何与 VRTK 进行集成的问题，对应的版本是 VRTK3。
- 插件 API 介绍。

6.4.2 Curved UI 插件与 SteamVR 2.x 的集成

在获取 Curved UI 插件后，我们可以在 Unity 编辑器的 Package Manager 窗口中将其下载并导入项目。要实现与 SteamVR 2.x 的集成，在该插件的官方文档中给出了相应的说明，具体步骤如下。

（1）确保已经导入 SteamVR Unity 插件并创建了相关动作。

（2）在场景中添加 CameraRig 预制体或 Player 预制体。

（3）在 UI 的 Canvas 容器上添加 CurvedUISettings 组件。

（4）在 CurvedUISettings 组件中将 Control Method 设置为 STEAMVR_2。

（5）单击 CurvedUISettings 组件中的 Enable 按钮。

（6）在 Project 窗口的 CurvedUI\Prefabs 路径下，将 CurvedUILaserPointer 预制体添加到场景中。

在 CurvedUISettings 组件中，相关参数如图 6-20 所示。

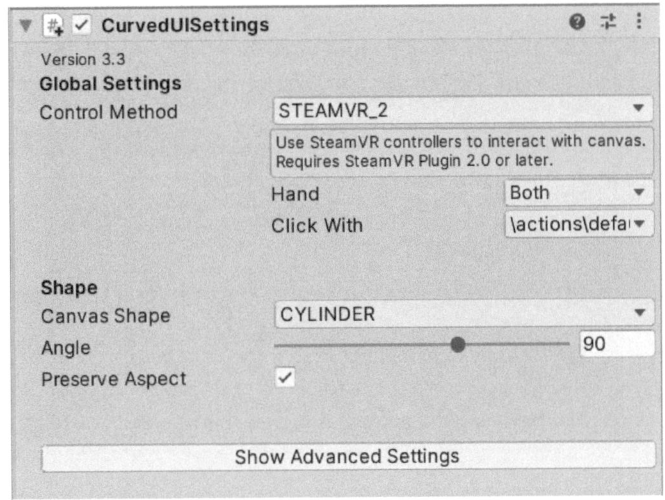

图 6-20

主要参数及功能介绍如下（以与 SteamVR 2.x 的集成为例）。

- Control Method：通过该参数可以设置对 UI 的控制方式或 VR 目标平台。需要注意的是，Curved UI 插件不仅适合在 VR 环境中呈现 UI 并与之交互，还适用于一般硬件平台，如主机和移动端等。所以该插件还提供了鼠标单击（MOUSE）、凝视（GAZE）等控制方式。
- Hand：用于设置与 UI 交互的手柄控制器，默认为 Right，即只使用右手手柄控制器进行 UI 交互。
- Click With：用于设置能够做出单击动作的 SteamVR 动作，默认为 InteractUI。
- Canvas Shape：画布形状，默认为曲面（CYLINDER）。其他形状包括环形（RING）、球面（SPHERE）、垂直曲面（CYLINDER_VERTICAL）。选择不同的形状，在 Canvas Shape 参数下方呈现对应能够对此形状进行设置的 Angle 参数。如果为曲面，则 Angle 参数用于设置曲面的弯曲程度。需要注意的是，如果希望 UI 呈现默认平面，则 Angle 参数值为 1，而不是 0。

单击 Curved UI Settings 组件底部的 Show Advanced Settings 按钮，进行更加详细的参数设置，如图 6-21 所示。

Curved UI 插件基于射线碰撞检测进行 UI 的选择，在某些情况下，我们希望并不是所有的 UI 都能参与交互。比如，在一个项目中，一部分 UI 只作为展示而不需要响应交互；而另一部分 UI 则能通过交互实现相应的功能，对于这种情况，可以将参与交互的 UI 放置在特定的图层上，并在 Curved UI Settings 组件的 Raycast Layer Mask 参数中，指定可参与交互的 UI 所在的图层，默认为 UI 层。

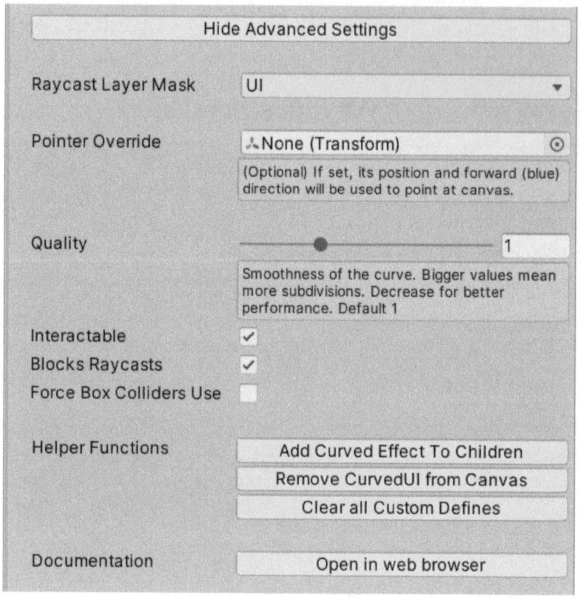

Hide Advanced Settings

Raycast Layer Mask UI

Pointer Override None (Transform)

(Optional) If set, its position and forward (blue) direction will be used to point at canvas.

Quality 1

Smoothness of the curve. Bigger values mean more subdivisions. Decrease for better performance. Default 1

Interactable

Blocks Raycasts

Force Box Colliders Use

Helper Functions Add Curved Effect To Children

Remove CurvedUI from Canvas

Clear all Custom Defines

Documentation Open in web browser

图 6-21

Curved UI 插件通过在 Canvas 中弯曲 UI 控件的顶点呈现界面弯曲的效果。为了获得良好品质的曲面效果，Curved UI 插件将 Canvas 进行四边形细分。创建的四边形的数量取决于用户的参数设置，如果 UI 呈现某种曲面效果，则通过提高 Quality 参数值，使曲面过渡得更加自然。此时，使用 Curved UI 插件可以对 Canvas 进行更多的四边形细分。

Curved UI 插件通过射线碰撞检测实现对 UI 的选择，如悬停、单击等，而通常 Canvas 在创建以后并不会带有任何碰撞体。所以在程序运行时，Curved UI 插件会在 Canvas 上添加一个碰撞体，如图 6-22 所示。

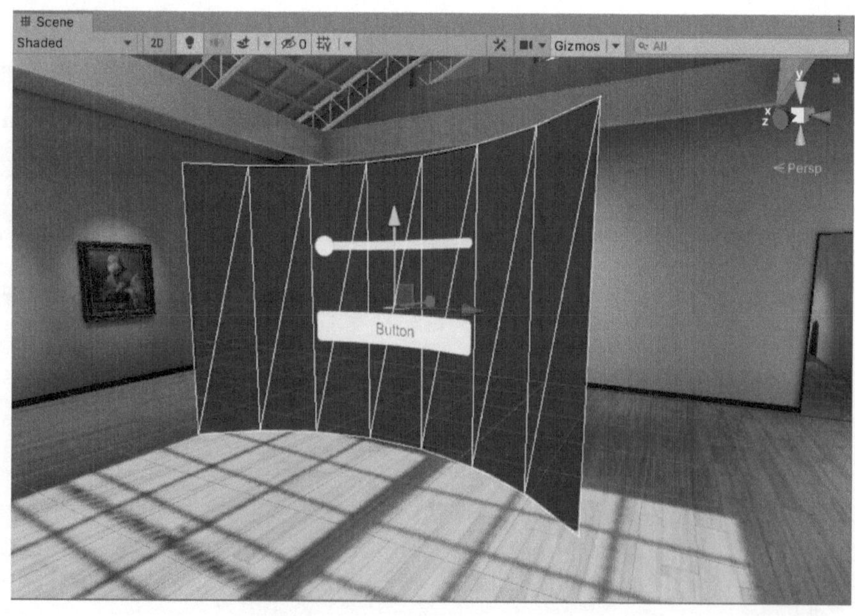

图 6-22

添加的碰撞体能够实现阻挡射线的目的，默认类型为 Mesh Collider，如果勾选 Force Box Colliders Use 复选框，此时将使用 Box Collider 覆盖 Canvas，但是会带来较大的性能消耗。由此可见，如果 UI 控件不在 Canvas 覆盖范围内，则在交互过程中它们将不会得到响应。

综上所述，Curved UI 插件提供的 UI 交互方案是使用激光指针与 UI 控件进行交互。放置于场景中的 CurvedUILaserPointer 预制体实例在程序运行时将自动出现在手柄控制器顶端，沿手柄指向方向无限延伸，在指向 UI 控件时会被 Canvas 阻挡，从而指示用户与 UI 进行交互。该预制体实例的组织结构如图 6-23 所示。

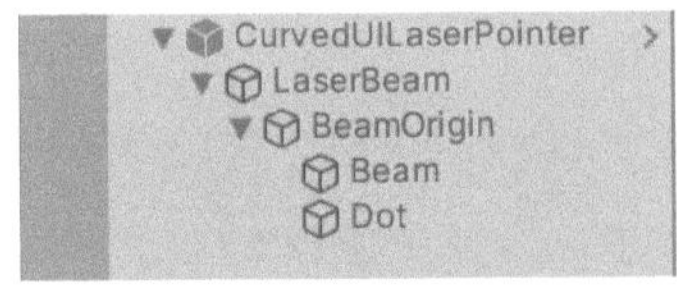

图 6-23

在 CurvedUILaserPointer 节点上，挂载了 Curved UI Hand Switcher 组件，用于实现程序运行时自动附着在手柄控制器上的功能，如图 6-24 所示。

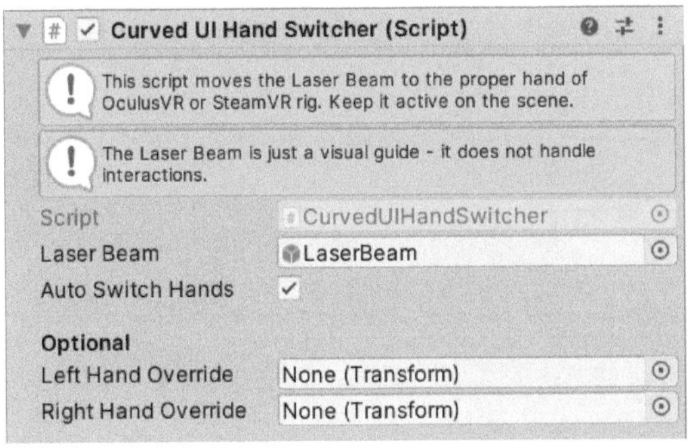

Curved UI Hand Switcher (Script)
This script moves the Laser Beam to the proper hand of OculusVR or SteamVR rig. Keep it active on the scene.
The Laser Beam is just a visual guide - it does not handle interactions.
Script　CurvedUIHandSwitcher
Laser Beam　LaserBeam
Auto Switch Hands　✓
Optional
Left Hand Override　None (Transform)
Right Hand Override　None (Transform)

图 6-24

该组件默认勾选 Auto Switch Hands 复选框，当另外一个手柄控制器发出 UI 单击动作时，激光指针将自动附着到此手柄控制器上。需要注意的是，激光指针仅用于为用户提供可视化标识，并不实现实际的 UI 交互功能，因此开发者可以通过设定 Laser Beam 参数来指定自定义风格的激光指针。

另外，激光指针和用于指示射线与 UI 接触位置的端点对应的游戏对象子节点分别为 Beam 和 Dot，可以在 Inspector 窗口中修改它们的材质颜色，如图 6-25 所示，对应的材质参数为 Main Color，默认设置为红色。

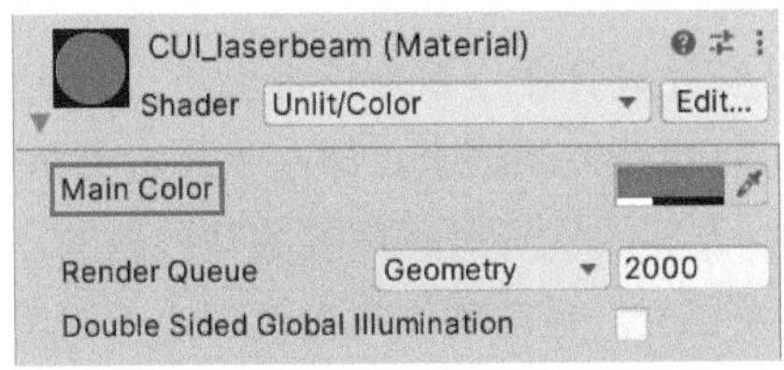

图 6-25

本书将在后续章节中结合项目介绍该插件的实际使用方法。

6.5 解决 UI 交互与位置传送交互冲突的问题

6.5.1 存在现象

使用激光指针与 UI 进行交互，在程序运行时，激光指针将在手柄控制器前端始终保持显示，但是在通常情况下，当按 Touchpad 键进行位置传送时，会从手柄控制器前端发射一条用于选择目标位置的曲线，如图 6-26 所示。

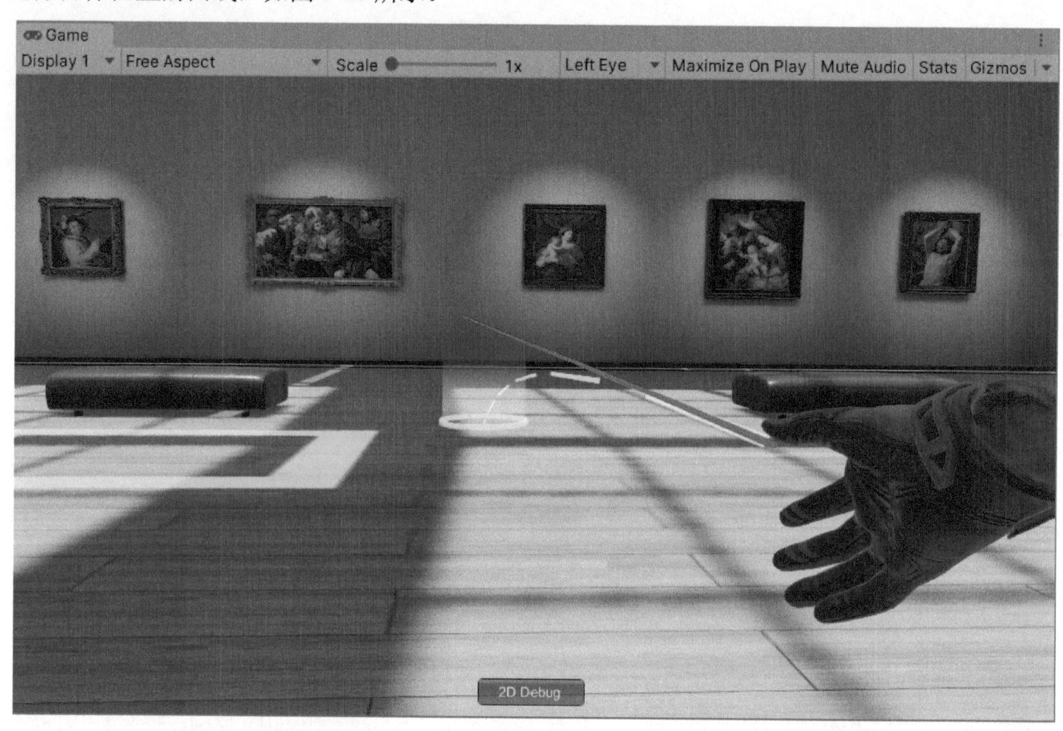

图 6-26

当这两种交互的可视化标识同时出现时，容易给用户带来一定的困惑。同时，由于激光指针始终显示，当进行其他交互时（比如，抓取物体），也会带来不便。

6.5.2 解决思路

要解决此类问题，可以从交互设计角度重新进行思考，有两种可供借鉴的解决方案，一种是将两种交互分别指定到左、右手柄控制器上，即左手或右手负责位置的传送，另外一个手柄控制器负责 UI 交互。这种解决方案的优势是不需要编写代码的，只需在 CurvedUISettings 组件中将 Hand 参数设置为 Right 或 Left，并在动作与按键绑定时取消镜像模式，分别将 UI 交互动作与位置传送动作绑定到对应的左/右手柄控制器上即可。这种解决方案带来的问题是，用户容易将两种交互方式混淆。因为目前 VR 行业还处于发展初期，用户并不熟悉用于交互的手柄控制器，更谈不上接近于本能的使用习惯。相对于 PC 端，我们拿到一个鼠标就知道左键用于点选，而右键是用于命令选择。而在 VR 平台中，不同的开发者会设计不同的交互方式。对于前文介绍的解决方案，需要在程序开始时为用户设计必要的按键使用说明或新手引导，逐渐培养用户的使用习惯。

另一种解决方案是在原有交互方式基础上进行改进。通过编写脚本，设置在初始状态下不显示与 UI 交互的激光指针，只有当用户将手柄控制器指向 UI 界面时才将激光指针显示出来，当手柄控制器离开 UI 界面时再次将激光指针隐藏。这种交互方案在 Valve 开发的知名 VR 游戏《半衰期：爱莉克斯》（*Half-Life: Alyx*）中被广泛使用，如图 6-27 所示。

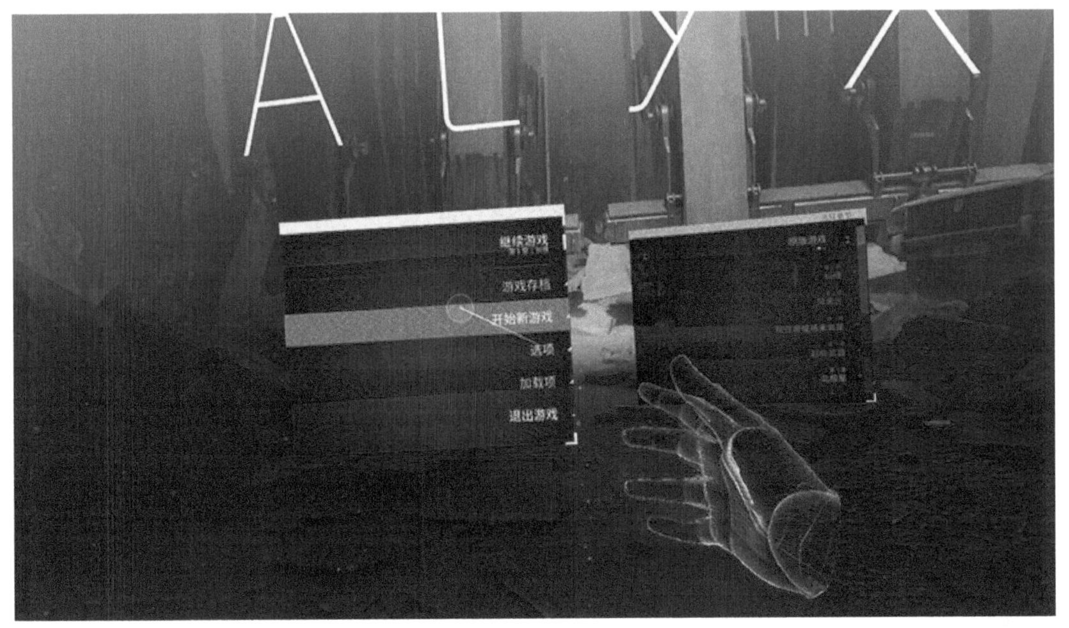

图 6-27

使用该解决方案既能避免用户混淆操作，也能避免 UI 交互与其他交互发生冲突。我们也将使用这种解决方案对项目的交互方式进行优化。

6.5.3　实现方法

在 Unity 中实现的具体制作思路为：首先，在初始状态下将用于指示 UI 交互的激光指针（对应游戏对象为 CurvedUILaserPointer 下的 LaserBeam 子物体）隐藏；然后，从手柄控制器端沿激光指针的方向发送一条不可见的 Ray 射线；最后，基于 Unity 射线碰撞检测原理，在 Update() 函数中 Ray 射线持续进行碰撞检测，当 Ray 射线与 UI 图层上的 UI 空间发生碰撞时，将用于指示 UI 交互的激光指针显示出来；当 Ray 射线没有击中 UI 图层上的游戏对象时，将激光指针隐藏。另外，综上所述，Curved UI 插件会在程序运行时为 Canvas 添加一个 Mesh Collider，所以在实现过程中不必再次为 Canvas 添加任何用于接收射线碰撞的碰撞体。具体的实现方法如下。

（1）创建一个用于管理全局 UI 交互的脚本。在 Project 窗口中右击，在弹出的快捷菜单中选择 Create→C# Script 命令，创建一个 C#脚本并将其命名为 UIManager，双击使用默认代码编辑器将其打开，编写代码如下。

```
using UnityEngine;

public class UIManager : MonoBehaviour
{
    // CurvedUI 的激光指针
    public GameObject LaserBeam;
    // 选择能被射线击中的图层
    public LayerMask layerMask;
    // 射线发射的出发点
    public Transform RayOriginTrans;

    void Update()
    {
        RaycastHit hit;
        //从手柄控制器发出，长度为无限延伸，仅在 UI 层检测射线碰撞
        if (Physics.Raycast(RayOriginTrans.position, RayOriginTrans.forward, out
hit, Mathf.Infinity, layerMask.value))
        {
            // 显示激光指针
            LaserBeam.SetActive(true);
        }
        else
        {
            // 隐藏激光指针
            LaserBeam.SetActive(false);
        }
    }
}
```

在为 Physics.Raycast()函数提供的参数中，RayOriginTrans.position 为射线的起始点，RayOriginTrans.forward 为射线的发送方向，Mathf.Infinity 将射线的长度设置为无限长，layerMask.value 用于指定进行射线碰撞检测的图层。

（2）保存脚本，返回 Unity 编辑器。为了更好地进行场景管理，可以创建一个空游戏对象，将项目中与全局管理相关的脚本（如 UI 管理、游戏对象管理、网络通信管理等）挂载到此游戏对象上。在 Hierarchy 窗口中右击，在弹出的快捷菜单中选择 Create Empty 命令，创建一个空游戏对象并将其命名为 Scripts，将 UIManager 脚本挂载到此游戏对象上。

（3）对于在 UIManager 脚本中声明的 Public 类型变量，此时需要依次对它们进行指定。选择 Scripts 游戏对象，在 Inspector 窗口中设置 UIManager 组件，将 Laser Beam 参数设置为 CurvedUILaserPointer 游戏对象的 LaserBeam 子物体；将 Layer Mask 参数设置为 UI 图层。将 Ray Origin Trans 参数设置为 Player 游戏对象的 RightHand 子物体，如图 6-28 所示。

之所以将射线起始点设置为 RightHand 子物体，一方面是因为 RightHand 子物体在虚拟场景中用于表示手柄控制器，另一方面是因为该游戏对象的中心点位于手柄控制器顶端。同时其 Z 轴方向（脚本中的 RayOriginTrans.forward）也与本实例中射线的发送方向一致，如图 6-29 所示。

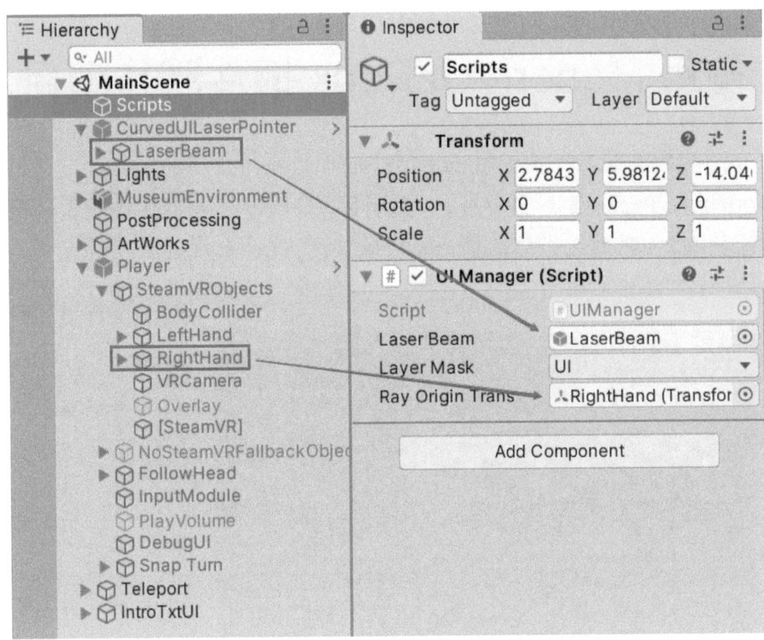

图 6-28

图 6-29

参数设置完成后保存场景，在后续与 UI 的交互过程中，只有当体验者使用手柄控制器指向 UI 界面时才会显示激光指针，而在其他情况下，激光指针将不会显示，从而解决了两种交互方式冲突的问题。

6.6 使用 Modern UI Pack 插件制作项目 UI 界面

基于之前介绍的相关技术，我们将在本节完成项目系统菜单的制作，在此过程中需要使用一款名称为 Modern UI Pack 的 UI 素材插件，读者可在 Unity 资源商店中搜索关键词“Modern UI Pack”对其进行获取。VR 博物馆使用的该插件版本为 5.2，如图 6-30 所示。

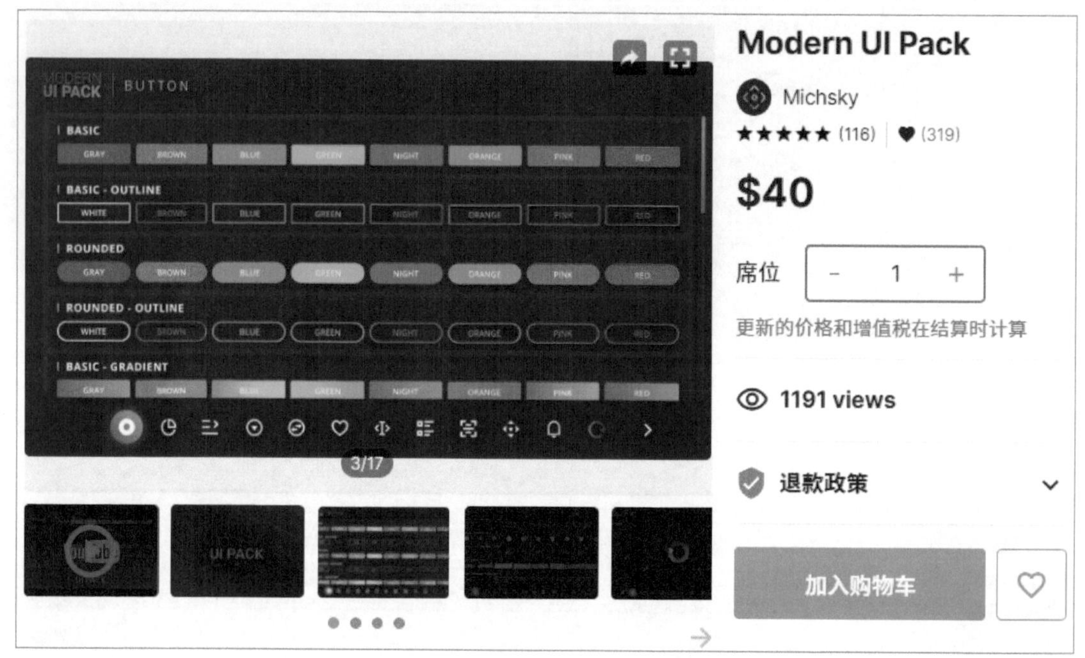

图 6-30

使用 Modern UI Pack 插件制作项目的系统菜单，主要出于两方面的原因。首先，这款插件提供了丰富的高品质的 UI 素材，可以直接应用到项目中，提升项目品质；其次，该插件还提供了模块化且可自定义的 UI 控件，相对于 Unity 内置的 UI 控件提供了更多可以设置的功能和参数，尤其在窗口显示逻辑方面，Modern UI Pack 插件提供的 Window Manager 模块可以快速实现多窗口的切换逻辑，而且不需要开发者自行编写代码。

6.6.1 Modern UI Pack 插件概述

在 Unity 资源商店获取 Modern UI Pack 插件后，返回 Unity 编辑器，使用 Package Manager 对插件进行下载并导入项目。另外，对于从第三方渠道获取(如 GitHub 等)的插件，可以在 Project 窗口的空白处右击，在弹出的快捷菜单中选择 Import Package→Custom Package 命令进行导入。导入插件后，在 Project 窗口中出现一个名称为 Modern UI Pack 的文件夹，如图 6-31 所示。

在 Scenes 子文件夹中，包含一个用于参考的示例场景，打开此场景并运行，能够通过单击鼠标查看 Modern UI Pack 插件提供的多种不同类型的 UI 控件。需要注意的是，初次使用 Modern UI Pack 插件，无论是运行示例场景还是创建 UI 控件，都会弹出一个 TMP Importer 对话框，提示需要对 TextMesh Pro 进行安装，如图 6-32 所示。

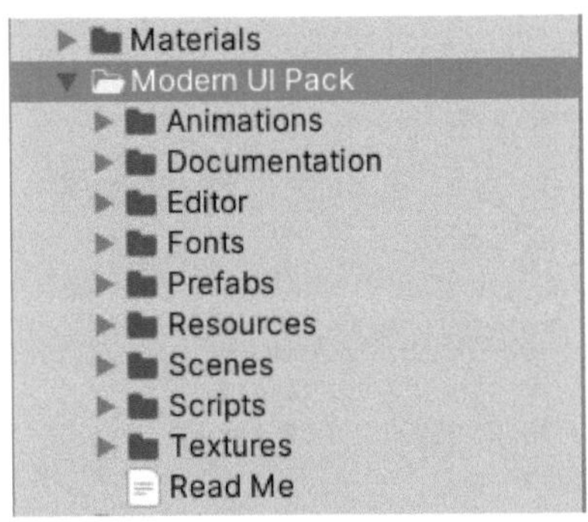

图 6-31

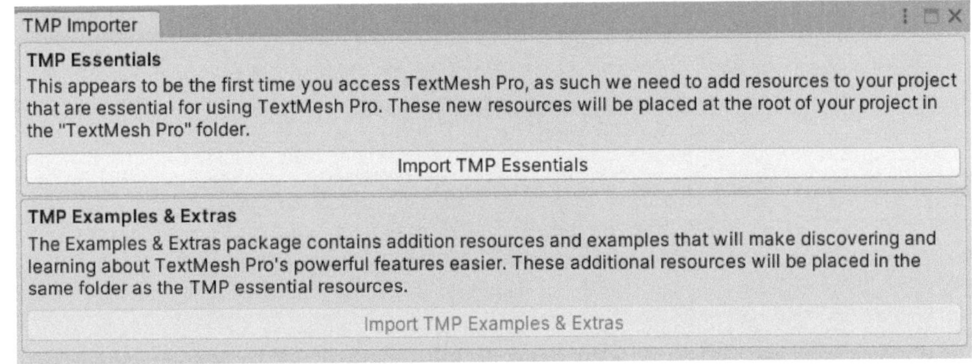

图 6-32

TextMesh Pro 是 Unity 的一种文本呈现解决方案，使用高级渲染技术在场景中呈现高质量的文字内容。同时，在文本样式和纹理呈现方面为用户提供了相对灵活的设置选项。在 Modern UI Pack 插件中，UI 控件（如带文字的按钮、窗口等）使用 TextMesh Pro 呈现需要的文字内容，当出现图 6-32 的对话框时，只需单击 Import TMP Essentials 按钮对 TextMesh Pro 进行安装即可。安装完成后，如果 UI 控件依然不能正常呈现文字内容，则需要重新加载场景。

6.6.2　Window Manager 简介

VR 博物馆的系统菜单将在 Modern UI Pack 插件的 Window Manager 框架下进行制作。在 Modern UI Pack 插件的示例场景中，使用 Window Manager 模块将所有 UI 控件分类组织在不同的窗口中，该模块对应的节点是 Canvas 下的 Window Manager。

Window Manager 模块能够实现在 UI 界面上的窗口切换功能——单击分类按钮即可切换到对应的视图。要实现基于 Window Manager 的窗口切换交互效果，可以在 Hierarchy 窗口中右击，在弹出的快捷菜单中选择 Modern UI Pack→Window Manager→Standard 命令，创建一个名称为 Window Manager 的游戏对象。选中创建的游戏对象，在 Inspector 窗口中对 Window Manager 组件进行设置，如图 6-33 所示。

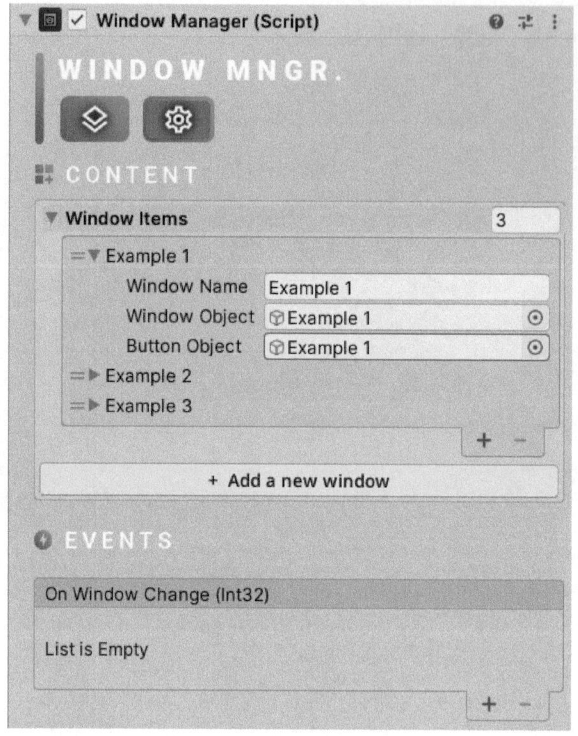

图 6-33

在 Window Manager 组件的 Window Items 选区中，包含了一系列 Window Item 成员，一个 Window Item 成员对应一个需要呈现内容的窗口。单击 Window Items 选区底部的 Add a new window 按钮或右下角的加号按钮可以添加一个 Window Item 成员；选中某一 Window Item 成员，单击选区右下角的减号按钮可以对其进行删除。

对每个 Window Item 成员都必须进行必要的参数配置才能实现窗口的切换和呈现。其中，Window Name 参数为窗口名称，在进行窗口切换等交互过程中，脚本通过该参数找到目标窗口；Window Object 参数为实际窗口游戏对象，需要在此参数指定的游戏对象中制作窗口内容；Button Object 参数为激活当前窗口的按钮。

对应在 Hierarchy 窗口中，Window Manager 节点的 Buttons 子节点包含管理的所有窗口激活按钮，Windows 子节点包含管理的所有窗口游戏对象。如图 6-34 所示。

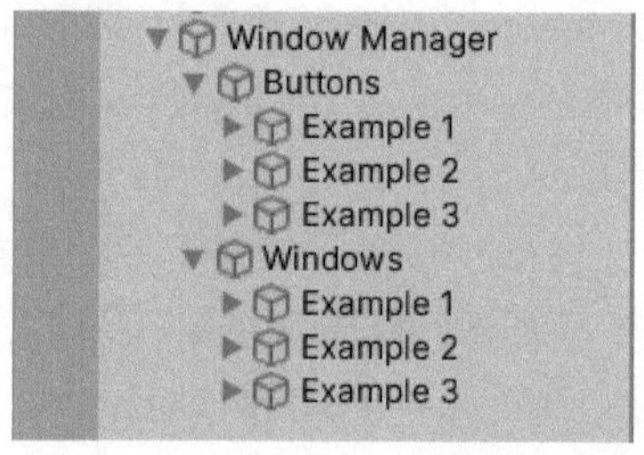

图 6-34

需要注意的是，每个窗口游戏对象上都挂载了 Canvas Group 组件，程序运行时通过设置该组件的 Alpha 参数确定要显示的窗口，当 Alpha 参数值为 1 时，该窗口显示；当 Alpha 参数值为 0 时，该窗口隐藏，如图 6-35 所示。

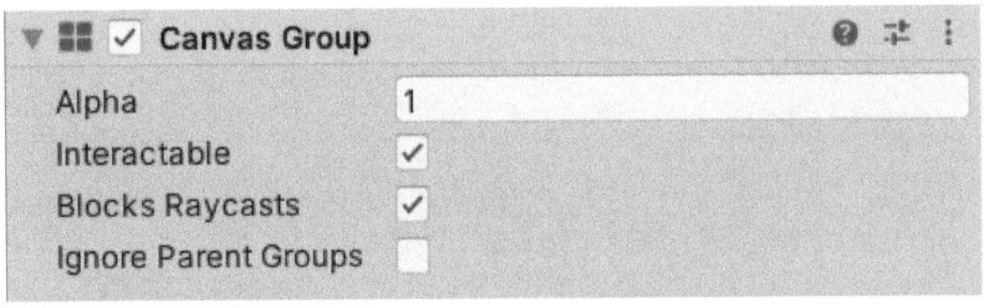

图 6-35

同理，在 Modern UI Pack 插件的示例场景中，默认显示按钮（Button）分类窗口，所以如果需要在Scene窗口中查看其他分类视图的UI控件，需要找到对应的窗口游戏对象，将其Canvas Group 组件的 Alpha 参数值设置为 1。同时，确保其他窗口游戏对象上的 Canvas Group 组件的 Alpha 参数值为 0。

6.6.3　使用 Modern UI Pack 插件创建 UI 控件

将 Modern UI Pack 插件导入项目后，在 Hierarchy 窗口中的快捷菜单中将增加一个 Modern UI Pack 命令，可以通过选择该命令下的子命令创建相关的 UI 控件，也可以选择 Unity 编辑器顶部菜单栏的 GameObject→Modern UI Pack 命令下的子命令进行创建。通常当鼠标指针悬停到二级分类时，会继续展开更多可供选择的不同风格的 UI 控件选项，某些控件分类甚至提供了四级分类，如 Button。

与 UGUI 的特性类似，当创建一个 Modern UI Pack 插件的 UI 控件后，该控件也会自动添加到能够对其进行承载的 Canvas 容器中。所以，为了便于后续的项目管理，避免不必要的组织混乱，在 VR 博物馆中，我们需要为系统菜单另外创建一个 Canvas 容器并将其命名为 MenuUI，按照创建 VR 中 UI 的思路，创建一个用于在 VR 环境中呈现的 Canvas 容器，相关参数如下。

- 在 Canvas 组件中，将 Render Mode 设置为 World Space。
- 在 Canvas Scaler 组件中，将 Dynamic Pixels Per Unit 参数值设置为 5。
- 在 Rect Transform 组件中，将 Width 参数值设置为 1000，Height 参数值设置为 600，Scale 参数值设置为 0.003。

综上所述，VR 博物馆的系统菜单将基于 Modern UI Pack 插件的 Window Manager 框架，在不同的窗口中制作要显示的内容，所以首先需要在 Canvas 容器中创建一个 Window Manager 对象。在 Hierarchy 窗口中选择 MenuUI 游戏对象并右击，在弹出的快捷菜单中选择 Modern UI Pack→ Window Manager→Standard 命令，此时 Window Manager 对象在创建后将作为 MenuUI 的子物体，并且在初始状态下会内建 3 个可以切换的窗口，如图 6-36 所示。

在场景中可以使用 Rect Tool 工具（快捷键为 T 键）调整 Window Manager 所有窗口的长宽。在 VR 博物馆中，我们希望这些窗口能够与其父容器 MenuUI 的尺寸相同并且随之改变，所以在 Hierarchy 窗口种选中 Window Manager 节点，在其 Rect Transform 组件中单击左上角的 Anchor Presets 按钮。同时按下 Alt 键和 Shift 键，选择弹出的 Anchor Presets 面板右下角的选项，如图 6-37 所示。

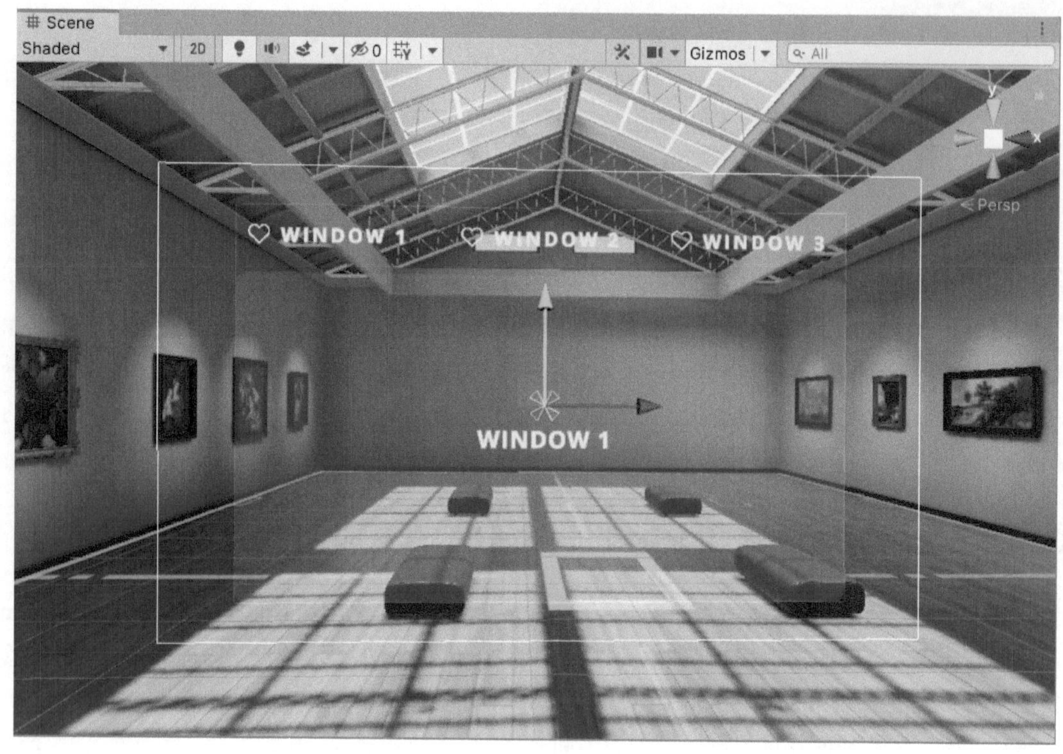

图 6-36

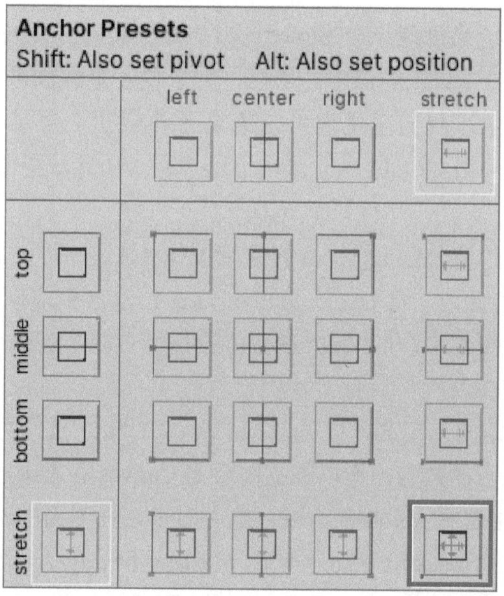

图 6-37

此时 Window Manager 包含的窗口将拉伸填充其父容器且中心点在其中心位置。同时，在调整父容器 MenuUI 的尺寸时，Window Manager 包含的窗口也将随之发生改变。

将 MenuUI 转换为能够在 Curved UI 框架下交互的 UI。首先，在 Hierarchy 窗口中选择 MenuUI 节点；然后，在 Inspector 窗口中单击 Add Component 按钮，添加 CurvedUISettings 组

件；最后，按照 6.4.2 节介绍的方法和步骤，对该组件相关参数进行设置。在初始状态下，MenuUI 在场景中呈现曲面效果，在 VR 博物馆中，我们将其设置为平面显示，所以将 CurvedUISettings 组件的 Angle 参数值设置为 0。

保存场景，运行应用程序进行测试，此时能够初步实现使用 Curved UI 插件提供的交互方式与 Modern UI Pack 插件制作的 UI 控件进行交互，即使用激光指针分别单击 Window Manager 顶部的按钮，从而实现窗口的切换。

6.6.4 为窗口添加 UI 控件

在默认情况下，用于切换菜单窗口的按钮呈现在界面顶部，而在 VR 博物馆中，我们希望按钮在界面左侧呈现，所以首先需要对按钮和窗口的位置关系进行调整。在 Hierarchy 窗口中选择 Window Manager 节点的 Buttons 子节点，在该子节点中默认挂载了一个名称为 Horizontal Layout Group 的组件，该组件能够使游戏对象包含的子物体从按照水平方向排列改为垂直方向排列。在 Inspector 窗口中，先单击 Horizontal Layout Group 组件右上角的齿轮按钮，选择 Remove Component 命令，移除该组件；然后单击 Add Component 按钮，选择添加 Vertical Layout Group 组件，此时按钮组将按照垂直方向排列。

调整按钮组的呈现范围，使其高度与其父容器 MenuUI 相同且位于其左侧。保持选中 Buttons 节点的状态，在 Inspector 窗口中，单击 Rect Transform 组件左上角的 Anchor Presets 按钮。同时按一下 Alt 键和 Shift 键，选择如图 6-38 所示的选项，使 Buttons 的中心点在自身左侧，同时在父容器中进行垂直方向拉伸。

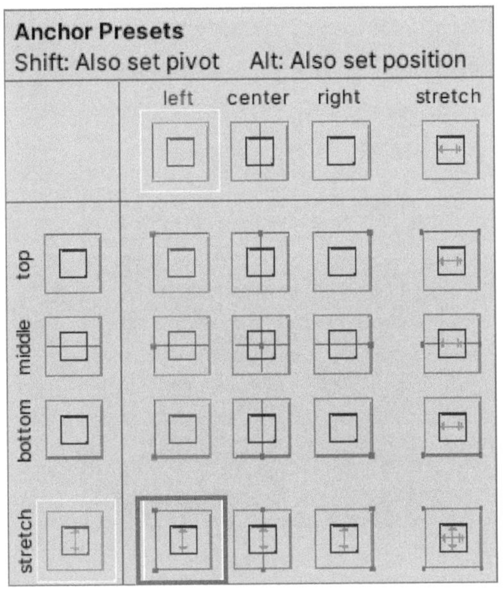

图 6-38

拉伸后对 Buttons 进行高度的微调，因为界面左上角的空间在未来需要放置项目的 Logo，所以使用 Rect Tool 工具拖动 Buttons 的上边框，使其顶部与界面顶端留有一定的距离。

选中 Windows 节点，调整其呈现范围。使用 Rect Tool 工具拖动其左边框，使之与 Buttons

的右边框吸附对齐。在 Anchor Presets 面板中，使用相同的方式，同时按下 Alt 键和 Shift 键，设置拉伸模式，如图 6-39 所示。

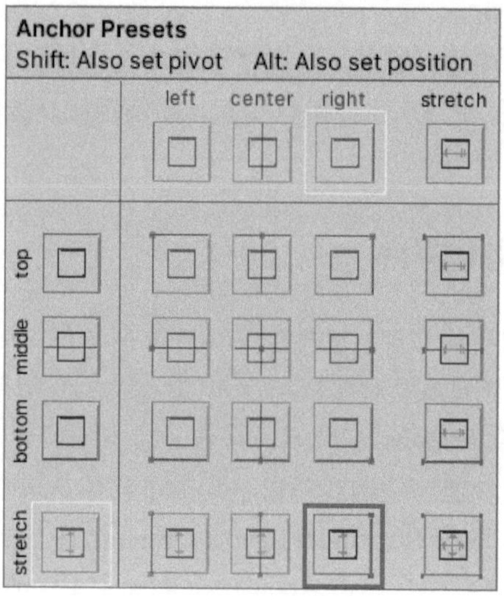

图 6-39

在菜单窗口中目前还没有任何背景颜色，我们可以在 MenuUI 下创建一个 Image 控件作为呈现背景颜色的游戏对象。在 Hierarchy 窗口中右击 MenuUI 节点，在弹出的快捷菜单中选择 UI→Image 命令，创建一个 Image 控件并将其重命名为 Background。在 UGUI 系统中，Unity 会对 Canvas 包含的所有树形节点按照自顶向下的顺序依次将其进行呈现，因此，第一个 UI 节点会被首先呈现出来。鉴于此，我们将创建的 Background 节点拖到 MenuUI 节点所有子物体的顶层作为背景，如图 6-40 所示。

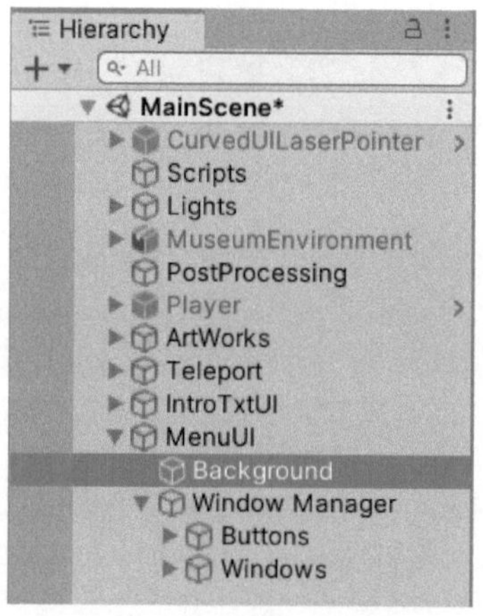

图 6-40

在随书资源的 MenuUI 文件夹中找到名称为 UIBackground.png 的图片文件，将其导入 VR 博物馆的_Textures 文件夹中。要使 Image 控件呈现图片内容，需要将导入的图片转换为 Sprite 类型。在 Project 窗口中选择导入的图片文件，在 Inspector 窗口中将 Texture Type 参数设置为 Sprite（2D and UI），Max Size 参数值设置为 1024，从而将纹理缩小为合适的尺寸，单击窗口右下角的 Apply 按钮。

在 Hierarchy 窗口中选择 Background 节点，将导入的图片指定到该游戏对象的 Image 组件的 Source Image 参数中。使用前文介绍的方法在其 Rect Transform 组件的 Anchor Presets 面板中对图片的拉伸进行设置。同时按下 Alt 键和 Shift 键，在 Anchor Presets 面板中选择右下角选项，即在水平方向和垂直方向均进行拉伸，效果如图 6-41 所示。

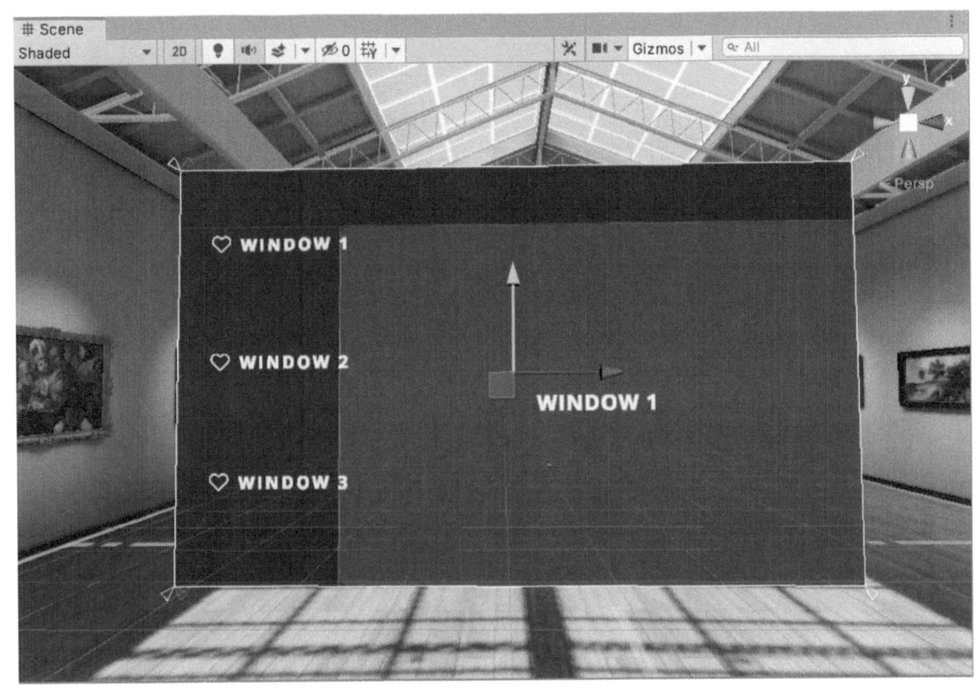

图 6-41

1．为窗口添加项目 Logo

项目 Logo 通常也需要使用一个 Image 组件进行呈现，操作步骤与前文设置背景图片的方法类似。而在本实例中，我们也可以使用 Modern UI Pack 插件提供的 UI 素材。具体步骤如下。

（1）在 Hierarchy 窗口中，右击 MenuUI 节点，在弹出的快捷菜单中选择 Modern UI Pack→Button→Basic-Outline Gradient→Pink 命令，创建一个带有轮廓且渐变的按钮作为其子物体，并重命名为 Logo。

（2）选择 Logo 游戏对象，使用前文介绍的方法在其 Rect Transform 组件的 Anchor Presets 面板中对按钮的中心点和对齐方式进行设置。同时按下 Alt 键和 Shift 键，选择 top 行和 left 列相交的预设，将按钮定位在其父容器的左上角。

（3）使用 Rect Tool 工具对按钮进行位置的微调，使其距离窗口的左侧和顶部留有一定的空间。

（4）在 Logo 游戏对象的 Button Manager 组件中，将 Button Text 参数设置为 MuseumVR。如果此时文字内容并没有更新，则可以尝试重新打开当前场景进行加载刷新。最终效果如图 6-42 所示。

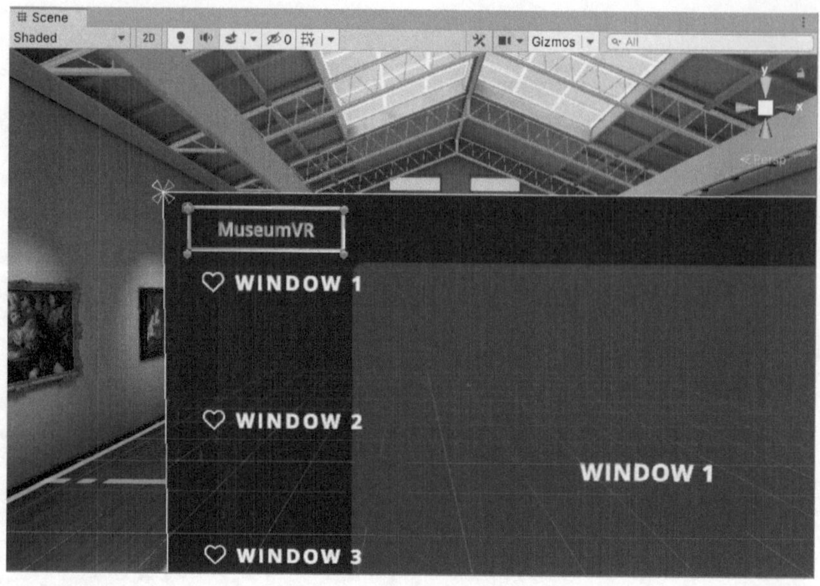

图 6-42

2．调整按钮组的对齐方式

垂直排列的按钮组因为对齐方式的原因，导致了按钮上的文字超出了按钮组的显示范围，在 Buttons 游戏对象的 Vertical Layout Group 组件中，Child Alignment 用于设置子物体的对齐方式，默认在垂直方向上对齐所有子物体的左上角（Upper Left），此时需要将其设置为 Middle Center。

依次查看 Buttons 游戏对象包含的子物体，虽然已经通过修改对齐方式使它们的文字内容限定在了按钮组的显示区域内，但是各按钮的实际显示范围仍然超过了按钮组的显示范围，如图 6-43 所示。

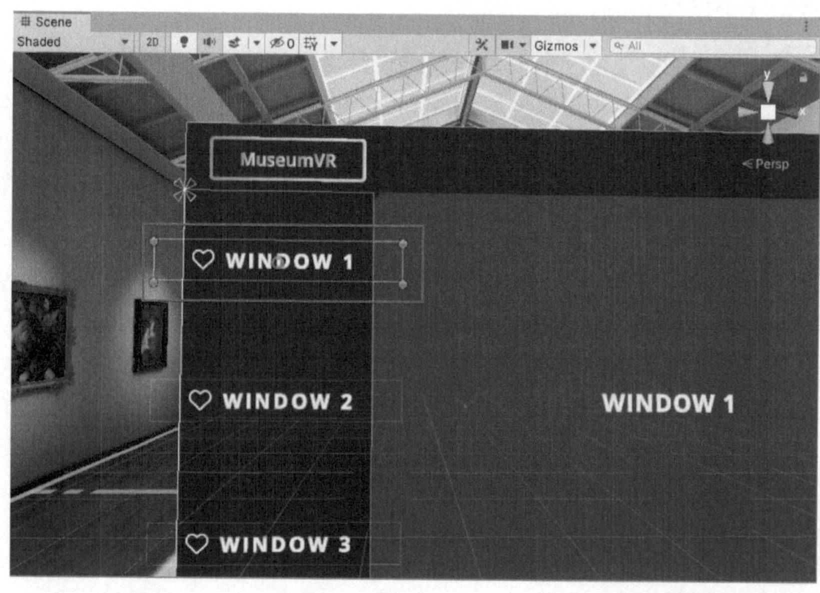

图 6-43

在 Curved UI 插件中，超出 Canvas 容器覆盖范围的 UI 控件容易出现不能响应用户交互的异常，所以为了进一步将按钮成员限定在按钮组中，继续在 Vertical Layout Group 组件中进行设置。同时勾选 Control Child Size 参数的 Width 和 Height 复选框，从而控制子物体成员的宽度和高度。

3. 为按钮添加背景

同时选择 Buttons 游戏对象的所有子物体，在它们的 Image 组件中，单击 Source Image 右侧的对象选择器（圆形按钮），在弹出窗口的搜索栏中输入关键词“outline”，在搜索结果中选择名称为“Rounded Outline 128px - 1x”的素材，按 Enter 键，此时按钮的背景图片为不可见状态，需要单击 Color 参数右侧的颜色选择器，在弹出窗口中将 A 参数（Alpha 透明度）调整为 255。

该素材为只有轮廓线且背景透明的图片，进一步调整背景图片的线宽，将 Image 组件的 Pixel Per Unit Multiplier 参数值设置为 15，即通过提高单位内填充像素数量的方式收窄图片显示的边框，效果如图 6-44 所示。

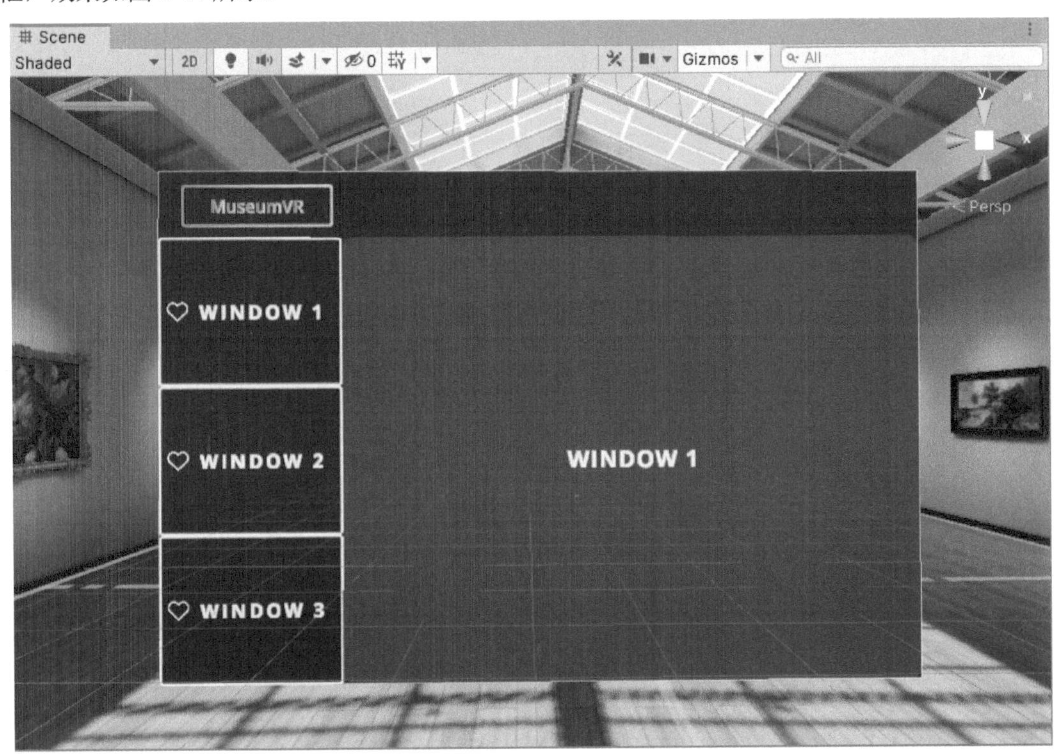

图 6-44

4. 设置按钮图标

在 Hierarchy 窗口中，按住 Alt 键单击 Buttons 节点左侧箭头，依次展开其包含的所有节点。每个按钮通过 Normal 节点和 Pressed 节点呈现当前按钮在默认和被单击后的两种状态，并在每个状态节点下，使用 Icon 节点和 Text 节点分别呈现当前状态的图标和文字。

以第一个按钮 Example 1 为例，同时选中其子节点 Normal 和 Pressed 两个状态节点下的 Icon 节点，单击 Image 组件的 Source Image 参数右侧的对象选择器（圆形按钮），在弹出的对话框的搜索栏中输入关键词“Home”，选择搜索结果中的 Home 素材，按 Enter 键，为按钮 Example 1 指定呈现的图标。

使用相同的方式为按钮 Example 2 和 Example 3 设置对应显示的图标，对于前者，使用的图标素材名称为“Map”；对于后者，使用的图标素材名称为“Settings”。

5．修改按钮游戏对象名称

为了确保场景组织具有良好的可读性，根据项目需求，修改 3 个按钮对应的游戏对象名称。其中，第一个按钮 Example 1 对应的窗口用于介绍在体验过程中手柄控制器上各个按键的功能，所以，在 Hierarchy 窗口中，选择 Example 1 按钮节点，将其重命名为 IntroBtn；第二个按钮 Example 2 对应的窗口用于展示博物馆的基本结构，使用相同的方式，将其重命名为 MapBtn；第三个按钮 Example 3 对应的窗口用于对应用程序相关参数进行调整，使用相同的方式，将其重命名为 SettingsBtn。

6．设置功能和场馆介绍窗口内容

在 Modern UI Pack 插件的 Window Manager 中，所有窗口界面对应的游戏对象均存放在 Windows 节点下，在默认情况下名称为 Example 1、Example 2、Example 3……在每个窗口节点下，将所有内容放置在 Content 子节点下，并默认放置一个用于展示窗口标题的 Tip 节点。在本实例中，我们将 3 个窗口中包含的 Tip 节点都隐藏——在 Hierarchy 窗口中按住 Ctrl 键，依次选择 3 个窗口节点下的 Tip 节点，在 Inspector 窗口中勾选左上角的复选框将其隐藏。

根据上文介绍的项目需求和原则，可以首先将 3 个窗口对应的游戏对象进行重新命名。在 Hierarchy 窗口中，展开 Windows 节点，依次将其下的 3 个子节点重新命名为 IntroWindow、MapWindow 和 SettingWindow。

对于功能和场馆介绍窗口，内容相对简单，只是在窗口中添加相关介绍的图片。对于功能介绍窗口，即 IntroWindow，右击 Content 子节点，在弹出的快捷菜单中选择 UI→Image 命令，创建一个 Image 控件，用于呈现提供的素材图片。在随书资源的 MenuUI 文件夹下，将名称为 ControllerIntro.jpg 和 MuseumFloorPlan.jpg 的图片素材导入项目，放置在_Textures 文件夹下。根据 Image 控件的特性，要使其呈现导入的素材图片，需要在导入图片后，将图片转换为 Sprite 类型，所以在 Project 窗口中同时选中导入的两张图片，在 Inspector 窗口中将 Texture Type 设置为 Sprite（2D and UI），Max Size 参数值设置为 2048，单击窗口右下角的 Apply 按钮应用设置。

在 Hierarchy 窗口中选择创建的 Image 游戏对象，将导入 Project 窗口的 ControllerIntro 图片指定到 Image 组件的 Source Image 参数中，如图 6-45 所示。在指定图片来源后，图片会按照 Image 游戏对象创建的尺寸进行呈现，此时可以单击 Image 组件右下角的 Set Native Size 按钮，使图片按照原始比例和尺寸进行呈现。

当图片尺寸超出窗口显示显示范围时，使用 Rect Tool 工具对图片尺寸进行微调。在调整 UI 控制点的过程中，同时按下 Alt 键和 Shift 键，会按照原始比例且以图片中心进行对称缩放。

Content 节点上默认挂载了一个 Image 组件用来呈现窗口的背景颜色，在添加功能介绍图片 ControllerIntro 后，可以将此 Image 组件禁用，从而使图片能够更好地与窗口背景融合，效果如图 6-46 所示。

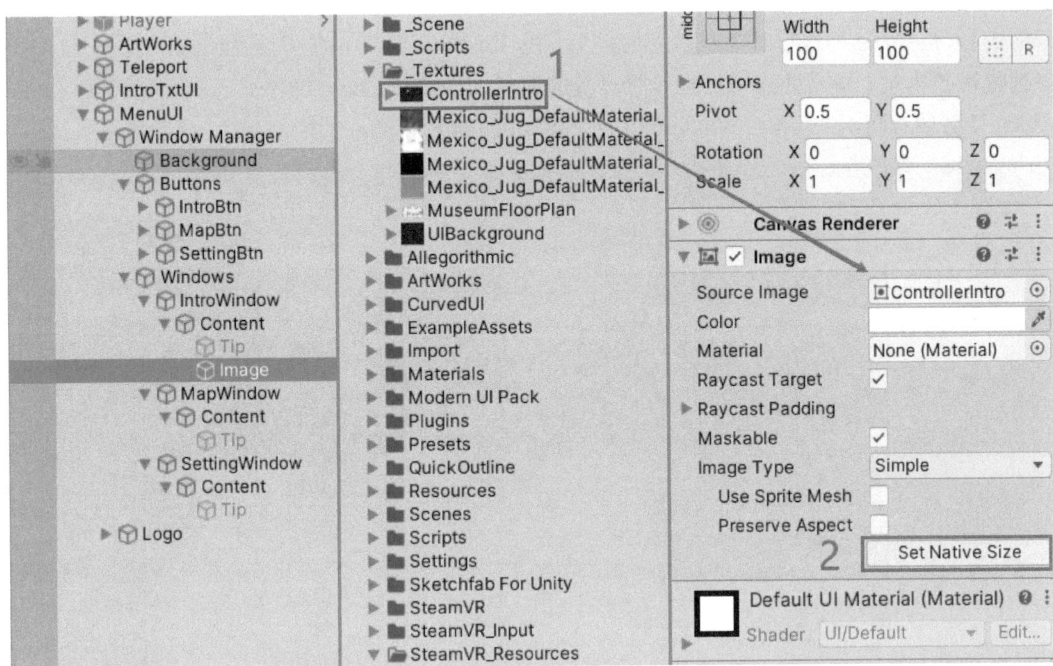

图 6-45

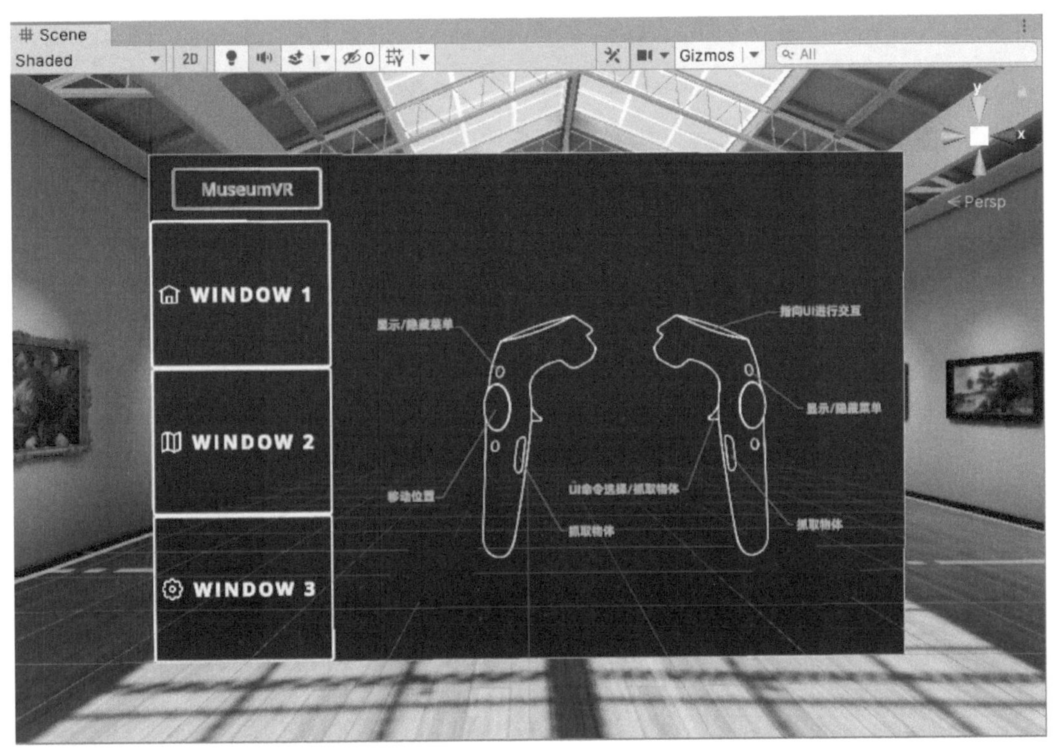

图 6-46

使用相同的方法设置 MapWindow 窗口内容，在此窗口中需要展示的图片为 MuseumFloorPlan。需要注意的是，鉴于 Window Manager 的特性，要在编辑状态下显示其他窗口的内容，需要将当前窗口（本步骤对应的窗口为 IntroWindow）中的 Canvas Group 组件的 Alpha 参数值设置为 0，将其他窗口（本步骤对应的窗口为 MapWindow）中的 Canvas Group 组件的 Alpha 参数值设置为 1。MapWindow 窗口效果如图 6-47 所示。

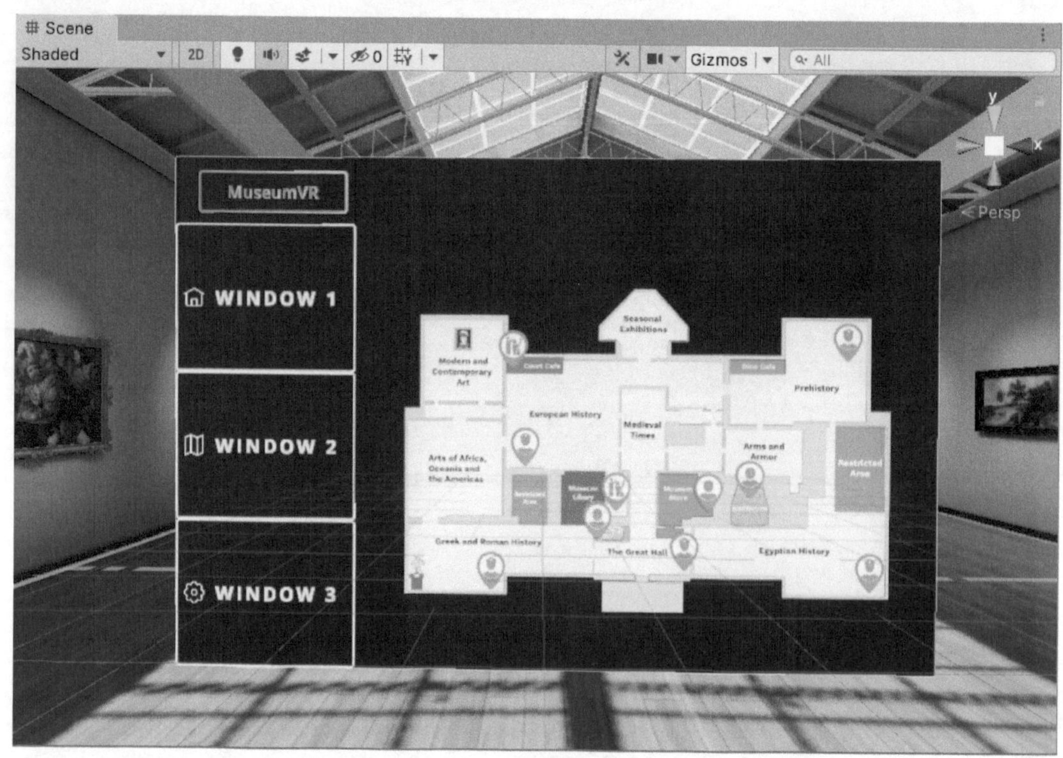

图 6-47

6.6.5 使用 TextMeshPro 在 VR 环境中显示中文

TextMeshPro 是针对 Unity 的文字呈现解决方案，以 Package 软件包形式存在，所以需要使用 Package Manager 对其进行安装和管理。由于在导入 Modern UI Pack 插件时已经同时对此软件包进行了安装，因此在本实例中无须再次安装。同时，VR 博物馆使用的 TextMeshPro 版本为 3.0.6。

TextMeshPro 使用 Mesh 网格呈现文字内容。对于场景当中要呈现的每一个字符，TextMeshPro 使用两个三角形进行呈现，如图 6-48 所示。

基于此种机制，使用 TextMeshPro 的优势之一便是能够呈现清晰的文字内容，文字不会因为缩放而影响自身的清晰度，也不会由此而产生锯齿，类似于图像中的矢量图。

使用 TextMeshPro 的另外一个优势在于，关于文字属性的设置，相对于 Unity UI 的 Text 组件，前者提供了更多可以设置的参数，如渐变、缩进、更丰富的字体风格等，如图 6-49 所示。

Scene
Shaded Wireframe
2D
Gizmos
Unity

图 6-48

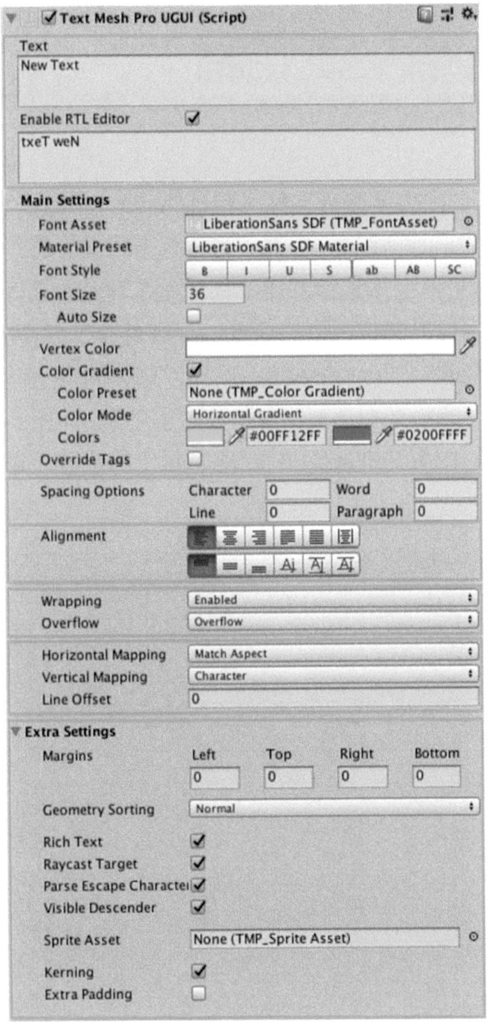

Text Mesh Pro UGUI (Script)
Text
New Text
Enable RTL Editor
txeT weN
Main Settings
Font Asset
LiberationSans SDF (TMP_FontAsset)
Material Preset
LiberationSans SDF Material
Font Style
B I U S ab AB SC
Font Size
36
Auto Size
Vertex Color
Color Gradient
Color Preset
None (TMP_Color Gradient)
Color Mode
Horizontal Gradient
Colors
#00FF12FF
#0200FFFF
Override Tags
Spacing Options
Character 0
Word 0
Line 0
Paragraph 0
Alignment
Wrapping
Enabled
Overflow
Overflow
Horizontal Mapping
Match Aspect
Vertical Mapping
Character
Line Offset
0
Extra Settings
Margins
Left Top Right Bottom
0 0 0 0
Geometry Sorting
Normal
Rich Text
Raycast Target
Parse Escape Characte
Visible Descender
Sprite Asset
None (TMP_Sprite Asset)
Kerning
Extra Padding

图 6-49

限于本书主题，关于 TextMeshPro 的更多内容介绍，读者可以参阅 TextMeshPro 的官方文档。

TextMeshPro 对于英文内容的呈现相对比较友好，只需在 TextMeshPro 组件的 Text 文本框中输入相关文字内容即可。但是，如果不做任何额外设置，在此文本框中输入“中文内容”，则会显示异常，仅使用方框替代显示中文内容，如图 6-50 所示。

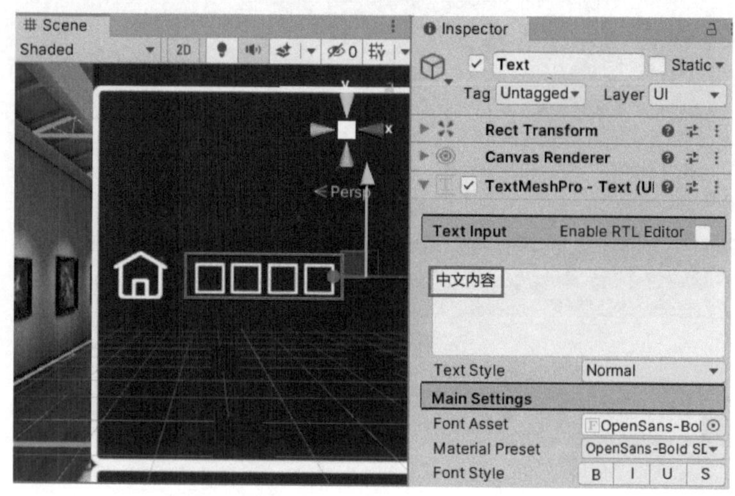

图 6-50

这是因为 TextMeshPro 由字体配置文件（Font Asset）指定需要呈现的字符及其样式，而 TextMeshPro 软件包内置的几个配置文件中并不包含任何中文字符。

Font Asset 基于某种指定的字体进行制作，对于使用 TextMeshPro 创建的文字内容，如果需要改变文字的字体样式，则可以制作不同的 Font Asset 并指定到 TextMeshPro 相关组件的 Font Asset 参数中。而更为重要的是，Font Asset 能够决定 TextMeshPro 能够呈现哪些字符。在 Font Asset 的 Character Table 中，能够查看当前配置所包含的字符，如图 6-51 所示。以 OpenSans-Bold SDF 字体配置文件为例，该配置文件能够呈现 98 个指定的字符，包括大小写英文字符、数字、常用符号等。

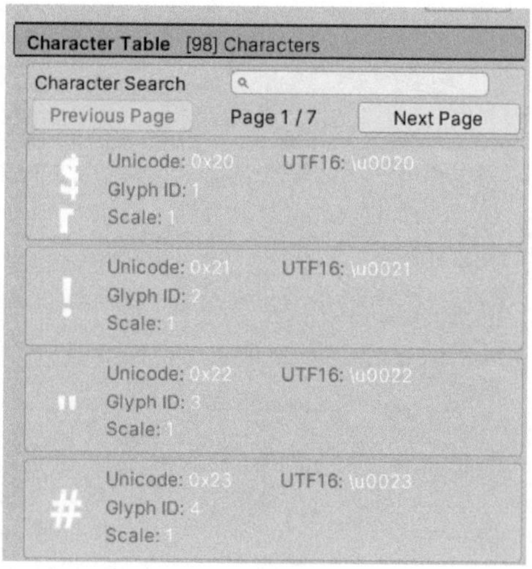

图 6-51

所以，要使 TextMeshPro 正常显示中文内容，需要做的工作便是创建一个基于中文字体且包含需要呈现的中文字符的 Font Asset，并将此配置文件指定到相应的 TextMeshPro 组件中。

TextMeshPro 提供了制作 Font Asset 的工具，名称为 Font Asset Creator，可以在 Unity 编辑器的菜单栏中选择 Window→TextMeshPro→Font Asset Creator 命令，将其启动，如图 6-52 所示。

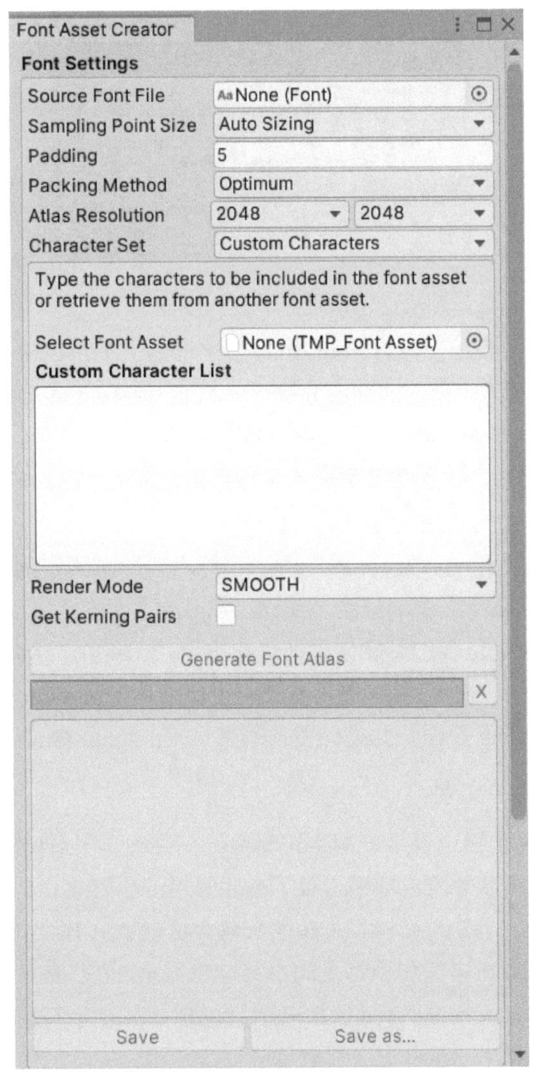

图 6-52

要制作一个 Font Asset，首先需要准备一个中文字体文件。在随书资源的 MenuUI 文件夹下，将 Alibaba-PuHuiTi-Regular.ttf 字体文件导入项目，在 Project 窗口中新建一个文件夹并将其命名为_Fonts，将导入的字体文件放置在此文件夹中。

在 Font Asset Creator 窗口中，第一个参数 Source Font File 便是用于指定要使用到的字体文件，所以直接将之前导入的字体文件拖入其中即可。在制作的过程中，Font Asset Creator 会将要呈现的字符按照指定的字体样式渲染到一种名称为 Font Atlas 的 Texture 2D 贴图中，如图 6-53 所示，所以在 Source Font File 参数下面的其他参数多是与如何制作 Font Atlas 相关。

图 6-53

Sampling Point Size 参数用于设置 Font Atlas 中字符的大小，以磅为单位。此处可以保留默认值 Auto Sizing，即根据其后设定的贴图分辨率（Atlas Resolution）以尽量大的字号容纳所有字符；也可以将该参数设置为 Custom Size 并设定具体的尺寸。但是，对于自定义数值的设置，需要注意不要将其设置过大，如果需要呈现的字符数量较多而 Custom Size 设置相对较大时，则在 Font Atlas 贴图中容易丢失某些字符。

Padding 参数用于设置 Font Atlas 贴图中每个字符之间的空间，此处保留使用默认值 5。

Packing Method 参数用于选择打包创建 Font Atlas 时使用的策略模式，其中，Optimum 模式会为所有字符找到最大化呈现的可能性并体现在 Font Atlas 中，从而得到品质较高的贴图；Fast 模式能够更快地计算字符并打包，但可能会产生比使用 Optimum 模式更小的字符，通常用于快速测试并预览 Font Atlas 贴图。此处保留使用默认 Optimum 模式。

1. 指定需要呈现的中文字符

Character Set 参数用于指定要呈现的字符集合，直接决定了最终将有哪些字符可以被打包进 Font Atlas 贴图中。在该参数的选项中内置了一些常用的字符集，其中，ASCII 表示包含所有 ASCII 字符集中的可见字符；Extended ASCII 表示包含扩展 ASCII 字符集中的可见字符；ASCII Lowercase 表示只包含 ASCII 字符集中可见的小写字母；ASCII Uppercase 表示只包含 ASCII 字符集中可见的大写字符；Numbers + Symbols 表示只包含 ASCII 字符集中可见的数字和符号。选择 Custom Range 后可以输入一连串十进制数值或数值范围，从而指定要包括哪些字符，使用连字符来连接字符范围内的第一个和最后一个值，使用逗号来分隔数值和范围（如 32-126,160,8230），也可以直接选择一个已有的 Font Asset 来提供此字符范围；Custom Characters 与前者类似，不同的是，该选项仅包含在其后输入的所有字符；Characters from File 表示可以从某个文件中读取需要呈现的字符。在本实例中，我们使用 Custom Characters。在随书资源的 MenuUI 文件夹中，“字符集.txt”文本文件提供了 VR 博物馆需要呈现的中文字符，读者可将其打开，复制其中的文字内容，粘贴到 Custom Character List 参数下方的文本框中。

2. 生成 Font Atlas 贴图

在指定了要呈现的中文字符后，单击窗口中部的 Generate Font Atlas 按钮，即可启动制作

Font Atlas 的工作。制作完成后，在按钮下方会展示一个简短的 log 日志，如包含、丢失、排除的字符数量等信息。在窗口底端，则呈现了 Font Atlas 贴图的预览，如图 6-54 所示。

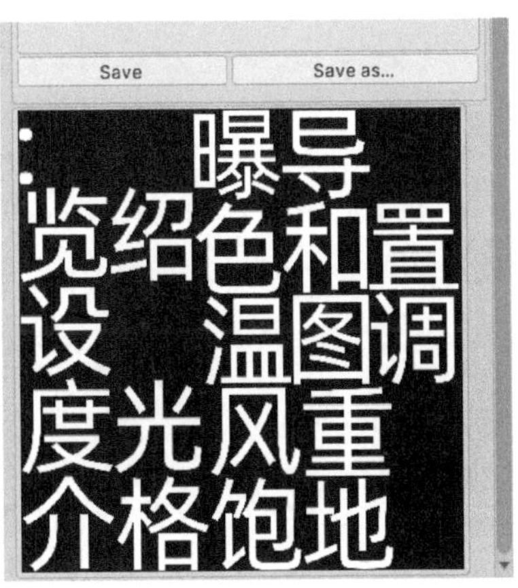

图 6-54

我们在场景中看到的文字内容，实际上便是这张贴图的一部分，即在 Mesh 网格上呈现了某个字符所在 Font Atlas 的一部分纹理区域。

Font Atlas 是 Font Asset 的重要组成部分，在被制作完成后，便需要将此贴图连同相应的配置信息保存到具体的 Font Asset 配置文件中。单击窗口中的 Save 按钮或 Save as 按钮，在弹出的文件保存对话框中，将配置文件保存到 Project 窗口中的_Fonts 文件夹中。

3. 为 TextMeshPro 文本框设定中文内容

对于项目中所有使用 TextMeshPro 创建的文本框，我们将使用它通过以上步骤创建 Font Asset。在 Hierarchy 窗口中，按住 Alt 键，单击 Buttons 节点左侧的箭头，递归展开其下包含的所有子节点。按住 Ctrl 键，选择子节点中所有名称为 Text 的节点，将创建的 Font Asset 配置文件指定到所有选中节点的 TextMeshPro-Text（UI）组件的 Font Asset 参数中。同时提高所有文字的字号，将 Font Size 参数值设置为 64，如图 6-55 所示。

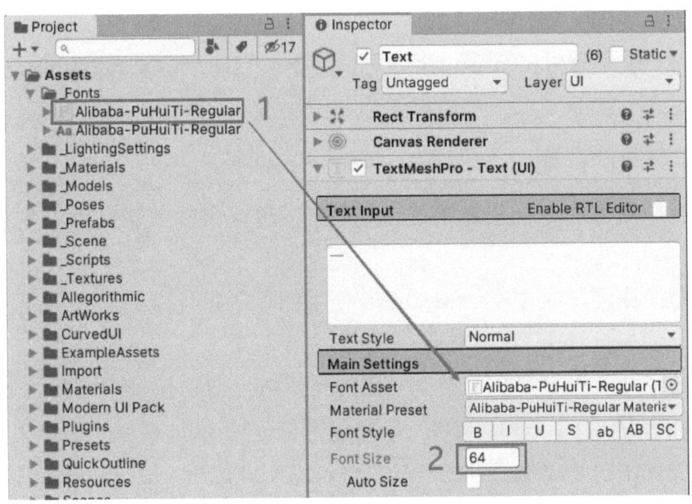

图 6-55

在指定 Font Asset 后，便可以分别为按钮设定相应的中文文字。同时选中 IntroBtn 节点下的两个 Text 子节点，在其 TextMeshPro-Text（UI）组件的 Text Input 文本框中输入中文“介绍”；使用相同的方式，将 MapBtn 和 SettingBtn 节点下的 Text 子节点内容分别设置为“导览”和“设置”。

为了能够与当前文字的大小相匹配，可以对应调整按钮的图标尺寸。同时选择 Buttons 节点下所有名称为 Icon 的子节点，在 Inspector 窗口的 Rect Transform 组件中，将 Width 和 Height 参数值均设置为 64。最终设置效果如图 6-56 所示。

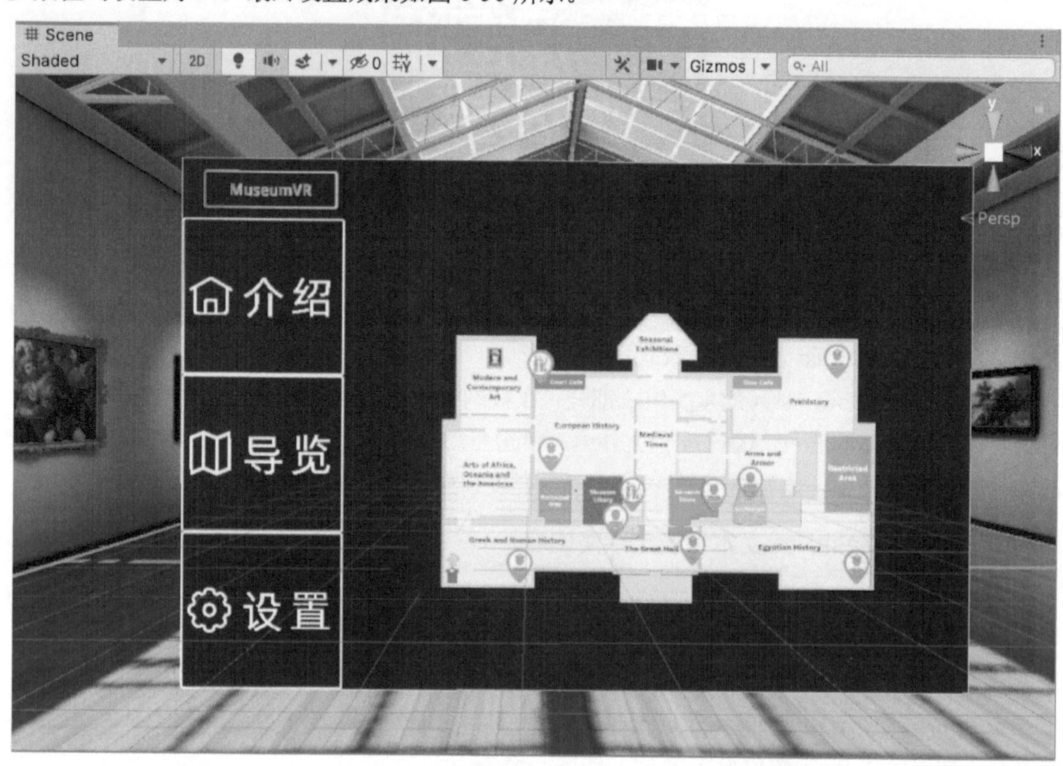

图 6-56

需要注意的是，关于尺寸的调整，读者可以基于自己所创建 Canvas 的大小，根据合理的排版原则，自行设定而无须与本书使用的参数值保持一致。

4. 解决显示异常的问题

保存场景运行应用程序。在头显中进行观察会发现，只能单眼显示菜单按钮上的文字，如图 6-57 所示。

产生此类问题的原因，是由 TextMeshPro 使用的着色器导致的。在出现问题的中文文字游戏对象上，材质使用 TextMeshPro/Bitmap 着色器进行渲染，如图 6-58 所示。

要解决此问题，可以将中文文字游戏对象的材质着色器切换使用名称为 Distance Field SSD 的着色器。在 Project 窗口的_Fonts 文件夹下，展开创建的 Font Asset 配置文件 Alibaba-Pu Hui Ti-Regular，其下包含了用于渲染字体的材质文件，选中此材质，在 Inspector 窗口中将 Shader 参数切换为 TextMeshPro/Distance Field SSD，保存场景再次测试，使问题得以解决。

MuseumVR
介绍
导览
设置
MuseumVR

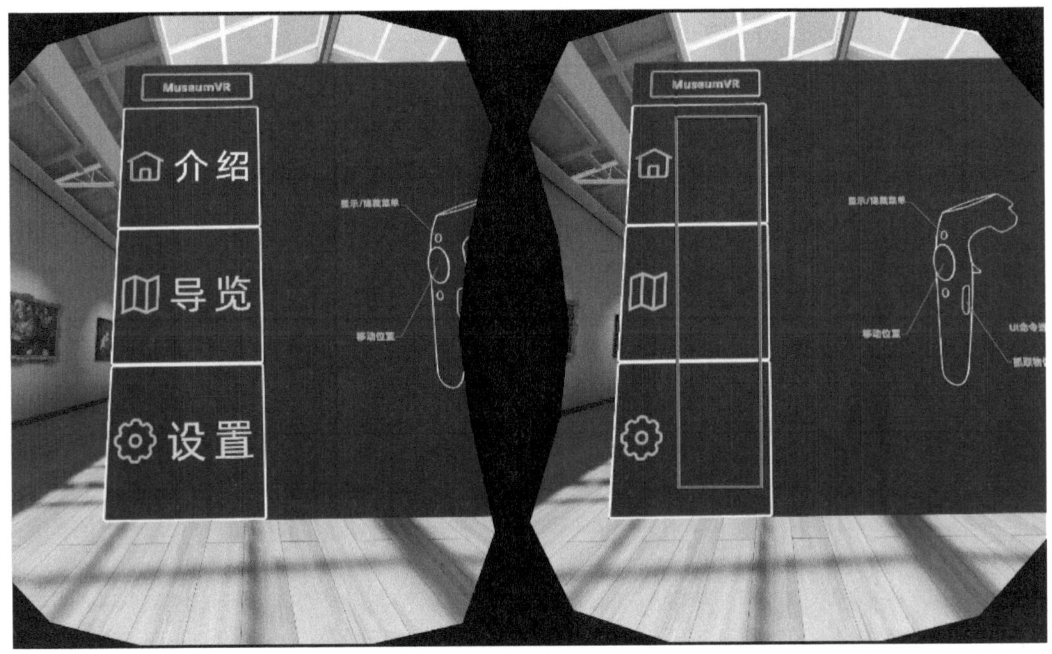

图 6-57

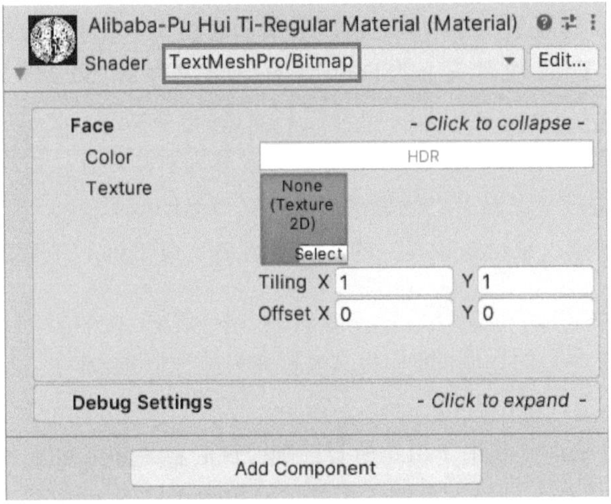

Alibaba-Pu Hui Ti-Regular Material (Material)
Shader
TextMeshPro/Bitmap
Edit...
Face
- Click to collapse -
Color
HDR
Texture
None (Texture 2D)
Select
Tiling X 1
Y 1
Offset X 0
Y 0
Debug Settings
- Click to expand -
Add Component

图 6-58

6.6.6　制作 SettingWindow 中的内容

基于前两节介绍的技术，本节将完成第三个窗口，即 SettingWindow 中的 UI 制作。

首先需要将 SettingWindow 设置为可见，选择该游戏对象，在 Inspector 窗口中，将 SettingWindow 的 Canvas Group 组件的 Alpha 参数值设置为 1，其他窗口对应的此参数值均设置为 0。

在此窗口中将添加 6 个 UI 控件，在逻辑上分为五组，其中用 4 组 Slider 控件组控制场景的渲染表现，用 1 组按钮切换场景装饰风格。对于 Slider 控件组，通常会在其左侧放置一个用于标识需要调整的属性的文字说明文本框。所以窗口整体布局可分为左、右两大部分，左侧为对应调整的参数名称，右侧为用于交互的 UI 控件。

1. 制作参数文本分区

在本实例中，我们将使用 Panel 控件组织所有文本内容。具体步骤如下。

（1）在 Hierarchy 窗口中，右击 SettingWindow 节点下的 Content 子节点，在弹出的快捷菜单中选择 UI→Panel 命令，创建用于组织所有文字控件的容器。

（2）调整 Panel 的显示范围，使其顶部与底部与 SettingWindow 对齐。在其 Rect Transform 组件中，单击左上角的 Anchor Presets 按钮。同时按下 Alt 键和 Shift 键，选择 center 列与 stretch 行相交的预设选项。

（3）使用 Rect Tool 工具对 Panel 的宽度进行调整。拖动其右侧边框，将宽度调整为原来的一半。

（4）在 Panel 中创建 5 个基于 TextMeshPro 的文本控件。右击 Panel 节点，在弹出的快捷菜单中选择 UI→Text-TextMeshPro 命令，选中创建的文本控件，连续 4 次按下 Ctrl+D 组合键，创建关于该对象的 4 个副本。

（5）将创建的 5 个文本控件沿垂直方向进行等距排列。选择 Panel 节点，为其添加 Vertical Layout Group 组件，将组件的 Child Alignment 参数设置为 Middle Right。

（6）指定文本控件呈现的文字内容。同时选择创建的 5 个文本控件，按照上一节介绍的方法，将 Project 窗口中_Fonts 文件夹下的 Font Asset 配置文件 Alibaba-Pu Hui Ti-Regular 指定到所有文本控件的 TextMeshPro-Text（UI）组件的 Font Asset 参数中，此时文本控件能够呈现配置文件中包含的中文字符；将组件的 Alignment 参数设置为右侧对齐；依次设置 5 个文本控件文字内容，分别为“风格：”“色温：”“色调：”“曝光：”“饱和度：”。

（7）选择 Panel 节点，禁用挂载其上的 Image 组件，使 Panel 的背景不可见。

2. 制作控制分区

对于所有用于调节参数的控件，我们将其放置在另外一个 Panel 中进行组织。具体步骤如下。

（1）在 Hierarchy 窗口中，右击 SettingWindow 节点下的 Content 子节点，在弹出的快捷菜单中选择 UI→Panel 命令，创建用于组织所有控制控件的容器并重命名为 ControlPanel。

（2）调整 ControlPanel 的显示范围，使其顶部和底部与 SettingWindow 对齐。在其 Rect Transform 组件中，单击左上角的 Anchor Presets 按钮。同时按下 Alt 键和 Shift 键，选择 center 列与 stretch 行相交的预设选项。

（3）使用 Rect Tool 工具对 ControlPanel 的宽度进行调整。拖动其左侧边框，将宽度调整为原来的一半；适当拖动其右侧边框，使其与窗口右侧保留一定的空间。

（4）在 ControlPanel 下创建 4 个 Slider 控件，VR 博物馆中将使用 Modern UI Pack 中的 Slider 控件。右击 ControlPanel 节点，在弹出的快捷菜单中选择 Modern UI Pack→Slider→Standard→Standard(Value)命令，该类型 Slider 控件能够在滑块被拖动的过程中显示当前选择的数值。选中创建的 Slider 控件，连续 3 次按下 Ctrl+D 组合键，创建关于该对象的 3 个副本。

（5）将创建的 4 个 Slider 控件沿垂直方向进行等距排列。选择 ControlPanel 节点，为其添加 Vertical Layout Group 组件。同时设置该组件的 Child Alignment 参数，此处仅勾选 Width 复选框，将其子物体的宽度限定在当前容器中。

（6）创建用于切换风格的按钮组。右击 ControlPanel 节点，在弹出的快捷菜单中选择 UI→Panel 命令，创建用于包含两个按钮的容器并重命名为 BtnPanel。将创建的 BtnPanel 节点拖到 ControlPanel 所有子节点的顶端，以便对齐左侧的“风格：”文本；右击 BtnPanel 节点，在弹出的快捷菜单中选择 Modern UI Pack→Button→Basic→Standard 命令，创建用于切换第一种风格的按钮，选择创建的按钮，按 Ctrl+D 组合键创建关于该按钮的副本，作为用于切换第二种风格的按钮。

（7）在风格切换按钮组中，两个按钮需要进行水平排列。选择 BtnPanel 节点，为其添加 Horizontal Layout Group 组件，将该组件的 Child Alignment 参数设置为 Middle Center。

（8）调整风格切换按钮尺寸。同时选中两个按钮，在其 Rect Transform 组件中，将 Width 和 Height 参数值均设置为 128。

（9）对齐控件与左侧文本内容。使用 Rect Tool 工具调整 ControlPanel 的高度，先使顶部按钮组与左侧“风格：”文本对齐；然后在 ControlPanel 的 Vertical Layout Group 组件中，将鼠标指针放置在 Spacing 参数对应的文本框左侧，当出现可以调整的双向箭头时，按住鼠标左键并拖动，在此过程中观察 ControlPanel 包含的控件，最终使各控件与左侧对应文本内容对齐。

（10）选择 ControlPanel 节点，禁用挂载其上的 Image 组件，使 ControlPanel 的背景不可见。使用 Rect Tool 工具对各控件尺寸进行微调，最终制作效果如图 6-59 所示。

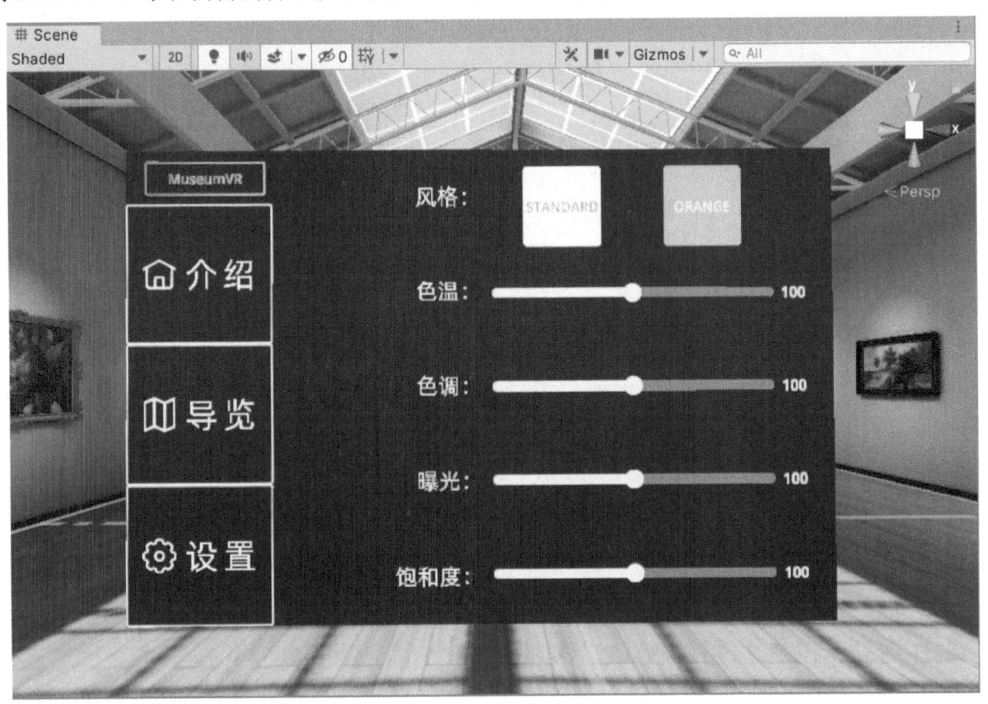

图 6-59

3．添加重置按钮

体验者在程序运行时对设置窗口中的渲染参数进行调整后，通常需要一个能够恢复到原始参数设置的功能，所以我们需要在设置窗口中添加一个能够调用重置命令的按钮来实现此类功能。具体步骤如下。

（1）在 Hierarchy 窗口中，右击 SettingWindow 节点下的 Content 子节点，在弹出的快捷菜单中选择 Modern UI Pack→Button→Basic-Outline→Red 命令，创建一个红色线框按钮并将其重命名为 ResetBtn。

（2）设置按钮位置和尺寸。在 ResetBtn 的 Rect Transform 组件中，单击窗口左上角的 Anchor Presets 按钮。同时按下 Alt 键和 Shift 键，在弹出的 Anchor Presets 面板中，选择 bottom 行和 center 列相交的预设选项，将按钮定位到窗口的底部中心位置；在 Scene 窗口中按 T 键切换到 Rect Transform 工具，对按钮尺寸进行微调。

（3）设置在按钮上呈现的文字内容。在 Hierarchy 窗口中，按住 Alt 键单击 ResetBtn 左侧的箭头，递归展开其下包含的所有子节点。同时选择其下名称为 Text 的节点，将 Project 窗口中 _Fonts 文件夹下的 Alibaba-Pu Hui Ti-Regular 字体配置文件指定到 Text 节点的 TextMeshPro- Text（UI）组件的 Font Asset 参数中，确保文本控件能够显示将要指定的中文字符。同时将该组件的 Text Input 参数设置为“重置”，并将 Font Size 参数值设置为 32。

本节介绍了使用 Modern UI Pack 插件设计和制作应用程序的系统菜单。虽然该插件提供了丰富的模块化 UI 控件，但是其本质还是在 UGUI 框架内展开相关工作，所以除了需要了解插件的使用方法，更重要的是要对 Unity UI 有更加深入的理解。另外，对于窗口的排版，本书仅演示了一种方案，读者可以继续探索插件和 Unity UI 提供的其他组件，使用不同的设计方案。

6.7 开发系统菜单的交互功能

在系统菜单设计制作完成后，接下来要做的便是对菜单中对应的功能进行开发。

在程序体验过程中，系统菜单应该在初始状态下隐藏，只有当体验者需要使用菜单相关命令时才将其显示。同时，在 VR 体验中，系统菜单应该随着体验者的位置而产生变化，即体验者可以在场景中的任意位置将菜单显示和关闭。

基本的交互流程为，在场景中，体验者可以按下手柄控制器上的“菜单”键将菜单打开，当再次按下“菜单”键时，可以将菜单关闭。同时，可以通过 Curved UI 的激光指针单击菜单窗口右上角的“关闭”按钮将其关闭。对于菜单的显示姿态，需要出现在体验者的前方且始终面向体验者。所以要开发的功能主要分为以下部分：

- 创建动作。需要创建一个菜单控制动作，并将其与手柄控制器的“菜单”键绑定。
- 获取动作的输入，根据菜单当前的显示状态将其显示或隐藏。
- 每一次的菜单显示都要永远呈现在体验者的前方且面向体验者。

1. 创建菜单控制动作并进行按键绑定

基于以上分析，我们首先要做的便是创建一个菜单控制动作并将其绑定到手柄控制器的“菜单”键上。在 Unity 编辑器的菜单栏中选择 Window→SteamVR Input 命令，打开 SteamVR Input 窗口。在 VR 博物馆中，将所有动作均创建在 default 动作集合中。

在 Actions 列表栏中单击右下角的加号按钮，在右侧的 Action Details 选区中，首先指定动作的名称，将 Name 参数设置为 menu；然后为创建的动作指定相应的动作类型，因为在项目中仅需要获取该动作是否发出，适合将其设置为布尔类型的动作，所以将 Type 参数设置为 boolean。设置完成后，单击 SteamVR Input 窗口底部左侧的 Save and generate 按钮，这样即可在后续编写代码的过程中找到该动作的引用。

等待编译完成后，单击 SteamVR Input 窗口底部右侧的 Open binding UI 按钮，打开 SteamVR 客户端的“控制器按键设置”窗口，此时 SteamVR 会自动检测当前已经连接到系统的 VR 硬件设备，显示可以进行按键设置的手柄控制器。VR 博物馆使用的硬件设备为 HTC VIVE Cosmos 精英套装，所以单击“当前按键设置”选区下 vive_controller 选项右侧的“编辑”按钮进入按键编辑窗口。需要注意的是，如图 6-60 所示，如果在“控制器按键设置”窗口中出现“Steam 无法使用。某些功能可能被禁用”的橙色警告信息，并不会影响后续的按键编辑，只需将 Steam 客户端打开即可。

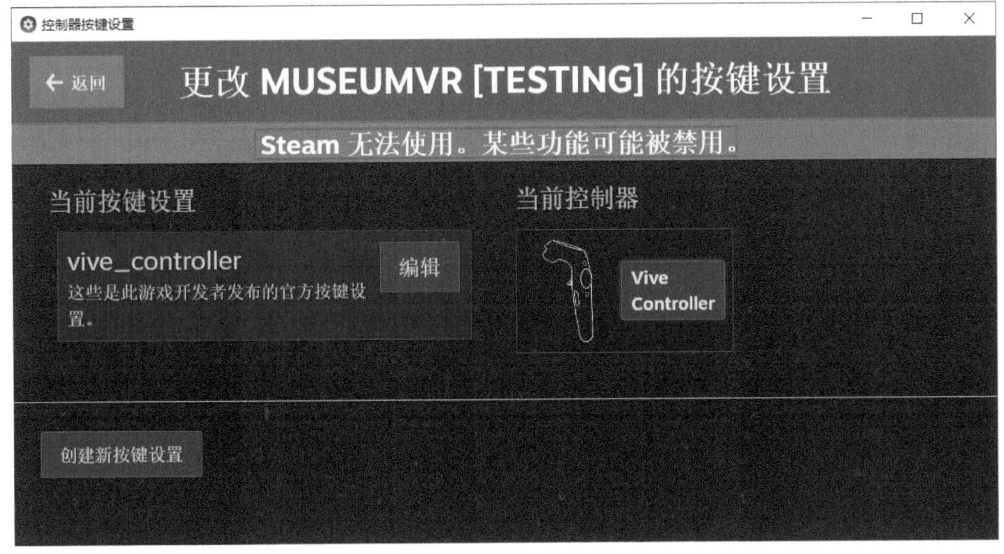

图 6-60

在打开的按键编辑窗口中，单击左侧“菜单”按键编辑栏右侧的加号按钮，在弹出的对话框中，开发者可以决定当前编辑的按键将作为哪种类型的按键行为进行编辑，此处选择第一个“按键”选项。指定按键行为后，需要为此按键的单击行为指定具体激发的动作，所以单击“无”按钮，如图 6-61 所示。

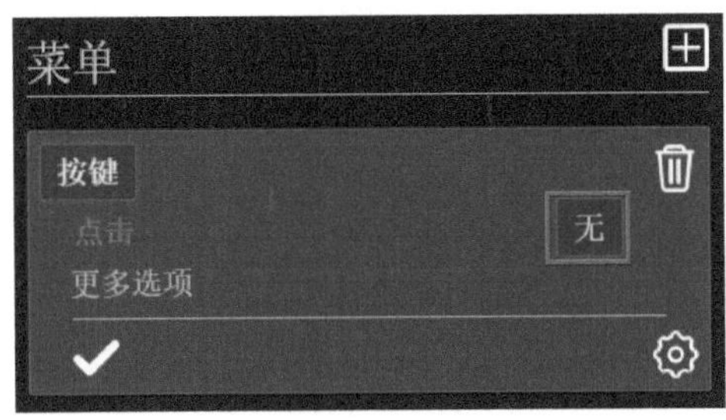

图 6-61

在弹出的动作选择列表中，SteamVR 将根据在 SteamVR Input 窗口中创建的动作类型自动筛选符合该按键行为的动作。此处所有动作均为 Boolean 类型动作，选择创建的 menu 动作，单击“菜单”按键编辑栏左下角的对号按钮，完成 menu 动作与“菜单”按键的绑定，如图 6-62 所示。

图 6-62

在配置完成后，单击按键编辑窗口右下角的“替换默认按键设置”按钮，在弹出的对话框中单击“保存”按钮，更新当前的按键设置。保存完成后，关闭窗口，返回 Unity 编辑器。

2. 编写脚本

要获取到动作的输入，需要编写代码实现。关于与 UI 交互的代码，可以在之前创建的 UI manager.cs 脚本文件中进行编写。在 Project 窗口的_Scripts 文件夹下找到 UIManager 脚本并双击，使用默认代码编辑器将其打开。最终代码如下。

```
using System.Collections;
using System.Collections.Generic;
using UnityEngine;
using Valve.VR;
using Valve.VR.InteractionSystem;

public class UIManager : MonoBehaviour
{
    // CurvedUI 的激光指针
    public GameObject LaserBeam;
    // 选择能被射线击中的图层
    public LayerMask layerMask;
    // 射线发射的出发点
    public Transform RayOriginTrans;

    //系统菜单
    public Transform MenuUITrans;
    // 菜单显示在体验者身前距离
    public float MenuUIDistance = 5f;
    // 菜单显示标志位，默认记录不显示
    private bool isMenuShow = false;
```

```
    void Start()
    {
        // 在初始状态下，菜单隐藏
        MenuUITrans.gameObject.SetActive(false);
        // 添加动作事件处理函数
        SteamVR_Actions.default_Menu.onStateUp += Default_Menu_onStateUp;
    }

    // menu 动作发出的事件处理函数
    private void Default_Menu_onStateUp(SteamVR_Action_Boolean fromAction,
SteamVR_Input_Sources fromSource)
    {
        // 显示状态置反
        isMenuShow = !isMenuShow;
        // 显示或隐藏菜单
        MenuUITrans.gameObject.SetActive(isMenuShow);

        if (isMenuShow)
        {
            Transform playerHMDTrans = Player.instance.hmdTransform;
            // 设定菜单界面位置为体验者位置+世界空间位置，此时不在体验者"面前"
            MenuUITrans.position = playerHMDTrans.position + Vector3.forward *
MenuUIDistance;
            MenuUITrans.RotateAround(playerHMDTrans.position, Vector3.up,
playerHMDTrans.rotation.eulerAngles.y);
        }
        else
        {
            MenuUITrans.rotation = Quaternion.Euler(Vector3.zero);
        }
    }

    // Update is called once per frame
    void Update()
    {
        RaycastHit hit;
        //从手柄控制器发出，长度为无限延伸，仅在 UI 层检测射线碰撞
        if (Physics.Raycast(RayOriginTrans.position, RayOriginTrans.forward, out
hit, Mathf.Infinity, layerMask.value))
        {
            LaserBeam.SetActive(true);
        }
        else
```

```
        {
            LaserBeam.SetActive(false);
        }
    }
}
```

3. 脚本说明

在编写具体代码之前，需要引入 SteamVR 相应的命名空间。本次实例不仅引用了 SteamVR 的动作，还使用了 Player 类，所以引入了两个命名空间。

在 SteamVR Unity 插件中，关于动作的发出和获取也遵循了 Unity 的事件机制，即当一个动作发出时，Unity 会获取到关于动作的事件，所以可以在程序初始化时对某个动作事件添加监听，并编写对应的事件处理函数。由于在之前的章节中我们将 Start()函数进行了删除，因此此时需要将其还原。在此函数中，将菜单设置为默认隐藏，同时对 menu 动作的 onStateUp 事件添加处理函数。

我们可以将头显位置认为是体验者的位置，在 SteamVR Unity 插件中，可以使用 Player.instance.hmdTransform 引用到头显的 Transform。

要在任意位置都能将菜单显示在体验者前方，主要用到 Unity 的 Transform.RotateAround()函数，该函数能够使游戏对象绕空间中的某一个位置点进行旋转，类似于行星的公转。在调用该函数时，要为其传递 3 个参数，第一个参数是游戏对象将要围绕旋转的位置点，为 Vector3 数据类型；第二个参数是游戏对象将要围绕旋转的轴向，为 Vector3 数据类型；第三个参数是游戏对象围绕指定位置点旋转的角度，为 Float 数据类型。需要注意的是，对于第三个参数，需要传递的角度是欧拉角数值，即在以上代码中，对于头显的旋转角度进行了欧拉角转换。Transform.rotation 是一个四元数，即 Quaternion 数据类型。另外，第三个参数表示在原旋转角度的基础上旋转指定的角度，而不是旋转到指定的角度。同时，在调用 Transform.RotateAround()函数时，游戏对象不仅围绕位置点进行指定角度的公转，自身也会旋转相同的角度，所以为了保持菜单能够永远朝向体验者，在菜单隐藏时，需要将游戏对象的角度进行重置。

4. 设置脚本组件

保存脚本，返回 Unity 编辑器。由于在脚本中声明了 MenuUITrans 公共变量，因此需要在 Inspector 窗口中对该属性进行指定。在 Hierarchy 窗口中选择 Scripts 节点，将 MenuUI 指定到 UI Manager 组件的 Menu UI Trans 参数中，如图 6-63 所示。

保存场景，运行应用程序进行测试，在初始状态下菜单处于隐藏状态，当按下手柄控制器的“菜单”键时，系统菜单界面显示并且在体验者前方 5 米处朝向体验者，当再次按下“菜单”键时，系统菜单界面隐藏。

5. 添加按钮实现关闭菜单功能

为了提供更好的用户体验，在系统菜单界面右上角可以为用户提供一个可以使用激光指针关闭界面的按钮。具体步骤如下。

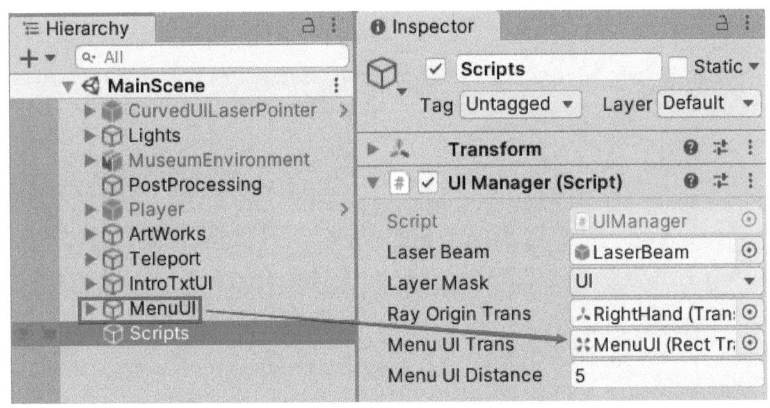

图 6-63

（1）在 Hierarchy 窗口中，右击 MenuUI 节点，在弹出的快捷菜单中选择 Modern UI Pack→Button→Basic-Only Icon→Red 命令，创建一个仅有图标显示的按钮并将其重命名为 CloseBtn。

（2）将按钮定位到窗口右上角。选择 CloseBtn 游戏对象，在其 Rect Transform 组件中单击左上角的 Anchor Presets 按钮。同时按下 Alt 键和 Shift 键，在弹出的 Anchor Presets 面板中选择 top 行与 right 列相交的预设选项，将其定位到窗口右上角。

（3）调整按钮尺寸。在 Rect Transform 组件中，将按钮的 Width 和 Height 参数值均设置为 64。

（4）为按钮选择呈现的图标。在 CloseBtn 按钮的 Button Manager Basic Icon 组件中，单击 Button Icon 参数右侧的对象选择器（圆形按钮），在弹出的窗口中搜索关键词“power”，选择搜索结果后按 Enter 键。

（5）在 CloseBtn 游戏对象的 Image 组件中，将 Pixel Per Unit Multiplier 参数值设置为 100，使其呈现直角外观。

（6）打开 UIManager.cs 脚本，在脚本中追加声明一个公共函数，为按钮编写单击事件处理函数，代码如下。

```
    // 关闭按钮单击处理函数
public void CloseMenu()
{
    // 设置标志位
    isMenuShow = false;
    // 隐藏菜单
    MenuUITrans.gameObject.SetActive(false);
    // 菜单旋转角度归零
    MenuUITrans.transform.rotation = Quaternion.Euler(Vector3.zero);
}
```

保存脚本，返回 Unity 编辑器，在 CloseBtn 游戏对象的 Button Manager Basic Icon 组件中，单击 On Click Event()选区右下角的加号按钮，将挂载了 UIManager 脚本的 Script 节点指定到新建的对象栏中，在右侧随即更新的函数列表中，选择 UIManager 类中的 CloseMenu 函数，如图 6-64 所示。

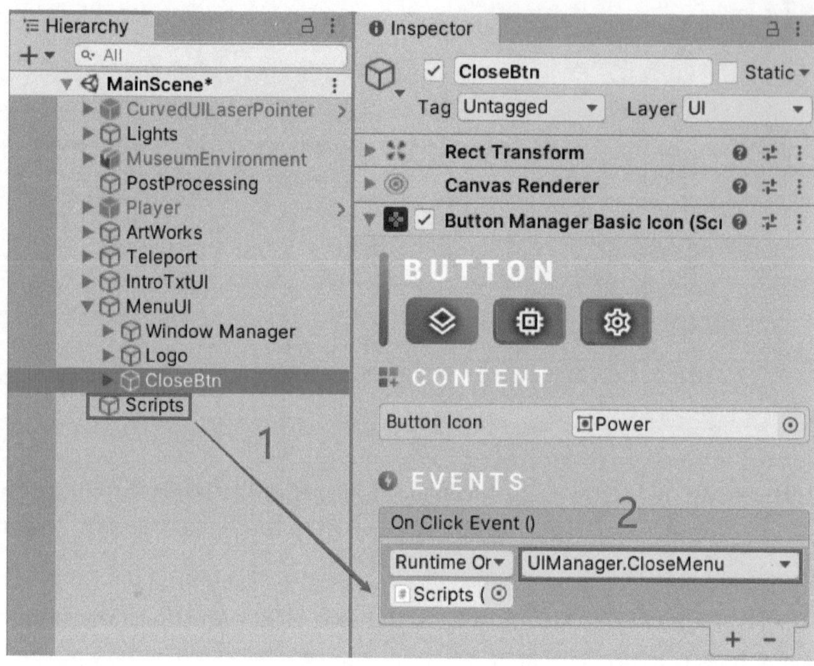

图 6-64

保存场景，运行应用程序进行测试，能够在系统菜单显示状态下单击“关闭”按钮，将其关闭。

第 7 章　场景交互功能开发

本章将使用 SteamVR Unity 插件为 VR 博物馆项目开发交互功能，包括切换场景风格、调节渲染画质、呈现视频元素等。

7.1 实现切换场景风格的功能

在设计制作的系统设置菜单中，存在两个可以切换场景风格的按钮，通过单击该按钮，可以切换博物馆场景的墙面和地面的材质，本节将通过编写脚本实现切换场景风格的功能。

7.1.1 导入材质资源

要实现场景风格的切换，首先需要准备两套不同风格的材质搭配，在程序运行时通过单击按钮，分别动态指定墙面和地面游戏对象的材质。在系统菜单的设置窗口中，单击第一个按钮会切换到初始场景的默认材质搭配；单击第二个按钮将切换到另外一套材质搭配。读者可在随书资源的 Materials 文件夹中，将 StyleMat.unitypackage 资源包导入项目中。导入资源包后，在 Project 窗口的_Materials\MuseumStyleMats\Materials 路径下，包含了第二种风格将要使用到的材质 Floor_StyleB 和 Wall_StyleB，如图 7-1 所示。

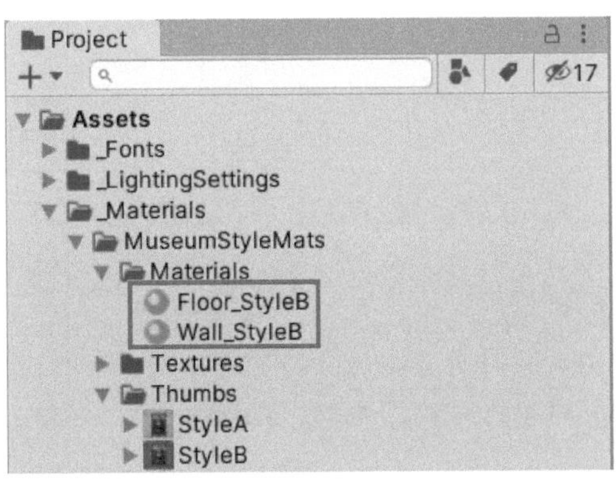

图 7-1

由于在当前场景中已经对墙面和地面赋予了材质，因此我们可以将其认为是在第一种风格中使用的材质，对应的材质为 Project 窗口中_Materials 文件夹下的 Wall 和 Floor 材质。另外，在导入的资源包中还存在一个名称为 Thumbs 的文件夹，在此文件夹中包含了两张图片，可以作为对应两种风格的缩略图，稍后可以将其指定到用于切换材质的两个按钮上，作为按钮的背景图片。

7.1.2 编写脚本来实现材质切换

因为涉及游戏对象的操作，所以我们需要创建一个新的脚本，在 Project 窗口的_Scripts 文件夹中新建一个 C#脚本，将其命名为 GameManager，该脚本将用于对全局相关游戏对象的管理。

1. 编写脚本

双击脚本文件使用默认代码编辑器将其打开。由于本次交互功能的开发涉及按钮的单击，我们需要在场景中对两个按钮分别指定按钮单击的事件处理函数，因此与之对应的，我们需要在 GameManager 脚本中创建一个公共函数，使其能够在 Unity 编辑器中进行指定。具体代码如下。

```
using UnityEngine;
using Valve.VR;

public class GameManager : MonoBehaviour
{
    // 地面对应的游戏对象
    public GameObject[] Floors;
    // 墙面对应的游戏对象
    public GameObject[] Walls;

    // 风格对应的地面材质
    public Material[] FloorStyleMats;

    // 风格对应的墙面材质
    public Material[] WallStyleMats;

    void Start()
    {

    }
    void Update()
    {

    }

    /// <summary>
    /// 切换博物馆风格，当传递参数为 0 时，使用第一套材质方案；当参数为 1 时，使用第二套材质方案
    /// </summary>
    /// <param name="styleIndex">风格序号</param>
    public void ChangeStyle(int styleIndex)
    {
        // 视野短暂黑屏
        SteamVR_Fade.View(Color.black, 0);
        SteamVR_Fade.View(Color.clear, 1);
        //遍历所有要切换材质的地板游戏对象，设置地板材质
        foreach (GameObject floor in Floors)
        {
```

```
            floor.GetComponent<MeshRenderer>().material =
FloorStyleMats[styleIndex];
        }

        // 遍历所有要切换材质的墙面游戏对象，设置墙面材质
        foreach (GameObject wall in Walls)
        {
            wall.GetComponent<MeshRenderer>().material =
WallStyleMats[styleIndex];
        }
    }
}
```

2. 脚本说明

在编写函数之前，需要在声明类前引入 SteamVR 的命名空间，这是因为在公共函数中将用到 SteamVR 的 SteamVR_Fade.View()函数。

在类中声明了 4 个公共变量。对于地面和墙面对应的游戏对象，在项目中通常不止一个，所以声明的类型为 GameObject 数组类型，以便在 Unity 编辑器中进行指定。虽然当前项目场景中的地面仅对应一个游戏对象，但是考虑到项目的灵活性，也将其声明为数组类型。基于项目需求，对于为地面和墙面赋予的两种风格的材质，同样需要将其声明为 Material 数组类型。需要注意的是，在后续对数组成员进行指定时，要根据风格搭配使地面和墙面材质相匹配，将同一种风格的地面和墙面的材质均指定到两个材质数组同一数组序号下的成员中。在进行场景风格切换时，只需对两个材质数组指定相同的序号，即可同时获取指定风格下的所有材质。

ChangeStyle()公共函数作为两个按钮的单击事件处理函数，在本函数中使用 foreach 循环遍历地面和墙面的所有数组成员，通过调用函数时传递的参数值在材质数组中选择分别要赋予的材质，从而实现了切换场景风格的功能。

在风格切换的瞬间，我们可以为体验者提供一种类似在位置传送过程中的体验——当体验者选定目标位置后，在传送开启的瞬间，立即在头显中呈现短暂的黑屏，当传送到目标点后，黑屏效果快速褪去。这种体验也可以应用在 VR 博物馆项目的风格切换过程中，当体验者选择一种风格后，立即在头显中呈现短暂的黑屏，当黑屏效果褪去后，体验者将看到风格切换后的场景内容。这相较于生硬的切换过程，短暂的黑屏过渡可以为体验者提供更好的用户体验。要实现这样的功能，可以在 ChangeStyle()函数中使用 SteamVR_Fade.View()函数，因为该函数能够在 VR 头显的屏幕上呈现一段时间的颜色。在调用时，需要为其传递两个参数，第一个参数为屏幕呈现的颜色，第二个参数为颜色效果持续的时间。在本实例中对该函数进行了两次调用，其中，第一次调用实现的效果是立即在头显中呈现黑色，第二次调用实现的效果是将呈现的颜色逐渐褪去。Color.clear 参数表示一个完全透明的颜色，RGBA 颜色值为（0,0,0,0）。

3. 配置组件参数

保存脚本，返回 Unity 编辑器，将创建的 GameManager.cs 脚本挂载到 Hierarchy 窗口的 Scripts 节点上。在 Inspector 窗口中，对 GameManager 组件的参数进行配置，具体步骤如下。

（1）将 Floors 参数的成员数量设置为 1，将 Hierarchy 窗口的 Floor 节点指定到数组成员中。

（2）将 Walls 参数的成员数量设置为 2，将 Hierarchy 窗口的 Wall 和 Wall2 节点分别指定到数组成员中。

（3）将 Floor Style Mats 参数的成员数量设置为 2，将 Project 窗口的_Materials 文件夹下的材质 Floor 和 Floor_StyleB 依次指定到数组成员中。

（4）将 Wall Style Mats 参数的成员数量设置为 2，将 Project 窗口的_Materials 文件夹下的材质 Wall 和 Wall_StyleB 依次指定到数组成员中。

为风格切换按钮指定单击事件处理函数，具体步骤如下。

（1）在 Hierarchy 窗口顶部的搜索框中输入关键词“BtnPanel”，快速找到设置窗口界面中风格切换按钮组容器节点，将其下包含的子节点分别重命名为 StyleABtn 和 StyleBBtn。

（2）在 Hierarchy 窗口中选择 StyleABtn 节点，在其 Button Manager Basic 组件中，单击 On Click Event()选区右下角的加号按钮，将挂载了 Game Manager 组件的 Scripts 节点指定到添加的对象栏中，在右侧更新的函数列表中，选择 GameManager 类的 ChangeStyle()函数，同时将其下需要传递的参数值设置为 0。

（3）使用与上一步相同的方法，设置 StyleBBtn 的按钮单击事件处理函数。不同的是，本次需要指定传递的参数值为 1，如图 7-2 所示。

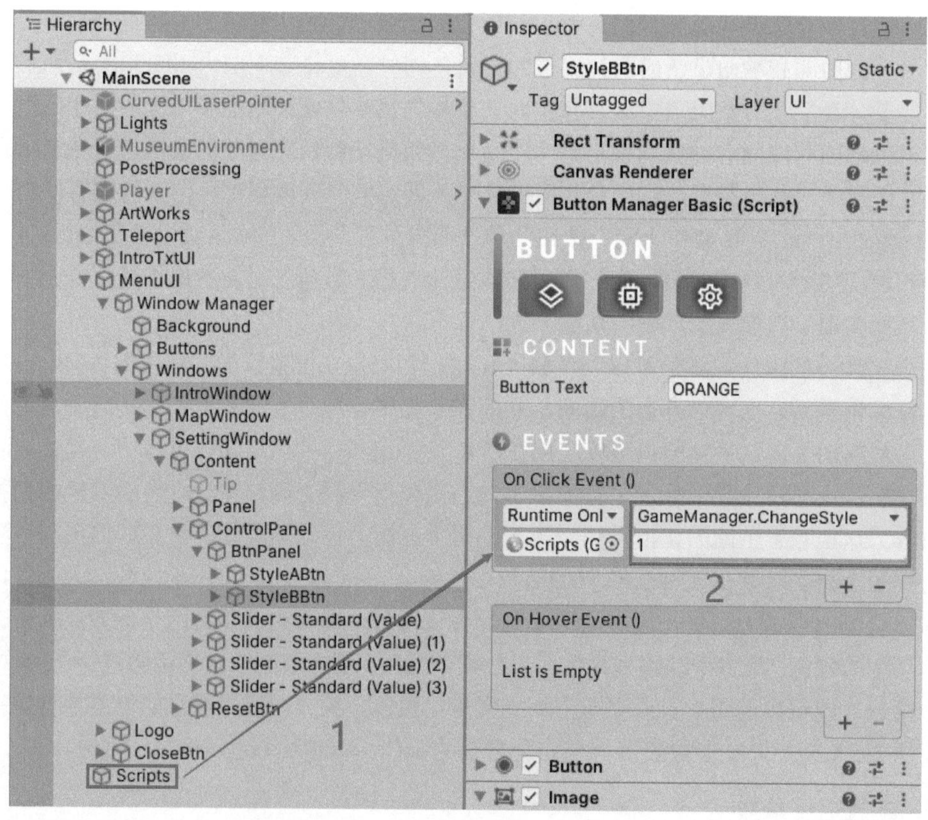

图 7-2

设置按钮呈现设置对应风格的缩略图，具体步骤如下。

（1）在 Hierarchy 窗口中选择 StyleABtn 节点，在 Project 窗口中将_Materials\MuseumStyleMats\

Thumbs 路径下包含的 StyleA 图片指定到该节点的 Image 组件的 Source Image 参数中，如图 7-3 所示。

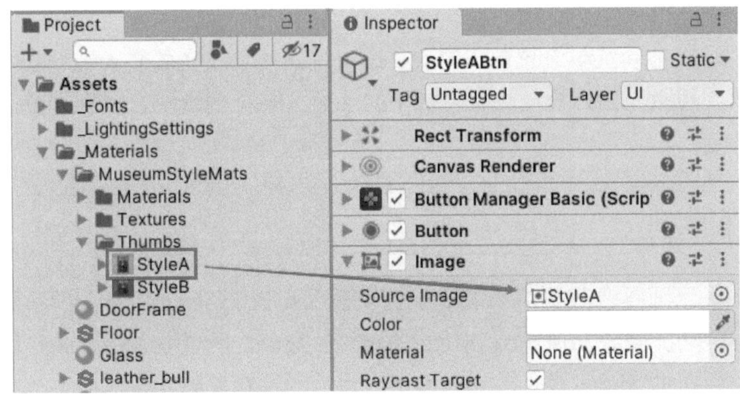

图 7-3

（2）使用相同的方法，将 StyleB 图片指定到 StyleBBtn 节点的 Image 组件的 Source Image 参数中。

（3）分别隐藏每个按钮节点下的 Text 节点，使其不再显示文字内容。

（4）选择两个按钮的父节点 BtnPanel，在其 Horizontal Layout Group 组件中，将 Child Alignment 参数设置为 Middle Left，使按钮组与其他控件在垂直方向向左对齐。

需要注意的是，由于在资源包中已经将缩略图转换为 Image 组件可以接受的贴图类型，因此无须再次进行类型转换。

保存场景，运行应用程序进行测试，切换风格后的场景效果如图 7-4 所示。

图 7-4

7.2 实现调节场景画质表现功能

本节将实现通过拖动菜单设置窗口中的 4 个滑块，动态改变画质表现的功能。在交互过程中，体验者可以使用激光指针拖动设置窗口中的 4 个 Slider 的滑块，分别调整画面的色温、色调、曝光和饱和度。

7.2.1 实现原理

系统菜单中关于画质调节的 4 个指标分别对应 Post Processing 中特效的参数，实现的过程便是在程序运行时动态修改 Post Processing 的相关参数值。所以实现的步骤可以分为两步：首先通过脚本获取界面中 Slider 控件的输入数值，然后通过获取到的数值动态改变对应特效的参数值。

对于每一个 Slider 控件，无论是在 Modern UI Pack 框架下还是在 Unity UI 框架下，都有相应的参数表示当前调节的数值。对于前者，为 Slider Manager 组件中的 Current Value 参数；对于后者，则为 Slider 组件中的 Value 参数。而在交互过程中，可以通过脚本对其进行获取。

我们要改变的 4 个画质的指标分别对应 Post Processing 中的特效参数，如图 7-5 所示。

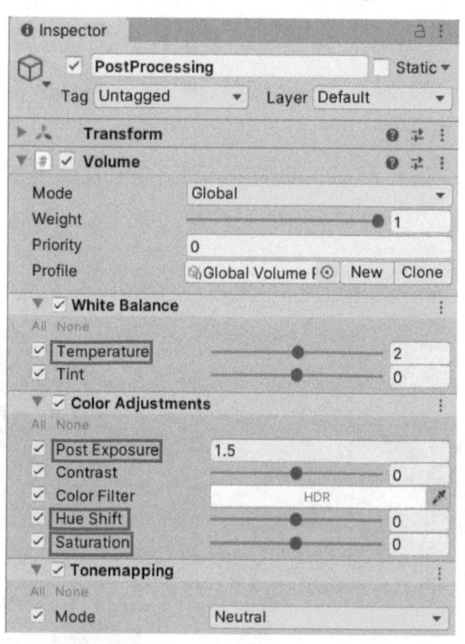

图 7-5

其中，对于色温，对应的是 White Balance 特效中的 Temperature 参数；对于色调、曝光和饱和度，则分别对应 Color Adjustment 特效中的 Hue Shift、Post Exposure 和 Saturation 参数。

7.2.2 获取 Slider 控件的数值

综上所述，我们需要首先通过脚本实现对 4 个 Slider 控件的引用，然后获取到它们在被交互过程中选择的数值。在编写脚本之前，我们可以先对 4 个控件对应的游戏对象进行重命名，使场景组织具有更好的可读性。在 Hierarchy 窗口顶部的搜索框中输入关键词“ControlPanel”，快速找到承载控件的容器，从上到下依次将 4 个 Slider 控件节点命名为 TemperatureSlider、HueShiftSlider、ExposureSlider 和 SaturationSlider。

1. 编写脚本

由于本次实例涉及很多 UI 的交互，因此我们在 UIManager.cs 脚本中编写相关代码。在脚本中编写代码如下。

```
using System.Collections;
using System.Collections.Generic;
using UnityEngine;
using Valve.VR;
using Valve.VR.InteractionSystem;
using UnityEngine.UI;
using System;

public class UIManager : MonoBehaviour
{
    // CurvedUI 的激光指针
    public GameObject LaserBeam;
    // 选择能被射线击中的图层
    public LayerMask layerMask;
    // 射线发射的出发点
    public Transform RayOriginTrans;

    // 系统菜单
    public Transform MenuUITrans;
    // 菜单显示在体验者身前的距离
    public float MenuUIDistance = 5f;
    // 菜单显示标志位，默认记录不显示
    private bool isMenuShow = false;

    // 色温 Slider，数值范围：-15～15
    public Slider TemperatureSlider;
    // 色调 Slider，数值范围：-10～10
    public Slider HueShiftSlider;
    // 曝光 Slider，数值范围：0～2
    public Slider ExposureSlider;
    // 饱和度 Slider，数值范围：-90～20
    public Slider SaturationSlider;

    void Start()
    {
        // 在初始状态下，菜单隐藏
        MenuUITrans.gameObject.SetActive(false);
        SteamVR_Actions.default_Menu.onStateUp += Default_Menu_onStateUp;
```

```
        // 添加色温 Slider 数值改变监听
        TemperatureSlider.onValueChanged.AddListener(ChangeTemperature);
        // 添加色调 Slider 数值改变监听
        HueShiftSlider.onValueChanged.AddListener(ChangeHueShift);
        // 添加曝光 Slider 数值改变监听
        ExposureSlider.onValueChanged.AddListener(ChangeExposure);
        // 添加饱和度 Slider 数值改变监听
        SaturationSlider.onValueChanged.AddListener(ChangeSatuation);
    }

    // 调节饱和度
    private void ChangeSatuation(float value)
    {
        GameManager.Instance.ChangeSatuation(value);
    }

    // 调节曝光
    private void ChangeExposure(float value)
    {
        GameManager.Instance.ChangeExposure(value);
    }

    // 调节色调
    private void ChangeHueShift(float value)
    {
        GameManager.Instance.ChangeHueShift(value);
    }

    // 调节色温
    private void ChangeTemperature(float value)
    {
        GameManager.Instance.ChangeTemperature(value);
    }**

    private void Default_Menu_onStateUp(SteamVR_Action_Boolean fromAction,
SteamVR_Input_Sources fromSource)
    {
        // 显示状态置反
        isMenuShow = !isMenuShow;
        // 显示或隐藏菜单
        MenuUITrans.gameObject.SetActive(isMenuShow);

        if (isMenuShow)
        {
            Transform playerHMDTrans = Player.instance.hmdTransform;
            // 设定菜单界面位置为体验者位置+世界空间位置，此时不在体验者“面前”
            MenuUITrans.position = playerHMDTrans.position + Vector3.forward *
MenuUIDistance;
```

```
        MenuUITrans.RotateAround(playerHMDTrans.position, Vector3.up,
playerHMDTrans.rotation.eulerAngles.y);
      }
      else
      {
        MenuUITrans.rotation = Quaternion.Euler(Vector3.zero);
      }
  }

  // Update is called once per frame
  void Update()
  {
      RaycastHit hit;
      //从手柄控制器发出，长度为无限延伸，仅在 UI 层检测射线碰撞
      if (Physics.Raycast(RayOriginTrans.position, RayOriginTrans.forward, out
hit, Mathf.Infinity, layerMask.value))
      {
        LaserBeam.SetActive(true);
      }
      else
      {
        LaserBeam.SetActive(false);
      }
  }

  // 关闭按钮单击处理函数
  public void CloseMenu()
  {
      // 设置标志位
      isMenuShow = false;
      // 隐藏菜单
      MenuUITrans.gameObject.SetActive(false);
      // 菜单旋转角度归零
      MenuUITrans.transform.rotation = Quaternion.Euler(Vector3.zero);
  }
}
```

2. 脚本说明

因为涉及 UGUI 相关组件的引用，所以需要引入与之相关的命名空间。

通过为 Slider 组件添加数值改变事件监听器的方式来获取输入数值。在监听事件处理函数中，考虑到界面与游戏对象逻辑分离的目的，我们仅在 UIManager 类中获取输入数值，具体改变画面表现的工作将交由 GameManager 类实现。在 4 个监听事件处理函数中，仅做传递获取 value 参数值的工作，这样才能在项目管理中有效避免随着项目规模的增加而引起的混乱。

另外，对于类函数的调用，在面向对象的设计思路中通常需要创建关于类的实例，而在此脚本中需要在多个函数中调用与 GameManager 相关的函数，但是对于 GameManager 这种全局

管理的类通常需要保证有且只有一个。要解决这类问题，通常使用单例类来管理。所以，我们需要将 GameManager 类转换为一个单例类。

3. 将 GameManager 转换为单例类

在随书资源的 Script 文件夹中，将名称为 Singleton.cs 的脚本文件导入项目，将其放置在 Project 窗口的_Script 文件夹中。其代码如下。

```
using UnityEngine;

public abstract class Singleton<T> : MonoBehaviour where T : Component
{

    #region Fields

    /// <summary>
    /// The instance
    /// </summary>
    private static T instance;

    #endregion

    #region Properties

    /// <summary>
    /// Gets the instance
    /// </summary>
    /// <value>The instance.</value>
    public static T Instance
    {
        get
        {
            if (instance == null)
            {
                instance = FindObjectOfType<T>();
                if (instance == null)
                {
                    GameObject obj = new GameObject();
                    obj.name = typeof(T).Name;
                    instance = obj.AddComponent<T>();
                }
            }
            return instance;
        }
    }

    #endregion

    #region Methods
```

```
    /// <summary>
    /// Use this for initialization
    /// </summary>
    protected virtual void Awake()
    {
        if (instance == null)
        {
            instance = this as T;
            DontDestroyOnLoad(gameObject);
        }
        else
        {
            Destroy(gameObject);
        }
    }

    #endregion

}
```

该脚本的核心功能是通过 instance 变量获取关于当前类实例的引用。在获取类实例时，先判断 instance 变量是否为空。如果 instance 变量为空，则创建一个关于当前类的实例并将其返回；如果 instance 变量不为空，则直接将其返回，从而保证了项目中有且只有一个关于当前类的实例。

要将一个类转换为单例类，只需在类声明中使其继承自 Singleton 类即可，同时需要指定与类名相同的泛型。要将 GameManager 转换为单例类，只需将其类声明修改为以下代码。

```
public class GameManager : Singleton<GameManager>
```

此时即可在 UIManager 类中正常引用 GameManager 类中的相关函数，但此时尚没有在 GameManager 类中创建与之对应的函数，所以打开 GameManager.cs 脚本，创建 4 个公共函数，代码如下。

```
// 调节饱和度
public void ChangeSatuation(float value)
{

}
// 调节曝光
public void ChangeExposure(float value)
{

}
// 调节色调
public void ChangeHueShift(float value)
{

}
```

```
// 调节色温
public void ChangeTemperature(float value)
{

}
```

虽然这样看上去像是做了一些重复的工作，即在 GameManager 类和 UIManager 类中分别创建了 4 对同名的函数，但是这有效地提升了代码的可读性，并且随着项目规模的提升，这种项目管理的优势便会逐渐体现出来。

7.2.3 动态修改特效参数

回顾一下 Post Processing 的配置，因为关于各种特效的配置，是放置在一个 Volume 组件中，所以对于某种特效的添加并不像添加常规组件一样在 Inspector 窗口中单击 Add Component 按钮，直接挂载到游戏对象上，而是需要单击 Volume 组件底部的 Add Override 按钮进行添加。所以，通过脚本对相关特效的引用并不能使用 GetComponent()函数实现。另外，要改变某种特效的参数值，也不能直接引用相关参数进行赋值，而是使用另外一种代码编写方式。

1. 编写脚本

由于 URP 渲染管线内置了 Post Processing，因此需要在脚本中正常引用 Volume 和 Post Processing，并引入相应的命名空间。

通过 Volume.profile.TryGet()函数，能够获取到 Volume 配置文件 Profile 中包含的特效。通过对特效相关参数使用 Override()函数能够实现对参数值的修改，示例代码如下。

```
using UnityEngine;
using UnityEngine.Rendering.Universal;
using UnityEngine.Rendering;

public class ChangeVignette : MonoBehaviour
{
    // Volume 的引用
    public Volume m_volume;

    // Vignette 特效的引用
    private Vignette m_Vignette;

    void Start()
    {
        // 获取特效引用
        m_volume.profile.TryGet(out m_Vignette);
        // 修改特效参数
        m_Vignette.intensity.Override(3);
    }
}
```

基于以上机制，继续编辑 GameManager 类脚本，实现在 VR 博物馆项目中对两个特效的 4 个参数的修改。最终代码如下。

```
using UnityEngine;
using Valve.VR;
using UnityEngine.Rendering;
using UnityEngine.Rendering.Universal;

public class GameManager : Singleton<GameManager>
{
    // 地面对应的游戏对象
    public GameObject[] Floors;
    // 墙面对应的游戏对象
    public GameObject[] Walls;

    // 风格对应的地面材质
    public Material[] FloorStyleMats;

    // 风格对应的墙面材质
    public Material[] WallStyleMats;

    // Post Processing Volume 组件的引用
    public Volume PostProcessingVolume;
    // 白平衡特效
    private WhiteBalance whiteBalance;
    // 颜色调整特效
    private ColorAdjustments colorAdjustments;

    void Start()
    {
        initPostProcessingData();
    }

    // 获取 Post Processing Volume 中的 White Balance 和 Color Adjustments 特效引用
    private void initPostProcessingData()
    {
        PostProcessingVolume.profile.TryGet(out whiteBalance);
        PostProcessingVolume.profile.TryGet(out colorAdjustments);
    }

    /// <summary>
    /// 切换博物馆风格，当传递参数为 0 时，使用第一套材质方案；当参数为 1 时，使用第二套材质方案
    /// </summary>
    /// <param name="styleIndex">风格序号</param>
    public void ChangeStyle(int styleIndex)
    {
        // 视野短暂黑屏
        SteamVR_Fade.View(Color.black, 0);
        SteamVR_Fade.View(Color.clear, 1);
        //遍历所有要切换材质的地板游戏对象，并设置地板材质
        foreach (GameObject floor in Floors)
```

```
        {
            floor.GetComponent<MeshRenderer>().material = FloorStyleMats
[styleIndex];
        }

        // 遍历所有要切换材质的墙面游戏对象，并设置墙面材质
        foreach (GameObject wall in Walls)
        {
            wall.GetComponent<MeshRenderer>().material = WallStyleMats
[styleIndex];
        }
    }

    // 调节饱和度
    public void ChangeSatuation(float value)
    {
        colorAdjustments.saturation.Override(value);
    }

    // 调节曝光
    public void ChangeExposure(float value)
    {
        colorAdjustments.postExposure.Override(value);
    }

    // 调节色调
    public void ChangeHueShift(float value)
    {
        colorAdjustments.hueShift.Override(value);
    }

    // 调节色温
    public void ChangeTemperature(float value)
    {
        whiteBalance.temperature.Override(value);
    }
}
```

保存脚本，返回 Unity 编辑器。在 Hierarchy 窗口中选择 Scripts 节点，在 Inspector 窗口中对 UI Manager 和 Game Manager 组件的相关参数进行指定。将 Hierarchy 窗口中的 4 个 Slider 控件节点依次指定到 UI Manager 组件中与其同名的 4 个参数中，并将 Post Processing 节点指定到 Game Manager 组件的 Post Processing Volume 参数中。

2. 设置 Slider 控件的数值范围

如果此时运行应用程序进行测试，则在使用激光指针拖动 Slider 控件时，场景画面表现并不会发生明显的改变，只有在调节曝光参数时才会对场景产生相对明显的影响。同时，在拖动

Slider 滑块的过程中，控件右侧的数值框显示的参数值始终为 0～1。

调节参数并不能明显改变画面表现的原因在于，Slider 控件的默认参数范围为 0～1，而 Post Processing 中的特效参数范围并不一定在此范围内，多数会超出此范围，对于参数范围相对较大的特效，如果使其参数值为 0～1 的变化，则在画面表现上并不会有明显的改变。

对于 Slider 控件，无论是挂载其上的 Slider 控件还是 Slider Manager 组件，都有用于设置其数值范围的参数，最小值为 Min Value，最大值为 Max Value。在左右拖动 Slider 滑块的过程中，产生的数值便会在 Min Value 和 Max Value 之间。通过多次测试，我们已经在 UIManager 脚本的 4 个 Slider 变量声明处，通过注释为读者提供了各 Slider 控件的参考数值范围，使读者可以根据此值在 Inspector 窗口中对相应 Slider 组件的 Min Value 参数和 Max Value 参数进行设置，如图 7-6 所示。

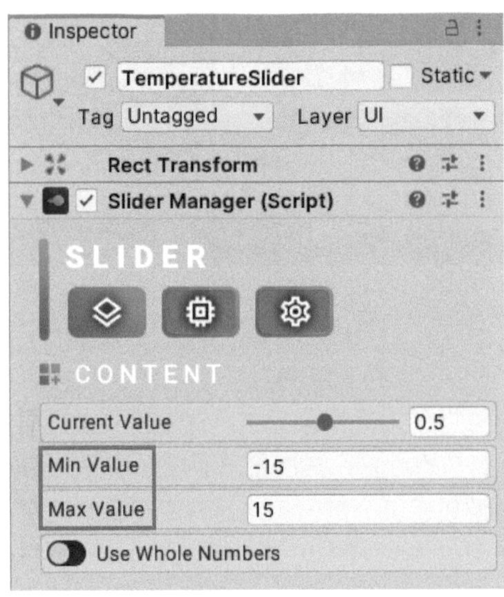

图 7-6

3．设置 Slider 控件的默认值

对于 Slider 的滑块，在通常情况下需要停放在对应参数的默认值上，在 Slider Manager 组件中，对应的参数为 Current Value，在 UGUI 的 Slider 组件中，对应的参数为 Value。如果将默认值设置为对应特效的当前参数值，则各控件对应的默认值如下。

- TemperatureSlider：5
- HueShiftSlider：0
- ExposureSlider：1.5
- SaturationSlider：0

保存场景，运行应用程序进行测试。在设置窗口的初始状态下，Slider 滑块均停靠在设定的默认值位置上。在拖动滑块的过程中，画质表现均能够相应发生改变，同时 Slider 控件右侧的数值框均能够动态显示当前调整的参数值，如图 7-7 所示。

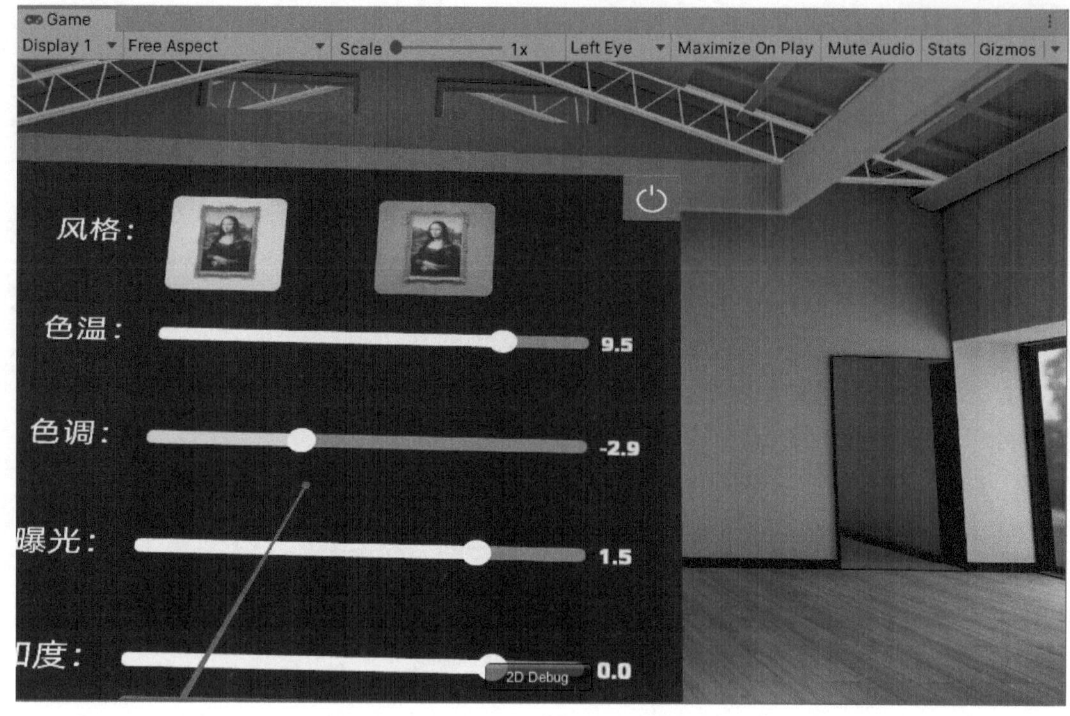

图 7-7

4．开发重置参数功能

对于重置功能的开发，可以分为两部分工作，首先需要在界面中体现出重置效果，将被拖动后的 Slider 控件滑块恢复到初始位置；其次将画面表现恢复到初始设置。

基于前文介绍的界面与游戏逻辑分离的思路，界面逻辑对应在 UIManager 类中实现，游戏逻辑对应在 GameManager 类中实现，对于后者，需要声明 4 个表示特效默认值的公共变量并在此类中实现对画面表现的重置。对于声明的变量，代码如下。

```
// 默认色温
[HideInInspector] public float defaultTemperature;
// 默认色调
[HideInInspector] public float defaultHue;
// 默认曝光
[HideInInspector] public float defaultExposure;
// 默认饱和度
[HideInInspector] public float defaultSatuation;
```

在以上代码中，每个变量均使用[HideInInspector]进行标识，使其无须在 Inspector 窗口中进行显示和编辑。而对于变量的赋值，则可以在 GameManager 类的特效初始化函数 initPostProcessingData()中进行指定。该函数最终脚本如下。

```
private void initPostProcessingData()
{
    PostProcessingVolume.profile.TryGet(out whiteBalance);
    PostProcessingVolume.profile.TryGet(out colorAdjustments);

    // 获取色温初始值
```

```
        defaultTemperature = whiteBalance.temperature.value;
        // 获取色调初始值
        defaultHue = colorAdjustments.hueShift.value;
        // 获取曝光初始值
        defaultExposure = colorAdjustments.postExposure.value;
        // 获取饱和度初始值
        defaultSatuation = colorAdjustments.postExposure.value;
}
```

对于画面效果的重置，可以在 GameManager 类中声明一个公共函数 ResetPostProcessing()，并按照前文介绍的方法对特效参数赋予获取到的默认值。ResetPostProcessing()函数脚本如下。

```
// 重置特效参数
public void ResetPostProcessing()
{
    // 将色温参数设置为默认值
    whiteBalance.temperature.Override(defaultTemperature);
    // 将色调参数设置为默认值
    colorAdjustments.hueShift.Override(defaultHue);
    // 将曝光度参数设置为默认值
    colorAdjustments.postExposure.Override(defaultExposure);
    // 将饱和度参数设置为默认值
    colorAdjustments.saturation.Override(defaultSatuation);
}
```

由于 4 个表示特效参数初始值的变量为公共类型，因此在 initPostProcessingData()函数中获取到相应数值后，便可在 UIManager 类中对其进行引用并重置 4 个 Slider 控件的滑块位置。在 UIManager 类中创建一个名称同为 ResetPostProcessing()的公共函数，并编写如下脚本。

```
// 重置画面表现
public void ResetPostProcessing()
{
    // 重置色调 Slider 控件的滑块位置
    HueShiftSlider.value = GameManager.Instance.defaultHue;
    // 重置曝光度 Slider 控件的滑块位置
    ExposureSlider.value = GameManager.Instance.defaultExposure;
    // 重置饱和度 Slider 控件的滑块位置
    SaturationSlider.value = GameManager.Instance.defaultSatuation
    // 重置色温 Slider 控件的滑块位置
    TemperatureSlider.value = GameManager.Instance.defaultTempera
    // 在 GameManager 类中实现特效参数值的重置
    GameManager.Instance.ResetPostProcessing();
}
```

由于重置功能需要单击按钮启动，同时 UIManager 类中的 ResetPostProcessing()函数为公共类型，因此可以在 Unity 编辑器中将按钮的单击事件处理函数指定为此函数。

保存脚本，返回 Unity 编辑器。在 Hierarchy 窗口的搜索栏中输入关键词“ResetBtn”，快速找到重置按钮对应的节点。在 Inspector 窗口中，单击 Button Manager 组件 On Click Event()选区右下角的加号按钮，将 Script 节点指定到新建的对象栏中，在其右侧更新的函数列表中，选择 UIManager 类的 ResetPostProcessing()函数，如图 7-8 所示。

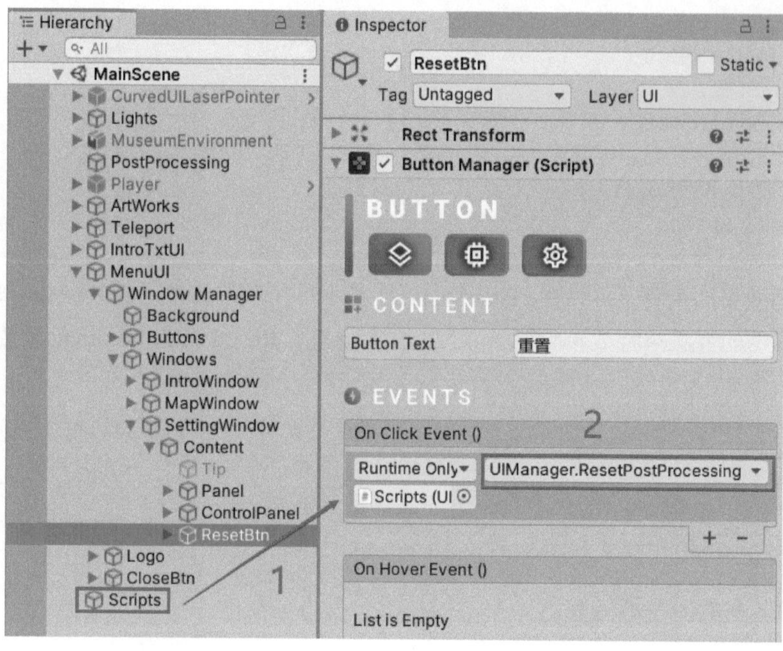

图 7-8

保存场景，运行应用程序进行测试。在系统菜单的设置窗口中对画面效果进行调节后，单击“重置”按钮，画面表现能够恢复到初始状态，并且各 Slider 控件的滑块均能回到初始位置。

7.3 开发绘画作品介绍的交互功能

在现实世界的博物馆中，作品附近通常会展示关于作品的内容介绍，因此在 VR 环境中，我们也可以开发相关的交互功能。本节将介绍实现此类交互的方法。

7.3.1 交互设计思路分析

作品的内容介绍通常以文字形式呈现，在 VR 虚拟场景中，如果在初始状态下显示所有作品的文字介绍，则通常会产生 UI 元素闪烁、锯齿等问题，尤其是在距离文字内容相对较远时，这样对体验者的沉浸感会带来一定的影响。考虑到以上因素，我们可以借助 VR 环境的交互特性，对交互体验进行优化，即在初始状态下，将所有作品的文字介绍内容隐藏，取而代之的是在每幅绘画作品下方显示一个信息提示按钮，当体验者单击此按钮时，显示关于当前作品的介绍内容；当再次单击按钮时，收起当前作品的文字介绍。另外，当体验者单击另外一幅作品的信息提示按钮时，当前已经显示的作品文字介绍将收起。

7.3.2 创建文字介绍 UI 并实现交互功能

鉴于绘画作品的文字介绍 UI 与雕塑作品的文字介绍 UI 具有相同的组织结构，所以我们可以使用 Prefab Variant 技术快速创建关于绘画作品的文字介绍 UI。具体步骤如下。

（1）在 Hierarchy 窗口中，选择《思想者》雕塑附近的文字介绍节点 IntroTxtRotate，按 Ctrl+D 组合键创建一个副本，将此副本拖入 Project 窗口的_Prefabs 文件夹下，在弹出的对话框中单击 Prefab Variant 按钮，创建一个预制体变体。

（2）删除场景中的 IntroTxtRotate (1)游戏对象副本。

（3）在 Project 窗口中，将创建的预制体变体重命名为 IntroTxtWithBtn，将其拖入场景中，创建一个关于此预制体的实例。在 Hierarchy 窗口中，将其放置在 IntroTxtUI 节点下。

（4）由于此预制体的前身是能够实现围绕某一位置点进行旋转的 IntroTxtRotate 预制体，为了使其适应本次交互开发，需要对预制体进行处理。在 Hierarchy 窗口中单击 IntroTxtWithBtn 预制体实例右侧的箭头，或者在 Project 窗口中双击 IntroTxtWithBtn 预制体，进入预制体编辑模式，选择 Canvas 节点，在 Inspector 窗口中将 Rect Transform 组件的 Pos X 参数值设置为 0，将 Scale 参数值设置为 0.005。

（5）绘画作品的内容介绍相对较少，可以调整其显示范围。选择预制体中的 Panel 节点，使用 Rect Tool 工具向上拖动其底部边框，将高度改为原来的一半；选择 Intro 节点，适当删减其文字内容，将字数控制在 Panel 覆盖的范围内，在后续步骤中可以为其指定对应作品的文字介绍。

（6）在 Hierarchy 窗口中选择顶部节点，在 Inspector 窗口中将 Intro Txt Rotate 组件移除。

在场景中使用移动和旋转工具将 IntroTxtWithBtn 游戏对象定位到玻璃门附近的第一幅绘画作品的前方，如图 7-9 所示。

图 7-9

1．添加交互按钮

在初始状态下，文字内容为隐藏状态，此时仅显示一个信息提示按钮，所以我们需要在文字介绍下方添加一个按钮控件，本次实例依然使用 Modern UI Pack 提供的按钮，具体步骤如下。

（1）确保在 IntroTxtWithBtn 预制体的编辑模式下，在 Hierarchy 窗口中右击 Canvas 节点，在弹出的快捷菜单中选择 Modern UI Pack→Button→Basic-Outline Only Icon→Standard 命令，创建一个仅显示图标的线框类型按钮。

（2）选择 Button 控件，在 Inspector 窗口中，单击 Rect Transform 组件的 Anchor Presets 按钮，按下 Alt 键和 Shift 键，在 Anchor Presets 面板中选择 bottom 行与 center 列相交的预设选项，将按钮定位在 Canvas 容器底部的中心位置。

（3）调整按钮尺寸。在按钮的 Rect Transform 组件中将 Width 和 Height 的参数值均设置为 50。

（4）修改按钮图标。在按钮的 Button Manager Icon 组件中，单击 Button Icon 参数右侧的对象选择器，在弹出的窗口顶部的搜索框中输入关键词“Warning”，在搜索结果中选择第一个素材并按 Enter 键。按住 Alt 键，在 Hierarchy 窗口中单击 Button 节点左侧的箭头按钮，递归展开该节点包含的所有子节点，同时选择其下两个名称为 Icon 的节点，在 Inspector 窗口中，将 Rect Transform 组件的 Rotation 参数值设置为（0,0,180）。

（5）适当调整 Canvas 的覆盖范围，以便达到相对美观的排版。

2．编写脚本

由于交互过程是基于按钮的单击，因此我们还是使用一般方法，在脚本中创建一个公共的函数，并在 Unity 编辑器中对按钮单击事件进行配置。在 Project 窗口的_Scripts 文件夹下创建一个 C#脚本，将其重命名为 IntroTxtWithBtn 并双击，使用默认代码编辑器将其打开，编写如下代码。

```
using UnityEngine;
using DG.Tweening;
using Michsky.UI.ModernUIPack;

public class IntroTxtWithBtn : MonoBehaviour
{
    // 用于展示文字介绍的 Panel，在交互过程中对其进行显示和隐藏
    public GameObject infoPanel;

    // 按钮管理，在交互过程中进行图标切换
    public ButtonManagerIcon ButtonManager;

    // 文字隐藏状态下的按钮图标
    public Sprite InfoIcon;

    // 文字显示状态下的按钮图标
    public Sprite CloseIcon;

    // 文字状态标志位
```

```
private bool isShow = false;

void Start()
{
    infoPanel.SetActive(false);
}

// 按钮单击事件处理函数
public void OnInfoButtonClick()
{
    if (isShow)
    {
        CloseIntro();
    }
    else
    {
        ShowIntro();
    }
}

// 显示文字介绍
private void ShowIntro()
{
    // 如果当前场景中存在已经被打开的文字介绍，则调用 CloseIntro()函数将其关闭
    if (UIManager.Instance.CurIntroPanel != null)
        UIManager.Instance.CurIntroPanel.GetComponent<IntroTxtWithBtn>().Clo
seIntro();
    // 将此游戏对象指定为当前已经打开的文字介绍
    UIManager.Instance.CurIntroPanel = gameObject;

    // 先将文字显示出来
    infoPanel.SetActive(true);
    // 文字 Panel 的缩放比例为 0，由此开始缓动
    infoPanel.transform.localScale = Vector3.zero;
    // 文字 Panel 做 0.3 秒的缓动，缩放比例由 0 到 1
    infoPanel.transform.DOScale(Vector3.one, 0.3f);
    // 切换按钮图标
    ButtonManager.buttonIcon = CloseIcon;
    ButtonManager.UpdateUI();
    // 设置标志位
    isShow = true;
}

// 关闭文字介绍
public void CloseIntro()
{
    // 将用于记录当前已经打开文字介绍的变量置空
    UIManager.Instance.CurIntroPanel = null;
```

```
        // 文字内容做 0.3 秒的缓动，从原始缩放比例为 1 转变为 0
        Tweener tweener = infoPanel.transform.DOScale(Vector3.zero, 0.3f);
        // 缓动结束后将文字隐藏
        tweener.onComplete = () => { infoPanel.SetActive(false); };
        // 更新按钮图标
        ButtonManager.buttonIcon = InfoIcon;
        ButtonManager.UpdateUI();
        //设置标志位
        isShow = false;
    }
}
```

3. 脚本说明

在文字内容显示和隐藏的过程中，我们将使用 DOTween 插件实现文字逐渐打开和关闭的缓动效果。另外，对于每一次单击，按钮图标都需要做出相应的改变。在文字内容打开以后，按钮显示关闭图标；在文字内容收起以后，按钮显示默认的信息提示图标。基于以上两点，在类声明前需要引入 DOTween 和 Modern UI Pack 的命名空间。

对于按钮图标的设置，在指定图标后，需要调用 ButtonManager 类的 UpdateUI()函数进行更新显示。

如果场景中有已经打开的文字内容，则在单击其他绘画作品下方的信息提示按钮时，需要将已经打开的文字内容收起，即确保场景中最多仅有一个绘画作品的文字介绍内容处于打开状态。此时需要在全局层面存在一个变量，用于记录当前已经打开的文字介绍。所以在以上脚本中将关闭文字内容的 CloseIntro()函数声明为公共类型，从而在 UIManager 这个 UI 全局管理类中，在获取到当前已经打开的文字内容 UI 实例后能够通过调用此函数将其关闭。另外，鉴于 UIManager 类的全局属性，此时需要将其声明为单例类，修改 UIManager 类脚本，代码如下。

```
public class UIManager : Singleton<UIManager>{
...
}
```

同时，我们需要在 UIManager 类中声明一个用于记录当前处于打开状态的文字介绍的变量。在 UIManager 类的变量声明处编写如下代码。

```
// 记录当前已经打开的文字介绍
[HideInInspector]
public GameObject CurIntroPanel;
```

4. 配置组件

保存脚本，返回 Unity 编辑器。在 Project 窗口中，双击 IntroTxtWithBtn 预制体，进入编辑模式，将创建的 IntroTxtWithBtn.cs 脚本挂载到顶部的 IntroTxtWithBtn 节点上。在 Inspector 窗口中，对组件的 4 个参数进行配置，具体步骤如下。

（1）将 Hierarchy 窗口中，将 Panel 节点指定到 Intro Txt With Btn 组件的 Intro Panel 参数中。

（2）将 Button 节点指定到 Intro Txt With Btn 组件的 Button Manager 参数中。

（3）单击 Intro Txt With Btn 组件 Info Icon 参数右侧的对象选择器，在弹出的窗口顶部的搜索框中输入关键词“warning”，选择搜索结果的第一项并按 Enter 键。

（4）单击 Intro Txt With Btn 组件 Close Icon 参数右侧的对象选择器，在弹出的窗口顶部的搜索框中输入关键词“cancel”，选择搜索结果的第二项并按 Enter 键。

为了使按钮能够响应 Curved UI 激光指针的交互，需要按照前面章节介绍的内容进行相关配置，具体步骤如下。

（1）在 Hierarchy 窗口中为 Canvas 节点添加 CurvedUISettings 组件。

（2）将 CurvedUISettings 组件的 Angle 参数值设置为 0。

5．配置按钮的事件处理函数

在 IntroTxtWithBtn 预制体编辑模式下选择 Button 节点，在其 Button Manager Icon 组件中，单击 On Click Event()选区右下角的加号按钮，将 Hierarchy 窗口顶部的 IntroTxtWithBtn 节点拖入新建的事件处理列表中，在右侧更新的函数列表中选择 IntroTxtWithBtn 类中的 OnInfoButtonClick()函数，如图 7-10 所示。

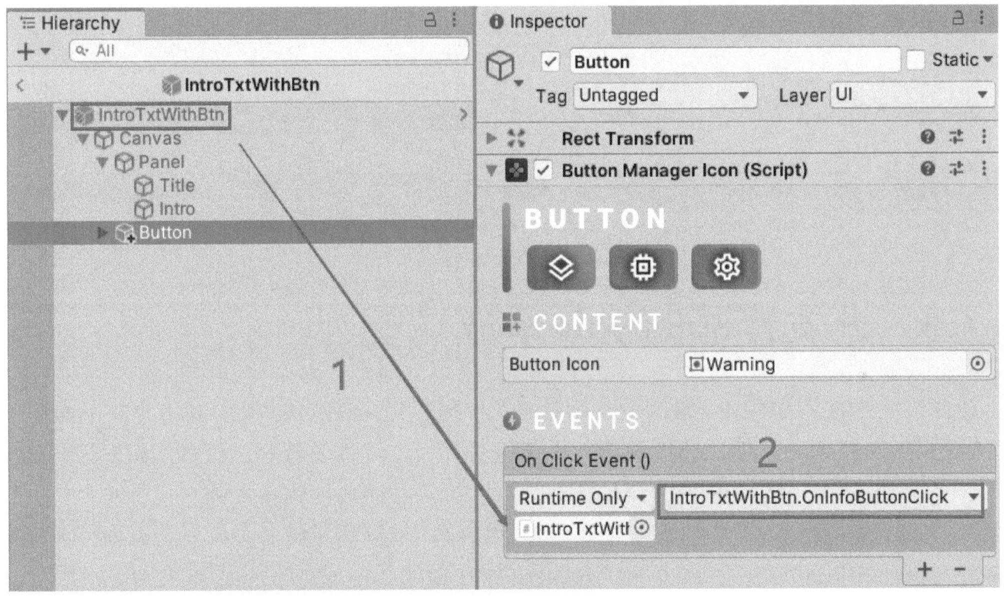

图 7-10

6．测试应用程序

在场景中选择 IntroTxtWithBtn 预制体实例，多次按 Ctrl+D 组合键，创建多个实例副本，将其分别放置在场景绘画作品的下方。对于具体文字内容的设置，由于操作步骤相对简单且需要重复多次，因此读者可以对照随书资源中 Video 文件夹下名称为“设置介绍文字内容”的视频文件完成该部分操作，此处不再赘述。最终场景效果如图 7-11 所示。

保存场景，运行应用程序进行测试。此时不仅能实现使用激光指针单击绘画作品下方按钮后呈现相关文字介绍的功能，还能实现文字介绍的开关逻辑。

图 7-11

7.4 开发作品的视频播放功能

在现实世界的博物馆中，通常不会存在太多与游客交互的情景，而在虚拟现实场景中，我们可以利用 VR 技术的特性，通过添加一些音/视频元素，为体验者提供更多认识作品的维度。本节以《蒙娜丽莎》作品为例，介绍如何在项目中为作品添加视频播放的交互功能。其交互过程为，当体验者单击《蒙娜丽莎》作品下方的按钮时，将播放一段关于作品的视频，视频画面会覆盖当前作品进行显示；当再次单击按钮时，视频停止播放并逐渐收起直至消失。

7.4.1 Video Player 组件简介

要在 Unity 中使用视频，需要导入视频文件并使用 Video Player 组件对其进行配置。在程序运行时，Video Player 组件可以将视频内容实时渲染到指定的材质纹理中，进而呈现在游戏对象上，如图 7-12 所示。

下面为 Video Player 组件部分关键参数进行如下介绍。

- Source：选择视频源类型。Video Clip 选项表示将视频文件指定给组件，URL 选项表示播放存放于网络的视频文件。
- Video Clip：要播放的视频文件。如果在 Source 参数中选择 Video Clip 选项，则需要将视频文件拖到此参数中，或者单击该字段右侧的圆圈，从资源列表中选择文件（如果该文件位于 Project 文件夹中）。

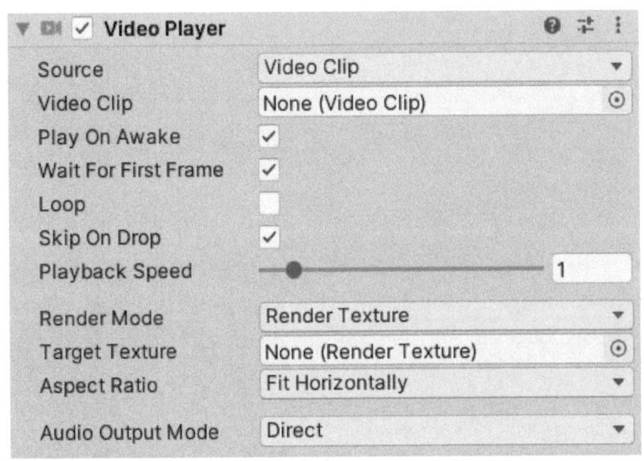

图 7-12

- Play On Awake：勾选此复选框可以在程序启动时自动播放视频。如果希望在运行时的另一个点触发视频播放，则需要取消勾选此复选框。在此情况下，我们可以使用 VideoPlayer 类的 Play()函数通过脚本触发视频播放。
- Loop：勾选 Loop 复选框可以使视频播放器组件在源视频到达结尾时循环播放视频。如果未勾选此复选框，则视频到达结尾时将停止播放。
- Render Mode：视频的渲染模式。Camera Far Plane 选项表示在摄像机的远平面上渲染视频；Camera Near Plane 选项表示在摄像机的近平面上渲染视频；Render Texture 选项表示将视频渲染到纹理中；Material Override 选项表示通过游戏对象的材质将视频渲染到游戏对象选定的纹理参数中，即可以将视频内容作为一张贴图呈现在游戏对象上。在本次实例中，我们选择使用该渲染模式。

如果将 Video Player 组件的 Render Mode 参数设置为 Material Override，则需要在 Material Property 参数中选择将视频输出到的材质贴图通道的名称，因为不同的材质会使用不同类型的着色器，而不同类型的着色器包含不同名称的贴图通道。

7.4.2　创建视频播放载体

将随书资源中 Video 文件夹下名称为 MonaLisa.mp4 的视频文件导入项目，在 Project 窗口中新建一个文件夹并将其重命名为_Videos，将视频文件放置在此文件夹中。要使视频能够在场景中播放，需要创建一个能够呈现视频内容的游戏对象。本实例使用一个 Plane 几何体，通过 Video Player 组件将视频输出到 Plane 几何体的材质纹理中。具体步骤如下。

（1）在 Hierarchy 窗口的空白处右击，在弹出的快捷菜单中选择 3D Object→Plane 命令，将其重命名为 VideoPlayer。

（2）调整游戏对象的位置和缩放。分别使用移动、旋转工具将 VideoPlayer 游戏对象定位到场景《蒙娜丽莎》作品的前方，尽量贴近作品；使用缩放工具调整游戏对象尺寸，使其完全覆盖绘画作品，并根据视频呈现比例进一步微调，如图 7-13 所示。

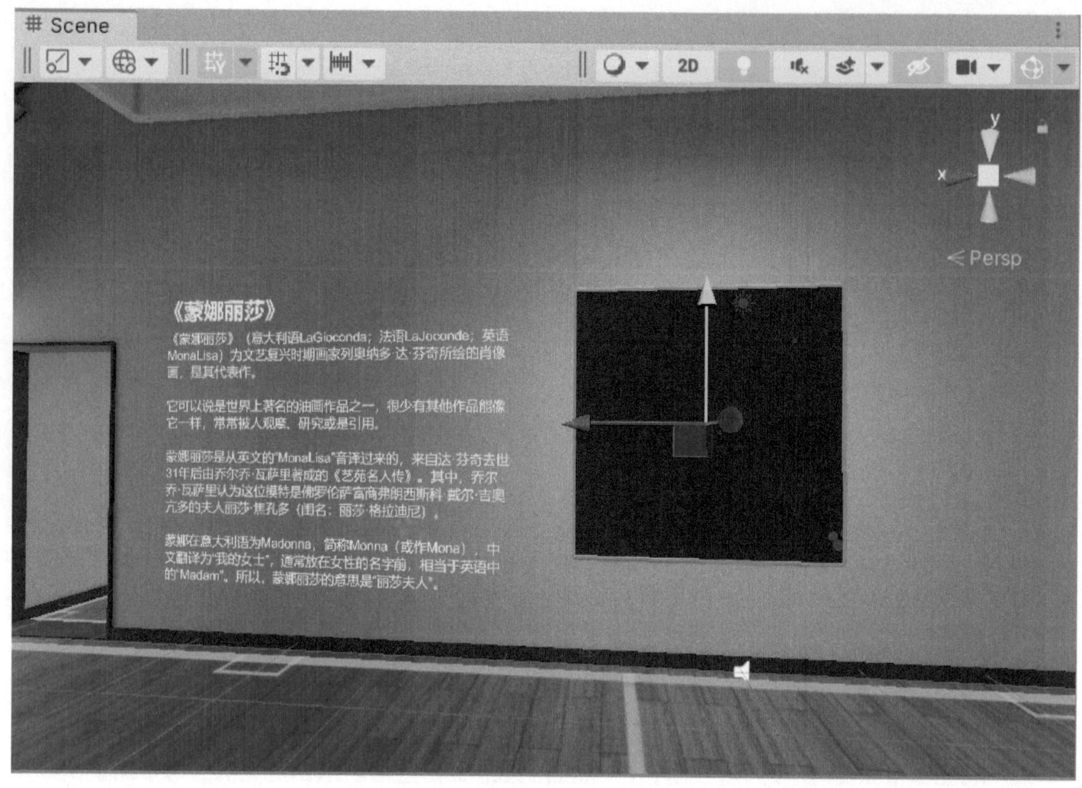

图 7-13

7.4.3 设置 Video Player 组件

基于上文 VideoPlayer 游戏对象显示视频内容的机制，首先需要为 VideoPlayer 游戏对象创建用于呈现视频的材质。在 Project 窗口的_Materials 文件夹下创建一个材质并将其重命名为 VideoMat，将其指定到场景的 VideoPlayer 游戏对象上。

为使视频明度足够且不受周围光照影响，需要为材质切换使用 Unlit 着色器。在 Project 窗口中选择此材质，在 Inspector 窗口中将其 Shader 参数切换为 Universal Render Pipeline/Unlit，即可使游戏对象不受光照的影响。

在 Project 窗口的_Videos 文件夹下，将导入的视频文件直接拖到场景的 VideoPlayer 游戏对象上，此时 Unity 将自动为游戏对象添加一个 Video Player 组件，同时会将组件的 Video Clip 参数设置为此视频。

确保将 Video Player 组件的 Render Mode 参数设置为 Material Override，将 Material Property 参数设置为_Base Map，从而使视频内容能够输出到 Unlit 着色器的 Base Map 贴图中，进而能够在 VideoPlayer 游戏对象上呈现。

快速调整 VideoPlayer 游戏对象的缩放比例

由于在编辑模式下无法在 VideoPlayer 游戏对象上播放视频，所以我们基于 Unity 编辑器的特性实现调整画面比例的目的。保存场景，运行应用程序，此时由于 Video Player 组件的 Play On

Awake 复选框为默认勾选状态，因此在程序运行时将自动播放。在 Scene 窗口中使用缩放工具调整 VideoPlayer 游戏对象的尺寸，使长宽比例接近视频画面比例，参考值为（0.4,0,0.26）。在确定游戏对象缩放比例后，在 Inspector 窗口中，单击 VideoPlayer 游戏对象 Transform 组件右上角的三点按钮，选择 Copy Component 命令，此时停止运行应用程序。再次选择 VideoPlayer 游戏对象，单击其 Transform 组件右上角的三点按钮，选择 Paste Component Values 命令，从而将运行时编辑的组件参数值应用到游戏对象上。

调整完成后，取消勾选 Video Player 组件的 Play On Awake 复选框，这是因为在 VR 博物馆项目中，视频需要在程序启动时默认不显示且不播放，但是可以通过脚本对其进行控制。

7.4.4　实现视频播放控制功能

在 VR 博物馆项目中，视频的播放控制包括播放和停止，交互过程通过激光指针单击按钮实现，我们将使用同一个按钮实现以上两个控制功能，仅在播放状态改变时在按钮上显示不同的状态图标。要创建并设置播放控制按钮，具体步骤如下。

（1）在 Hierarchy 窗口的空白处右击，在弹出的快捷菜单中选择 UI→Canvas 命令，创建能够承载按钮控件的容器，将其重命名为 VideoController。

（2）选择 VideoController 游戏对象，在其 Canvas 组件中，将 Render Mode 参数设置为 World Space。

（3）在 Canvas 游戏对象的 Rect Transform 组件中，将 Width 和 Height 的参数值均设置为 128，Scale 参数值设置为（0.005,0.005,0.005）。在场景中使用移动工具将其移动到 Video Player 游戏对象的正下方。

（4）在 Hierarchy 窗口中右击 VideoController 游戏对象，在弹出的快捷菜单中选择 Modern UI Pack→Button→Basic-Outline Only Icon→Standard 命令，创建一个仅有图标的线框类型按钮，将其重命名为 ControlBtn。

（5）选择 ControlBtn 游戏对象，单击其 Button Manager Icon 组件的 Button Icon 参数右侧的对象选择器，在弹出窗口的搜索栏中输入关键词“play”，选择第一个搜索结果并按 Enter 键。

（6）选择 VideoController 游戏对象，为其添加 CurvedUISettings 组件，使其能够响应 Curved UI 激光指针的交互，同时将组件的 Angle 参数值设置为 0。其沿 Y 轴旋转 180 度，确保 Z 轴方向指向墙内。

按钮和视频游戏对象在场景中的效果如图 7-14 所示。

1. 编写脚本实现播放功能

控制视频播放的具体过程为，体验者初次单击按钮，承载视频的游戏对象逐渐展开，缩放在水平方向做从 0 到 1 的缓动，实现类似幕布逐渐打开的效果，在游戏对象完全展开后，视频开始播放，此时按钮显示关闭图标；当用户再次单击控制按钮时，视频停止播放，承载视频的游戏对象逐渐收起，缩放在水平方向做从 1 到 0 的缓动，此时按钮显示播放图标。

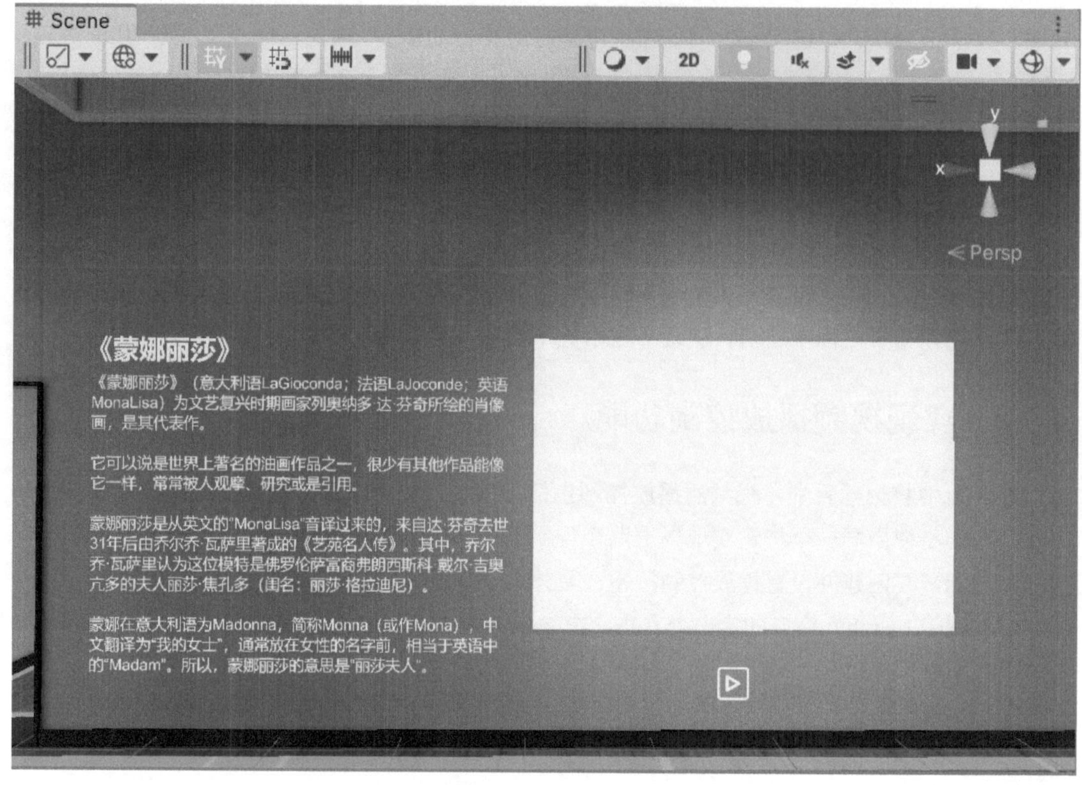

图 7-14

在 Project 窗口的_Scripts 文件夹下新建一个 C#脚本，将其重命名为 VideoController 并双击使用默认代码编辑器打开。编写脚本如下。

```
using UnityEngine;
using Michsky.UI.ModernUIPack;
using UnityEngine.Video;
using DG.Tweening;

public class VideoController : MonoBehaviour
{
    // 视频播放器的引用
    public VideoPlayer ArtVideo;
    // 按钮呈现的播放图标
    public Sprite PlayIcon;
    // 按钮呈现的关闭图标
    public Sprite StopIcon;
    // 按钮上的按钮管理器组件
    public ButtonManagerIcon ButtonManager;
    //记录视频的播放状态
    private bool isPlaying = false;
    // 视频播放器初始缩放比例
    private Vector3 videoOriginScale;

    void Start()
```

```
    {
        // 获取视频游戏对象的原始缩放比例
        videoOriginScale = ArtVideo.transform.localScale;
        // 默认隐藏
        ArtVideo.gameObject.SetActive(false);
        // 在初始状态下，视频不播放
        ArtVideo.Stop();
    }

    // 控制按钮单击处理函数
    public void OnButtonClick()
    {
        // 如果正在播放，将其关闭
        if (isPlaying)
        {
            StopVideo();
        }
        //如果没有播放，将开始播放
        else
        {
            PlayVideo();
        }
        isPlaying = !isPlaying;
    }

    // 播放视频
    private void PlayVideo()
    {
        // 显示承载视频的游戏对象
        ArtVideo.gameObject.SetActive(true);
        // 先设置视频游戏对象在 X 轴的缩放比例为 0
        ArtVideo.transform.localScale = new Vector3(0f, videoOriginScale.y,
videoOriginScale.z);
        // 再设置视频游戏对象显示黑色
        ArtVideo.GetComponent<MeshRenderer>().material.color = Color.black;
        // 视频游戏对象在 X 轴的缩放逐渐缓动为初始比例，在缓动完成后播放视频
        ArtVideo.transform.DOScale(videoOriginScale,
1.0f).SetEase(Ease.InQuint).onComplete += () => { ArtVideo.Play(); };
        // 视频播放开始后，将视频游戏对象的“背景颜色”设置为白色
        ArtVideo.started += source =>
{ ArtVideo.GetComponent<MeshRenderer>().material.DOColor(Color.white, 2f); };
        // 切换按钮状态图标
        ButtonManager.buttonIcon = StopIcon;
        ButtonManager.UpdateUI();
    }

    // 停止视频
    private void StopVideo()
```

```
    {
        // 视频画面逐渐变黑，持续时间为 1 秒
        Tweener _tweenerColor =
ArtVideo.GetComponent<MeshRenderer>().material.DOColor(Color.black, 1.0f);
        // 视频画面在 X 轴的缩放缓动为 0，使用 InQuint 缓动类型，持续时间为 1 秒
        Tweener _tweenerScale = ArtVideo.transform.DOScaleX(0,
1.0f).SetEase(Ease.InQuint);
        // 缓动结束后隐藏视频游戏对象并停止视频播放
        _tweenerScale.onComplete += () =>
        {
            ArtVideo.gameObject.SetActive(false);
            ArtVideo.Stop();
        };
        // 创建 Sequence 队列，连续播放两个缓动
        Sequence _seq = DOTween.Sequence();
        _seq.Append(_tweenerColor);
        _seq.Append(_tweenerScale);
        // 切换按钮状态图标
        ButtonManager.buttonIcon = PlayIcon;
        ButtonManager.UpdateUI();
    }
}
```

DOTween 提供了缓动结束事件 onComplete，可以使用匿名函数编写对此事件的处理逻辑。在关闭视频函数 StopVideo()中，使用 DOTween 的 Sequence 队列控制两个缓动依次播放，即“幕布”先逐渐变黑，再逐渐被收起，从而实现更加自然的动画表现，否则两个缓动将同时进行。

2. 配置脚本和组件

保存脚本，返回 Unity 编辑器。在 Hierarchy 窗口中选择 VideoController 节点，将创建的同名脚本添加到该游戏对象上。此时需要对 Video Controller 组件的参数进行配置，具体步骤如下。

（1）在 Hierarchy 窗口中选择 VideoController 节点，将 VideoPlayer 节点指定到 Video Controller 组件的 Art Video 参数中。

（2）单击 Play Icon 参数右侧的对象选择器，在弹出的窗口顶部的搜索框中输入关键词“play”，选择搜索结果中的第一项并按 Enter 键。

（3）单击 Stop Icon 参数右侧的对象选择器，在弹出的窗口顶部的搜索框中输入关键词“cancel”，选择搜索结果中的第二项并按 Enter 键。

（4）将 ControlBtn 节点指定到 Video Controller 组件的 Button Manager 参数中，如图 7-15 所示。

3. 为按钮指定单击事件处理函数

在 Hierarchy 窗口中选择 ControlBtn 节点，在其 Button Manager Icon 组件中单击 On Click Events()选区右下角的加号按钮，将 VideoController 节点指定到新建事件函数列表的对象栏中。在右侧更新的函数列表中选择 VideoController 类的 OnButtonClick()函数，完成对按钮单击事件处理函数的指定。

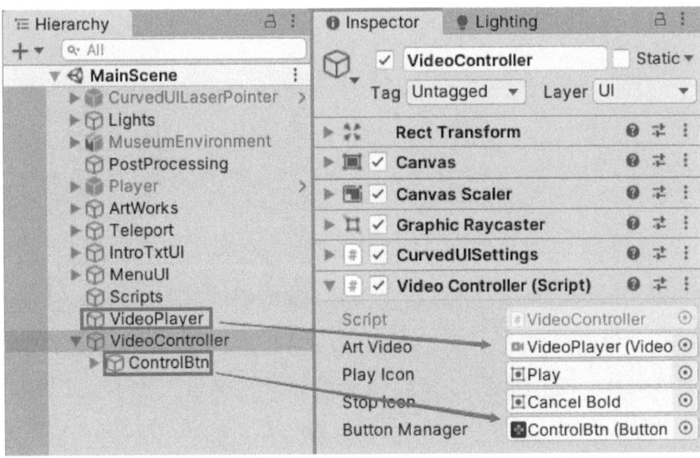

图 7-15

保存场景，运行应用程序进行测试。多次单击《蒙娜丽莎》作品下方的按钮，能够正常播放和关闭视频。在此过程中，视频游戏对象能相应做出展开和关闭的缓动动画效果，同时控制按钮也会根据播放状态切换显示相对应的图标，如图 7-16 所示。

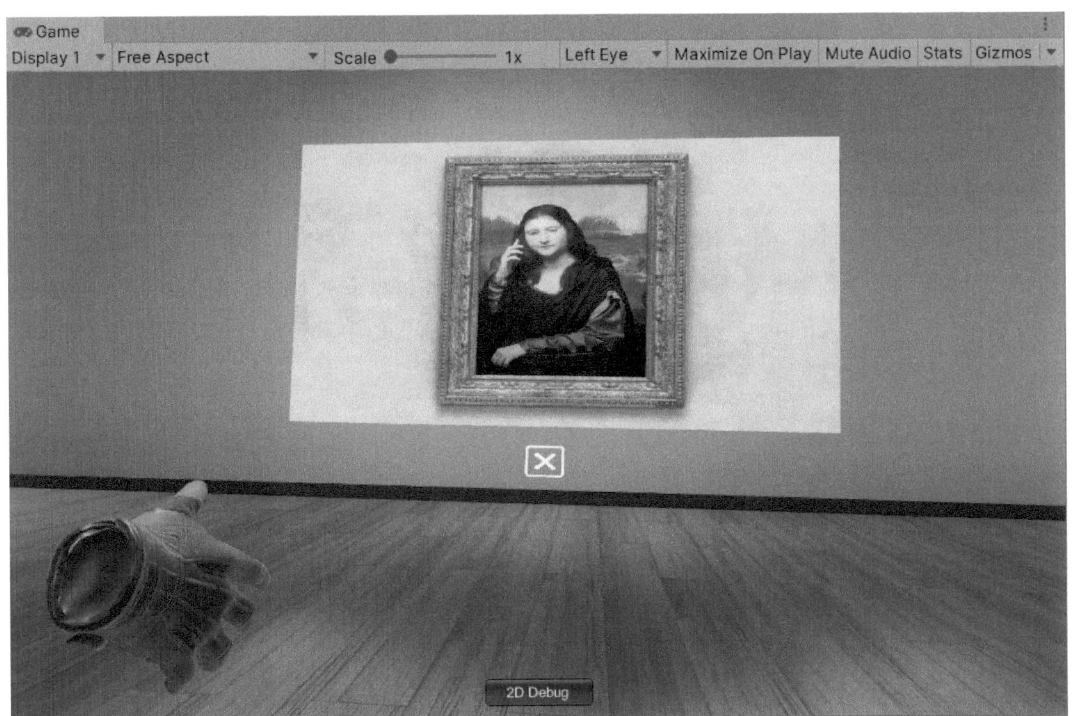

图 7-16

第 8 章　项目的导出

到目前为止，我们所做的所有工作均在 Unity 编辑器中展开，而仅在 Unity 编辑器能够运行的项目并不能直接交付给终端用户，如甲方或应用商店。本章将介绍如何将制作的 VR 项目导出为可交付的应用程序，同时将介绍在导出前需要注意的技术细节。

针对 SteamVR 平台开发的项目，需要将其最终导出，获得一个包含 exe 格式可执行文件的程序包，这是因为我们开发的应用程序是基于 PC 平台的。导出的工序与测试类似，也是一个不断尝试并优化的过程，并没有一步到位的导出结果。我们需要查看导出后的应用程序在场景品质、程序稳定性、性能表现等方面的表现，针对出现的问题对项目进行修正和优化。

8.1 提高照明参数烘焙光照贴图

在此之前，为了便于及时发现错误并快速测试，我们创建了一个参数配置相对较低的照明设置（Lighting Settings）配置文件，而在将项目导出时，我们可以使用一些较高的参数配置，对场景做最后一次光照贴图的烘焙，以便呈现更好的场景光照表现。

在 Project 窗口的_LightingSettings 文件夹中，选择名称为 FastTest 的 LightingSettings 配置文件，按 Ctrl+D 组合键，创建一个副本并将其重命名为 HighQualitySettings，将其指定到 Lighting 窗口 Scene 选项卡的 Lighting Settings 参数中。在 Lighting 窗口中调整部分与呈现品质相关的参数，将其数值提高。相关参数及数值参考如下。

- Direct Samples：128。
- Indirect Samples：1024。
- Environment Samples：1024。
- Light Probe Samples：4。
- Max Bounces：3。
- Lightmap Resolution：64。
- Lightmap Padding：3。
- Max Lightmap Size：2048。

设置完成后，单击 Lighting 窗口右下角的 Generate Lighting 按钮，烘焙场景的光照贴图的最终效果如图 8-1 所示。

图 8-1

8.2 UI 界面优化

在项目导出之前，除了对 UI 界面进行排版方面的调整和优化（如字体、字号、界面尺寸等），还需要从用户体验方面考虑如何进行优化。以 VR 博物馆项目为例，在系统菜单的设置窗口中，对两个用于切换场景风格的按钮进行顺序对调。因为根据当前设置，当单击第一个按钮时，将切换为场景的初始风格，但是在程序的初始状态下已经呈现了这种风格，而在多数情况下，用户会首先尝试选择单击第一个按钮，这将导致按钮被单击后场景风格并不会发生任何改变。

在 Hierarchy 窗口顶部的搜索栏中输入关键词“BtnPanel”，快速找到承载两个按钮的容器，展开此节点，将 StyleBBtn 子节点置于 StyleABtn 子节点之上，调整后的界面效果如图 8-2 所示。

使用 Mipmap

如果测试过程中发现 UI 中的图片比较模糊或者有比较明显的锯齿，则可以尝试使用 Mipmap 技术避免此类现象的产生。为了加快渲染速度和减少图像锯齿，贴图被处理成由一系列被预先计算和优化过的图片组成的文件，这样的贴图被称为 MIP map 或 mipmap。

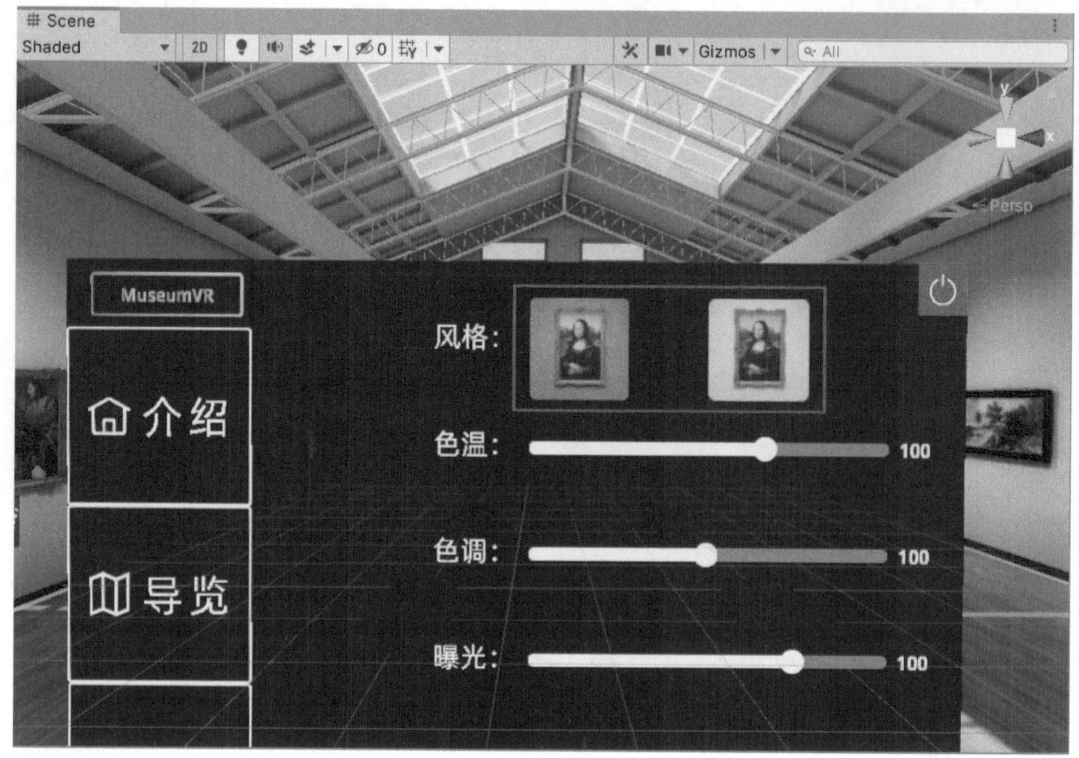

图 8-2

以手柄控制器说明图片 ControllerIntro 为例，在 Project 窗口的_Textures 文件夹中选择此图片，并在 Inspector 窗口中勾选 Generate Mip Maps 复选框，单击窗口右下角的 Apply 按钮。通过这样的设置，能有效避免锯齿的产生。其他图片可根据具体情况使用相同的方法进行设置，此处不再赘述。

8.3 解决材质导出后不显示的问题

在传送交互过程中，用于选择目标位置的曲线标识末端，对应的游戏对象名称为 DestinationReticle，如图 8-3 所示。

由于 VR 博物馆项目使用通用渲染管线，在导出应用程序后，该游戏对象并不会自动切换使用适配 URP 渲染管线的材质，这将导致在导出后的应用程序中不能正常显示此游戏对象。

SteamVR Unity 插件在最新的版本中对通用渲染管线进行了大部分适配，同时提供了 URP Material Switcher 组件在程序运行时自动为游戏对象切换适配 URP 的材质。对于 DestinationReticle 游戏对象，在 URP 中适配的材质名称为 URPTeleportPointHighlighted。图 8-4 所示为程序运行时 URP Material Switcher 组件为 DestinationReticle 游戏对象切换的材质，但是在项目导出以后，URP Material Switcher 组件并不能正常工作。

图 8-3

图 8-4

要解决此问题，可以参考 URP Material Switcher 组件的功能，为游戏对象自动切换适配 URP 的材质。例如，当在 Unity 编辑器中运行时，如果游戏对象呈现如图 8-4 所示的材质，则只需手动将此材质赋予到对应游戏对象上即可。

选择 DestinationReticle 游戏对象，在其 Mesh Renderer 组件中，单击 Materials 参数下数组成员右侧的对象选择器，在弹出的窗口顶部的搜索框中输入关键词“urp”，此时将列出 SteamVR 为不同游戏对象类型提供的适配 URP 的材质，对于 DestinationReticle 游戏对象，我们选择

URPTeleportPointHighlighted 材质并按 Enter 键。此时再次将项目导出，DestinationReticle 游戏对象将正常显示。

8.4 项目导出设置

SteamVR 应用程序的导出过程与一般 PC 项目类似。在 Unity 编辑器的菜单栏中选择 File→Build Settings 命令，打开 Build Settings 窗口，如图 8-5 所示。

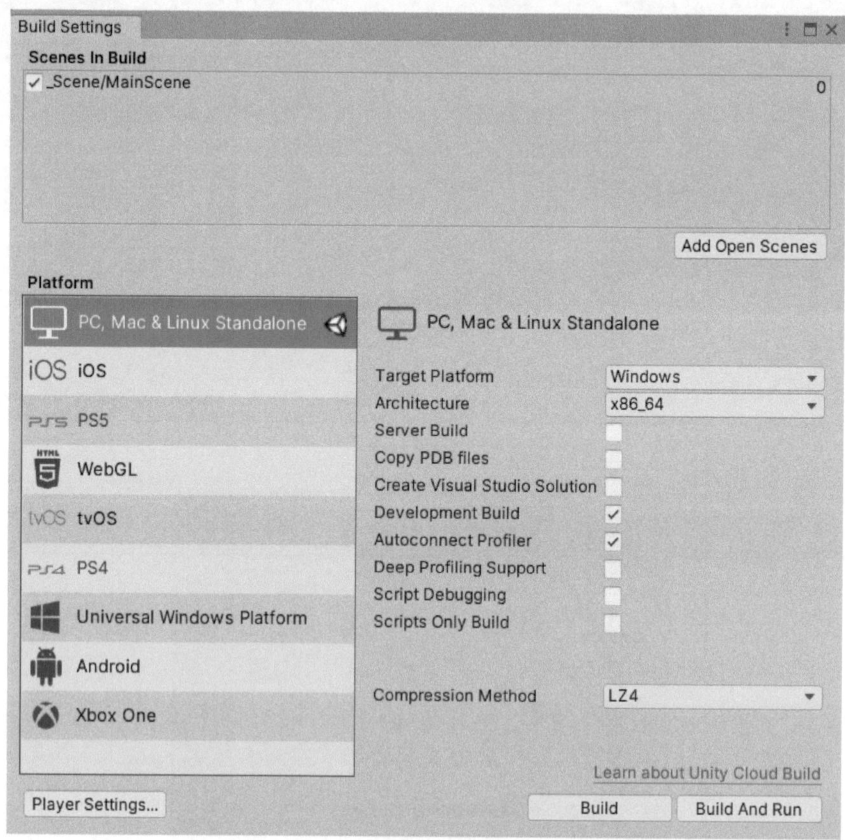

图 8-5

在项目导出之前，需要确保在 Scenes In Build 选区的列表中包含制作的场景文件，否则在最终构建的应用程序中将不会展示不在此列表中的场景。要将场景文件添加到此列表中，只需将场景文件拖入列表即可。同时，可以单击右下角的 Add Open Scenes 按钮，将当前打开且需要包含到应用程序中的场景文件添加到以上列表中。另外，需要确保在 Platform 列表栏中，目标平台已经切换为 PC,Mac &Linux Standalone 选项。

1．设置全屏模式

单击 Build Settings 窗口左下角的 Player Settings 按钮，打开 Project Settings 窗口并自动切换到 Player 选项卡中，如图 8-6 所示。

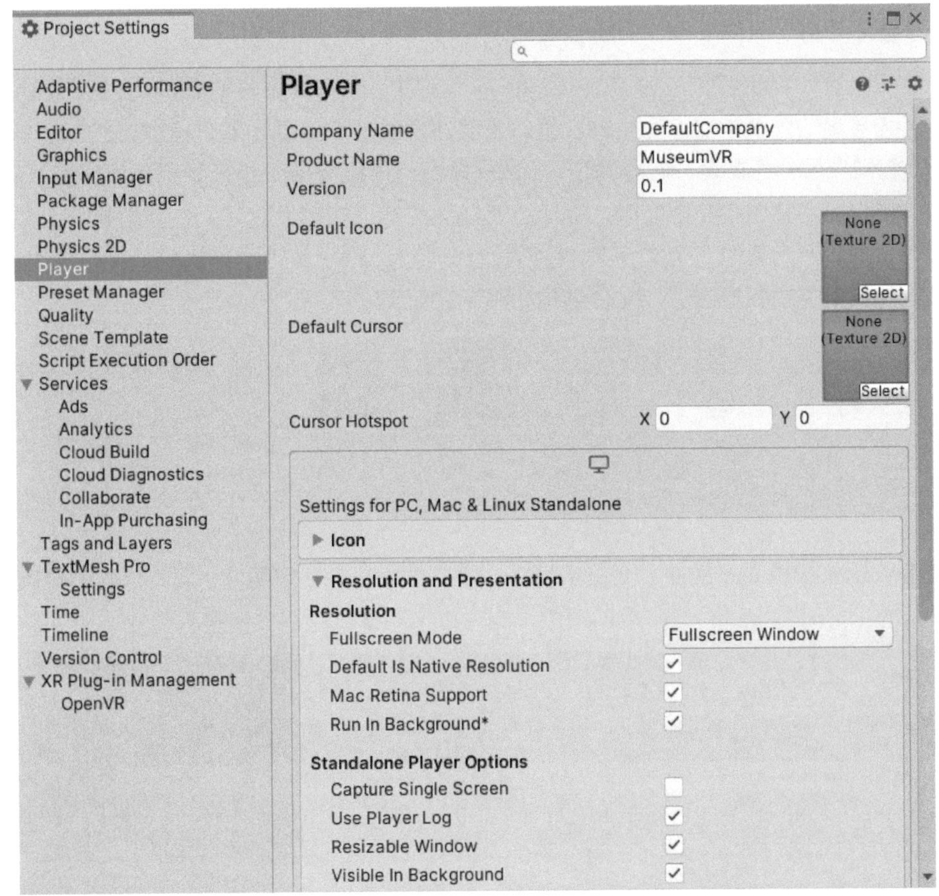

图 8-6

在 Resolution and Presentation 选区中，Fullscreen Mode 参数定义了启动时的默认窗口模式，默认模式为 Fullscreen Window，即在应用程序启动后，程序画面将以全屏模式呈现在用户的 PC 显示器中。对于 VR 应用程序，这通常不是一个最佳选择，因为当用户体验完准备关闭应用程序时，并不存在一个系统级的“关闭”按钮，需要按 Alt+F4 组合键将其关闭，除非在 Unity 编辑器中为应用程序添加一个“关闭”按钮并编写相关的关闭程序脚本。在 VR 博物馆项目中，我们选择 Windowed 模式，该模式将应用程序设置为标准的非全屏可移动窗口，可以在下方的 Default Screen Width 和 Default Screen Height 参数中设置窗口的初始大小，同时勾选 Resizable Window 复选框，以便在程序启动后可以手动调整窗口大小。

2．为可执行文件设置个性化图标

作为可选设置，我们可以在 Player Settings 窗口的 Icon 栏中为导出后的可执行文件设置个性化的图标。在 Icon 选区中，勾选 Override for PC,Mac & Linux Standalone 复选框，为应用程序的可执行文件制定不同尺寸的图标素材，以便适应操作系统文件管理器中的不同视图。作为快速演示，我们将系统菜单中风格选择按钮上呈现的图片素材作为项目可执行文件的图标。在 Project 窗口顶部的搜索栏中输入关键词“stylea”，快速找到图片素材，将其拖入 512 像素×512 像素分辨率对应的贴图栏中。

3. 导出项目

关闭 Player Settings 窗口，在 Build Settings 窗口中，单击右下角的 Build 按钮，在弹出的对话框中，为导出的项目指定一个存储位置。需要注意的是，不要将应用程序存放在包含中文的路径下，否则应用程序在运行时容易出现诸如不显示手柄控制器、提示找不到操作清单等错误。这是因为当保存路径中存在中文时，SteamVR 将无法读取按键设置等文件。选择一个文件夹或者直接为其创建一个新的一个文件夹，并将其重命名为 MuseumVR，确认后即可开启构建流程。在项目构建完成并顺利导出后，文件结构如图 8-7 所示。

图 8-7

双击 MuseumVR.exe 文件启动应用程序，窗口模式及尺寸如图 8-8 所示。我们可以单击窗口右上角的“关闭”按钮，退出应用程序，也可以拖动窗口边框来调整其尺寸。

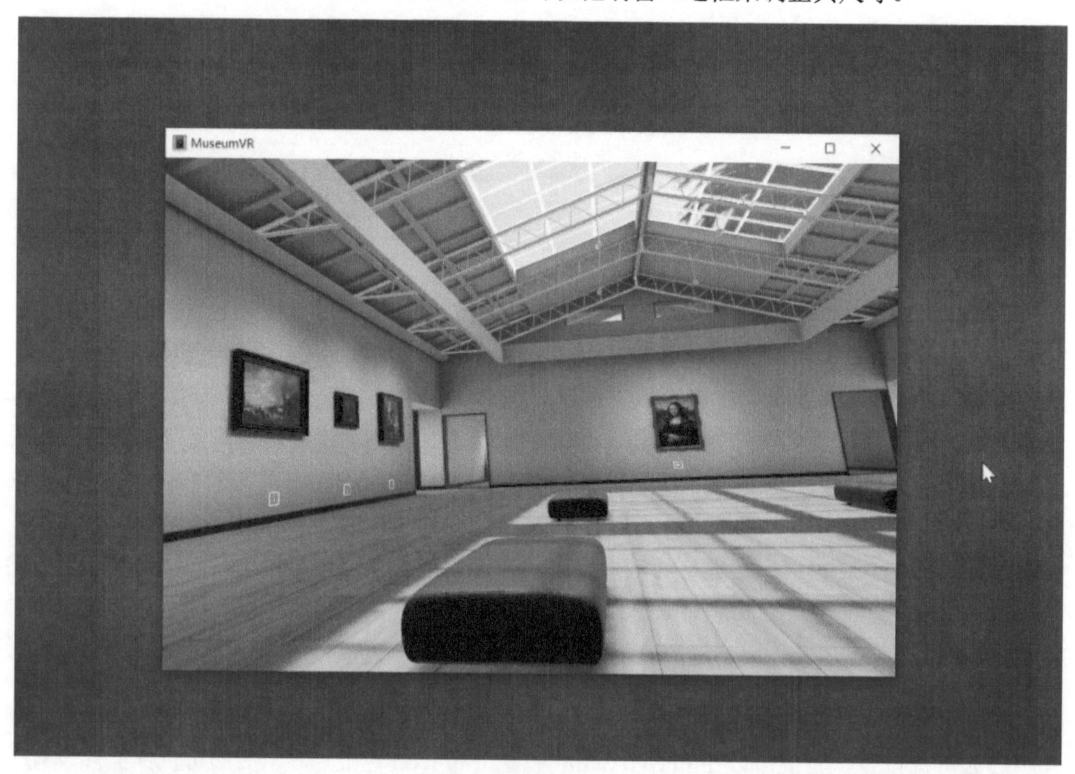

图 8-8

至此，我们就完成了一个完整 VR 项目的制作流程。

附录 A：Unity 2020 发行说明（XR 相关）

查阅发行说明是了解 Unity 版本变化的有效手段。如果当前项目使用的 Unity 存在一些问题，那么在新的版本中有可能会得到解决；如果项目尝试使用一些新的功能，那么通过阅读发行说明，或许能够发现新功能目前是否存在兼容性问题。

在每次版本发布以后，Unity 都将通过发行说明告知开发者当前版本存在的问题、已修正的问题、新功能、API 变化等。本文将 Unity 2020 发布以来的所有关于 XR 方面的更新说明整理如下，旨在为开发者提供一些针对性的参考。

说明：

- 关于 XR 的开发，不仅与 XR 特性相关，其他更新请参考官方全文。
- 列表中默认的版本表示当前版本没有 XR 相关更新。

Unity 2020.1.0 发行说明

修复（Fixes）

- 构建 ARCore 应用程序现在支持的 Android Gradle Plugin 3.6.3 及更早版本。
- 修复了基于 URP 和 HDRP 的 XR 项目的自动升级相关问题。
- 修复了“无法计算 eye texture 纵横比（can't calculate the eye texture aspect ratio）”的警告。
- 修复了在开发 WMR 平台应用中使用 URP 时编辑器崩溃的问题。
- 废弃部分内置 VR 公共 API。
- 修正了 Oculus Quest 和 GO 的 RenderViewport 缩放问题。
- 修复了 Holographic Emulation 窗口远程错误，该错误导致 Unity 在选择 Hololens 2 时会远程到 Hololens 1 设备上。
- 修正了在使用 Hololens 2 截图时不包含 Unity 应用内容的问题。
- IntegratedSubsystem 实例如果被销毁，将返回 running = false，而不是抛出异常。
- 修复了当 AR 会话停止或重启时关于多点云可跟踪对象的相关问题。
- 修复了从 UWP x64 应用程序远程到 V2 设备的问题。
- 修复了在使用 ARKit 包（com.unity.xr.arkit）时的着色器编译问题。
- 修正了在使用多视图时 Vulkan Framebuffer 层计数逻辑的问题。
- 修复了 Oculus Go/Quest 在屏幕外交换链（off-screen Swap Chains）上的 Vulkan 渲染问题。
- 修复了片段密度图的 Vulkan 使用标志。
- 修正了 Camera.SetStereoProjectionMatrix 中的 XR 警告垃圾邮件问题。
- OpenVR 将不再为任何控制器报告任何手指轴向信息。

- 防止 Hololens 应用程序在运行的应用程序中将焦点切换到 2D 视图时暂停。
- UnityEngine.XR.InputDevice 特征值将为尚未赋值的旋转（Rotations）返回 Quaternion.identity。
- XR Management 更新至 3.0.6 版本。
- 更新了 XR Plugin Management，以便改善用户的工作流程。

变化（Changes）

- 如果使用 Vulkan 和 XR Management，则暂时禁止在运行时更改 MSAA 的级别。
- Unity 不再包含 ARCore 客户端库。这些库现在可以通过安装 ARCore SDK for Unity（由 Google 分发）添加到项目中。
- Oculus XR Plugin 包更新至 1.3.4 版本。

改进（Improvements）

- Oculus XR Plugin 更新至 1.2 版本。
- XR Oculus Plugin 更新至 1.1.5 版本。

API 变动（API Changes）

- 将 XR SDK 的 zNear / zFar / sRGB 暴露给了 C# 脚本的显式深度共享。

Unity 2020.1.1 发行说明

修正（Fixes）

- 添加了一个预初始化的标志，用于请求屏幕外的 Vulkan 交换链。
- 构建基于 Android 的 ARCore 应用程序，目前可以使用任意 Gradle 版本至 3.6.0 版本。

API 变动（API Changes）

- 在 SystemInfo 中暴露了新的字段，以便 SRP 和终端用户能够对单通道渲染技术所需的图形功能有更多的了解。

变化（Changes）

- Oculus XR Plugin 包更新至 1.4.0 版本。

Unity 2020.1.3 发行说明

修正（Fixes）

- 修复了向 TryGetFeatureValue 传递空字符串时引起的崩溃问题。
- 修复了输入系统（Input System）总是在 LateUpdate 中执行 XR 命令的问题。

变化（Changes）

- Windows Mixed Reality 包认证版更新至 3.3.1 版本。

Unity 2020.1.4 发行说明

修正（Fixed）

- 添加了在渲染后始终忽略深度的选项。

Unity 2020.1.5 发行说明

修正（Fixes）

- 减少了不必要的 Vulkan 后备缓冲区分配。

变化（Changes）

- Oculus XR Plugin 包更新至 1.4.3 版本。

改进（Improvements）

- 修改了 XR 统计信息以缓存线程安全的统计数据。虽然这些数据只有在经过一个渲染通道后才被提升为“实时”数据，但是在实际渲染帧之前（如“帧率”），它们需要“初始化”一些数据点。

Unity 2020.1.6 发行说明

修正（Fixes）

- 修正了在多通道模式下，GetStereoViewMatrix 和 GetStereoProjectionMatrix 在双眼中返回相同值的问题。

变化（Changes）

- 更新 AR Foundation 包认证版和相关包。

Unity 2020.1.8 发行说明

修正（Fixes）

- 修复了在使用 XR 进行多通道渲染时 SRP 批处理器激活的问题。
- 通过离屏交换链改善了 Vulkan 的内存使用情况。

Unity 2020.1.9 发行说明

变化（Changes）

- Oculus XR Plugin 包更新至 1.5.0 版本。

改进（Improvements）

- 更新了关于 XRDisplaySubsystem.scaleOfAllViewports 和 XRDisplaySubsystem.scaleOfAllRenderTargets 的 API 文档。

Unity 2020.1.11 发行说明

修正（Fixes）

- 更新 AR Foundation 包认证版和相关包。

改进（Improvements）

- XR Plug-in Management 更新至 3.2.16 版本，Windows MR XR Plug-in 更新至 3.4.0 版本。

Unity 2020.1.12 发行说明

修正（Fixes）

- 修复了在使用 SRP 时 XR 闪屏（Splash Screen）消失的问题。
- 修复了在使用立体多通道渲染每只眼睛时，因使用了不同的摄像机而导致的左眼渲染右眼，右眼完全不渲染的问题。

Unity 2020.1.14 发行说明

修正（Fixes）

- 当在 VR 设备上看不到 Android 对话框时，利用 VR 设备上的上下音量按钮来确认和继续，而不是只限于单击屏幕上的 OK 按钮。

Unity 2020.1.15 发行说明

已知问题（Known Issues）

- [XR SDK][Oculus]EarlyUpdate.XRUpdate 存在峰值不一致的问题。

变化（Changes）

- Oculus XR Plugin 包更新至 1.6.1 版本。

Unity 2020.1.16 发行说明

已知问题（Known Issues）

- [XR SDK][Oculus]EarlyUpdate.XRUpdate 存在峰值不一致的问题。

修正（Fixes）

- 当面向 Lumin 平台构建应用时，无须将预编译的托管 DLLs 打包到最终的 MPK 中。
- 当面向 Lumin 平台构建 IL2CPP 库时，Lumin 应用程序可以正确地包含源插件。
- 修复了当启用 VR 时，VSync 在 Profiler 中不显示的问题。

变化（Changes）

- com.unity.xr.legacyinputhelpers 包认证版更新至 2.1.6 版本。
- com.unity.xr.legacyinputhelpers 包更新日志：
  - 修复了在使用彩色相机时的错误信息。
  - 将近切平面（Near Clip Plane）的默认值改为 0.01f。
  - 修复了 URP 和 HDRP 中的 rig 移动异常的问题。
  - 支持 URP/HDRP 10.1。

Unity 2020.2.0 发行说明

改进（Improvements）

- 更新 AR Foundation 包的认证版和相关包。
- Windows Mixed Reality XR Plugin 包认证版更新至 4.1.1 版本。
- XR Plug-in Management 更新至 3.2.16 版本，Windows MR XR Plug-in 包更新至 4.2.1 版本。

变化（Changes）

- 为 provider 添加了接口更改，以便在眼睛纹理交换链之间共享未解决的 MSAA 目标，从而节省部分内存。
- 更改了在同时运行 Vulkan 和 XR Management 时，临时禁止运行后 MSAA level 被影响的方式。
- 保持 SRP 遮挡网格数据可以从 CPU 访问。
- Oculus XR Plugin 包更新至 1.6.1 版本。

Unity 2020.2.0 发行说明

API 变动（API Changes）

- 添加相关 API，以便重写 XR 显示子系统的首选镜像模式。
- 在 C#脚本中添加了 MSAA 级别的 setter。
- TrackingModeOriginFlags 现在有一个 Unbounded 枚举成员。Unbounded 基于附近的空间锚点，可以由 SDK 随意更新。
- 内置 VR 支持功能已经从 Unity 核心中移除，取而代之的是新的 XR 插件系统。想要了解更多信息可以访问 Unity 官方文档关于 XR 部分的介绍。

修正（Fixes）

- 添加了 XRDisplay 中缺失的 Vulkan 设备刷新功能。
- 当使用 XR SDK 渲染到 VR 设备时禁用水印。
- 修复了摄像机不遵循近/远裁切平面设置的情况。
- 修复了在 Oculus Quest 上使用 B10G11R11 纹理格式导致的崩溃问题。
- 修复了当呈现地形时 MockHMD（多通道）导致的崩溃问题。
- 修复了因内存泄漏而导致的在使用 URP 10 时 Quest 应用崩溃的问题。
- 修正了在使用多视图时 Vulkan Framebuffer 层计数逻辑的问题。
- 修复了无法清除非全屏平台纹理阵列上的部分视口清除的问题。
- 修复了 XRDevice、XRSettings 和 XRStats 无法通过 SRP 提供有效数据的问题。
- 修复了一个使用 OpenGL 编译 Texture2DMSArray 着色器的问题。
- 修复了在 URP 中选择 Optimized Frame Pacing 选项时崩溃的问题。
- 修复了在 Vulkan 多视图中 MSAA 的问题。
- 修复了 URP 和 HDRP 项目自动升级的问题。
- 修复了 MirrorView BlitMode C# 与 XR 显示标题不同步的问题。
- 修复了在某些情况下对右眼的多通道进行颜色解析。
- 修复了在渲染通道时引入的回归问题。
- 修复了在 URP 中无法使用 Sprite Mask 的问题。
- 修复了 ScriptableCullingParameters 的 0 初始化。
- 确保了在 OpenGL 的 DrawNullGeometry()函数和 DrawIndexedNullGeometry()函数中能够正确使用 GetInstanceCountMultiplier()函数。
- 在 Unity 编辑器播放状态下修改脚本将不再导致 Subsystems 被卸载。
- Subsystem Infrastructure 将不再弹出废弃警告。
- 为片段密度图设置了相应的 Vulkan 使用标志。
- 更新 XR Plugin Management 以优化用户工作流程。
- 修复了 UWP 在 XR 模式下运行时的错误断言：连续多次调用 WaitForLastPresentationAndGetTimestamp()。

Unity 2020.2.2 发行说明

修正（Fixes）

- com.unity.xr.legacyinputhelpers 包更新至 2.1.7 版本。修复了 URP 和 HDRP 在同一项目中的自动化编译错误，并修复了隔离编译。

Unity 2020.2.3 发行说明

修正（Fixes）

- 修复了 Vulkan 在 Oculus Quest 上的故障。

变化（Changes）

- Oculus XR Plugin 包更新至 1.7.0 版本。
- Windows XR SDK Plug-in 包更新至 4.4.0 版本。
- XR Plug-in Management 更新至 3.2.17 版本。

Unity 2020.2.4 发行说明

修正（Fixes）

- 修复了 Windows Media Player 启用 VR 后在不可见时的锁死问题。
- AR Foundation 相关包认证版更新至 4.0.10 版本，相关细节参见 AR Foundation 包更新日志。

Unity 2020.2.5 发行说明

修正（Fixes）

- 修正了 Lumin 平台上 ApplicationInfo 无法正确填充的问题。

Unity 2020.2.7 发行说明

新功能（Features）

- 发布 OpenXR Plugin 包，版本为 1.0.0。

修正（Fixes）

- 修复了在运行 Development Build 时 URP Vulkan 的性能问题。
- 修正了一个在 SRP 中遮挡剔除不起作用的问题。

API 变动（API Changes）

- XR Plug-in Management 更新至 4.0.1 版本。

改进（Improvements）

- 将 AR Foundation 包的依赖更新至 XR Management 4.0 版本。
- Magic Leap XR Plugin 包更新至 6.2.2 版本。
- Oculus XR Plugin 包更新至 1.8.1 版本。
- Windows XR Plugin 包更新至 4.4.1 版本。

Unity 2020.3.1 发行说明

新功能（Features）

- 当在 Vulkan 上开发 Quest 应用时，通过 View / Controller Late Latching 技术来显著减少延迟。

修正（Fixes）

- 修复了当摄像机接近裁切面并在两个烘焙的遮挡区域之间过渡时发生的遮挡剔除故障。